Gerhard Grossmann

DAS LANGSAME STERBEN

Eine medizinsoziologische Ökologiestudie
über den Zusammenhang zwischen
Wohnumfeldbelastung und Krankheit

PETER LANG
Frankfurt am Main · Berlin · Bern · New York · Paris · Wien

Die Deutsche Bibliothek - CIP-Einheitsaufnahme

Grossmann, Gerhard:

Das langsame Sterben : eine medizinsoziologische Ökologiestudie über den Zusammenhang zwischen Wohnumfeldbelastung und Krankheit / Gerhard Grossmann. - Frankfurt am Main ; Berlin ; Bern ; New York ; Paris ; Wien : Lang, 1998
ISBN 3-631-47223-4

ISBN 3-631-47223-4

Printed in Germany 1 2 4 5 6 7

INHALTSVERZEICHNIS

„Die Ökologie des Menschen verändert sich um ein Vielfaches schneller als die aller anderen Lebewesen. Das Tempo wird ihr vom Fortschritt seiner Technologie vorgeschrieben, der sich ständig in geometrischer Proportion verschnellert. Daher kann der Mensch nicht umhin, tiefgreifende Veränderungen und allzuoft den totalen Zusammenbruch der Biozönosen zu verursachen, in und von denen er lebt."

Konrad LORENZ

VORWORT von Kurt Freisitzer

In der vorliegenden Arbeit wird ein sehr weiter Bogen gespannt. Er reicht von wichtigen theoretischen Grundlagen der Soziologie über die Darstellung der Geschichte von Medizinsoziologie und Sozialmedizin bis hin zur Behandlung eines sehr umfangreichen und differenzierten Datenmaterials. Ziel ist das Aufzeigen der Zusammenhänge zwischen Gesundheitsrisiko und ökologischen Bedingungen.

In der Literatur wird vielfach beklagt, daß solche Zusammenhänge in systematischer Weise bisher nicht aufgezeigt werden konnten. Erst der neuartige Zugang über die Notärzteeinsätze schuf Möglichkeiten der Stadtentwicklungspolitik und der Präventivmedizin wertvolle Grundlagen zu liefern.

Es ist zu hoffen, daß das reichhaltige Datenmaterial weiterführende und interdisziplinäre Diskussionen auslösen wird.

Denn es handelt sich offensichtlich vorläufig um die erste Methodeninnovation, die ökologische und medizinsoziologische Aspekte zu verbinden imstande ist.

VORWORT von Josef Krainer, Landeshauptmann a.D. (Stmk.)

Das Krankheitsrisiko in „schlechter“ Wohnumgebung steigt bis zu 90 Prozent - das ist die Quintessenz der „medizinischen Ökologiestudie“, die der Grazer Medizinsoziologe Gerhard Grossmann in den Jahren 1986-1992 in der steirischen Landeshauptstadt durchgeführt hat.

Die Ergebnisse dieser Studien werden hier publiziert: Es ist außerordentlich bemerkenswert, daß sich das Soziologieinstitut der Karl-Franzens-Universität diesem neuen wissenschaftlichen Feld, der Sozialökologie und Medizinsoziologie, mit solchem Erfolg widmet.

Grossmann knüpft mit seiner Studie an die sehr umfangreichen Wohnwertuntersuchungen des Grazer Soziologieprofessors Freisitzer an, der über 20.000 Bewohnerurteile erhoben hat, die den Zusammenhang zwischen Wohnqualität und Wohnzufriedenheit deutlich machen.

Nicht weniger als 20.000 Notartzrettungseinsätze, sowie Daten aus dem Bereich der Medizin, der Soziologie und der Umwelttechnik wurden in dieser medizinsoziologischen Ökologiestudie einer genauen Analyse unterzogen, und somit können Ergebnisse präsentiert werden, die auf einer soliden wissenschaftlichen Basis angesiedelt sind.

Ich danke dem Autor, Herrn Ass.Prof. Univ.Doz. Mag. Dr. Gerhard Grossmann, für diese hervorragende Arbeit, die sich einem bisher unbegangenen Feld der Forschung widmet.

VORWORT

Wenn man eine sich über mehrere Jahre erstreckende Arbeit zu Ende bringt, fällt es einem gar nicht mehr so leicht, die einzelnen Bausteine, die für das Entstehen dieser Studie von Bedeutung waren, zu rekonstruieren. Sicher ist aber, daß als treibende Kräfte für den Entschluß, eine "Medizinsoziologische Ökologiestudie" zu starten, wissenschaftliches Interesse und Neugierde an der Thematik "Krankheit und Gesellschaft", sowie die jahrzehntelange praktische Erfahrung im Rettungsdienst zu nennen wären. Die vorliegende "Medizinsoziologische Ökologiestudie" basiert aber auch auf den Ergebnissen der von Professor FREISITZER seit eineinhalb Jahrzehnten durchgeführten Wohnwertuntersuchungen mit über 20.000 Einzelinterviews, wonach bestimmte Wohnformen bzw. Wohnanlagen signifikant höhere Wohnwerte vermitteln als andere. In all diesen Jahren konnte jedoch kein Zugang zu medizinstatistischen Daten gefunden werden, um sie mit den Bewohnerurteilen bzw. mit den Befindlichkeiten dieser Bewohner zu korrelieren.

In der "Medizinsoziologischen Ökologiestudie" wurde daher nach neuen Wegen und Erhebungsmethoden gesucht, um die je nach Wohnumfeldqualität festgestellten Befindlichkeiten der Menschen auch nach medizinsoziologischen und ökologischen Prüfkriterien zu untersuchen. Es wurden aus den Jahren 1986 bis 1991 insgesamt 20.425 Rettungs- und Notarzteinsätze im Stadtgebiet von Graz ausgewertet und mit der jeweiligen Wohnumfeldqualität der Notfallpatienten in Beziehung gesetzt. Die vorliegenden Ergebnisse bestätigen die Hypothese, daß besseres Wohnen bessere Gesundheit und schlechteres Wohnen mehr Krankheit zur Folge hat. Auf der Grundlage der Untersuchungsergebnisse wird dann ein Maßnahmenkatalog zur Verbesserung der Wohnumfeldqualität mit dem Ziel vorgestellt, der Politik eine Entscheidungsgrundlage für die Verbesserungsmaßnahmen der städtischen Umwelt und Gesundheit anzubieten.

Die vorliegende Arbeit wurde bewußt so strukturiert, daß neben den historischen und wissenschaftstheoretischen Betrachtungen auch den empirischen Befunden und den daraus abzuleitenden Maßnahmen breiter Raum beigemessen wurde.

Da große Arbeiten aber nur dann gelingen können, wenn man sich einer fachlichen und einer moralischen Unterstützung sicher sein kann, muß an dieser Stelle all jenen herzlich gedankt werden, die mir im Laufe der Jahre die Treue gehalten haben.

Es ist mir ein wirkliches Anliegen, meinem Chef und Mentor, Herrn Univ.-Prof. Dr. Kurt FREISITZER vom Institut für Soziologie an der Karl-Franzens-Universität Graz zu danken, der mit seiner konstruktiven Kritik und seinen Anregungen mir über Jahre hindurch über die Klippen des Forscheralltags hinweghalf.

Persönlich bedanken möchte ich mich auch noch bei Herrn Oberregierungsrat Dr. Kurt KALCHER, der mir immer wieder die Möglichkeit bot, die Perspektiven des Praktikers kennenzulernen. Weiters gilt mein Dank Herrn Landesrettungsrat Dir. Otto MÖRISCH, Herrn Dir. Karl SCHICKER, Herrn Univ.-Prof. Dr. Rainer PASSL, Herrn Univ.-Prof. Dr. Egon MARTH, Herrn Univ.-Prof. Dr. Dr.h.c. Hans SCHAEFER, Herrn Univ.-Prof. Dr. Dr.h.c. Alois STACHER, Herrn Univ.-Prof. Dr. Rainer PASSL, Herrn Rettungsrat Regierungsrat Peter RIPPER und Herrn Bezirkssekretär Rettungsrat Wilhelm STESSL vom Rot-Kreuz-Einsatzzentrum Graz, die mich immer wieder bei meinen Anliegen nach Maßgabe ihrer Möglichkeiten unterstützten. Bedanken möchte ich mich auch bei Frau Irmgard Holzschuster vom Institut für Soziologie, die mit ihrer Ausdauer und Umsicht einen wesentlichen Beitrag für das rechtzeitige Erscheinen des vorliegenden Buches geleistet hat. Weiters gebührt Herrn Oberarzt Dr. Johannes SCHÖLL mein Dank für die Umschlagsgestaltung und die kritische Durchsicht des Textes.

EINLEITUNG

Die von Robert S. LYND (1939:9) angestellten Überlegungen über die Zielsetzung und Anwendbarkeit soziologischer Forschung gipfeln in der Frage: "Knowledge for What?" Man sollte diese Frage grundsätzlich als Aufforderung zur Rechtfertigung wissenschaftlichen Tuns verstehen. In den empirischen Wissenschaften, also in solchen, die in irgendeiner Form mit der Wirklichkeit zu tun haben, ist es naheliegend, primär diesen Wirklichkeitsbezug zu fordern. Lediglich die in den Wissenschaften heute übliche individuelle Spezialisierung rechtfertigt unter arbeitsteiligen Gesichtspunkten primär theoretische, formalwissenschaftliche oder spezifisch methodologische Ausrichtungen (vgl. FREISITZER 1982). Nach René KÖNIG (1967) ist die Soziologie eine Wissenschaft von der sozialen Wirklichkeit für die soziale Wirklichkeit. Und George C. HOMANS (1969) erhebt darüberhinaus noch die Forderung, daß die Soziologie ähnlich wie die Medizin sowohl Befund (Analyse), Diagnose (Wertung der Analyseergebnisse) als auch Therapie (Gesellschaftsgestaltung - social engineering) ermöglichen muß.

Medizinsoziologie als Wissenschaft, Prävention als deren praktisches Ziel und das Gesundheitswesen als politischer und gesellschaftlicher Ort des Handelns: Dies sind die drei Pfeiler der vorliegenden Untersuchung. Diese Arbeit beschränkt sich aber nicht nur auf die Verteilung von Krankheit in Zeit und Raum, sondern sie beschäftigt sich auch mit Morbiditätsprozessen in historischer Perspektive und versteht sich als politische Aufgabe in der Gestaltung eines Gesundheitswesens mit präventiver Ausrichtung. Wissenschaft bedeutet demnach auch Verantwortung der Gesellschaft gegenüber.

Einer Gesellschaft gegenüber, die zwei großen Bedrohungen von Gesundheit und Wohlbefinden ausgesetzt ist. Zum einen bedroht uns der nukleare Holocaust und zum anderen die ökologische Katastrophe, die sich in Schlagwörtern wie Waldsterben, plötzlicher Kindestod, Krebs, Pseudokrupp und einer Vielzahl weiterer akut bedrohlicher Krankheitssensationen äußern. Wenn auch der atomare Holocaust in Megatonnen an Zerstörungspotential nicht nur eine zerbrechliche Vision, sondern eine reale Bedrohung geworden ist, so stellt doch die Zerstörung unserer Lebensumwelt mindest ebenfalls ein großes Gefahrenmoment dar.

Die ökologischen und gesundheitlichen Folgen der Warenproduktion sowie die Ausbreitung von Siedlungsräumen sind Ergebnisse langfristiger Entwicklungen. Ihr Gefahrenpotential muß quantitativ beurteilt werden, wie in bezug auf umfassendere Hypothesen reduktionistische Wissenschaftskonzepte Grenzen haben. Wenn die Diskussion über die möglichen Folgen unserer vorrangig von ökonomischen Interessen getragenen Umweltzerstörung auf das Wohlbefinden und die Gesundheit von exponiert lebenden Menschen nicht auf der Grundlage von empirisch beobachtbaren Fakten stattfindet, werden die immer wieder erwähnten Gefährdungen auf die Dauer bagatellisiert, sie werden unglaubwürdig.

Die in jüngster Zeit immer wieder angestrengten Bemühungen, eine wirksamere, auf Prävention ausgerichtete Gesundheitspolitik zu betreiben, zeigen nicht zuletzt deswegen kaum nennenswerte Erfolge, weil es an gesundheitspolitischen Strategien fehlt, größtenteils deswegen, weil in vielen Bereichen eklatante Wissensdefizite über subjektive und objektive Befindlichkeitskriterien der Betroffenen festzustellen sind (vgl. PICHT 1967).

Zu den sicherlich wichtigsten Voraussetzungen zur Anhebung urbaner Lebensqualität zählt zweifellos eine Verbesserung des Wohnumfeldes. Grundsätzlich kann davon ausgegangen werden, daß eine Minimierung negativer Einflußgrößen auf die Befindlichkeit des Menschen (Luftqualität, Verbauungsdichte, verminderter Grünflächenanteil, etc.) eine Reduktion "umweltbedingter" Krankheitssensationen nach sich zieht. Diese präventivmedizinische Dimension hat vor allem im Lichte der "aktiven Gesundheitsvorsorge" Bedeutung, deren Ziel es ist, umweltinduzierten Befindlichkeitsstörungen durch eine ökologische Stadtgestaltung möglichst wirksam zu begegnen (vgl. GROSSMANN 1987). Es ist daher nicht verwunderlich, daß bei der Konzeption präventivmedizinischer Inhalte vermehrt auf die Einbindung problemorientierter Wissenschaften, also wissenschaftlicher Tätigkeiten, die primär zum Ziel haben, Lösungen praktischer Probleme zu erarbeiten, gedrängt wird (vgl. MEIXNER 1979). Nun liegt das Gesetz des Handelns bei den angesprochenen Fachdisziplinen, wobei es nicht darum gehen kann, eine "billige" Synthese von Natur- und Sozialwissenschaften zu konstruieren oder in den leidigen Wettstreit einzutreten, wer denn wirklichkeitsnäher und wahrheitsgetreuer sei, sondern es müssen neben dem Austausch von Erkenntnissen vor allem gemeinsam verstärkte Anstrengungen im Bereich der Grundlagenforschung stattfinden.

Daß Wohnwert und Wohnumwelt konkrete Auswirkungen auf das Wohlbefinden von Menschen zeigen, ist schon seit 30 Jahren in sozialwissenschaftlich-empirischen Wohnwertuntersuchungen zu Tage getreten (vgl. EIBL-EIBESFELDT/HAAS/FREISITZER/GEHMACHER/GLÜCK 1985). Die "Medizinsoziologische Ökologiestudie", deren Ergebnisse als Diskussionsgrundlage für eine anwendungsorientierte Umweltpolitik dienen sollen, ist im Grunde eine Fortsetzung der bisherigen Bemühungen im Umfeld der Wohnwertforschung, die von K. FREISITZER seit 30 Jahren betrieben wird, aber nur mit anderen Mitteln. Während bislang vornehmlich Betroffenenurteile über Wohnwert und Wohnumfeld vorliegen, werden in der "Medizinsoziologischen Ökologiestudie" vorrangig "objektive" medizinische Daten aus dem aktuellen Notfallgeschehen für eine Weiterentwicklung der Stadt-, Regional- und Wohnentwicklungsplanung beigestellt. Als Anmerkung: Natürlich sind auch Betroffenenurteile ernstzunehmen und daher objektive Daten. Im Zuge einer Longitudinalstudie (20.000 Einzelinterviews) konnten jene Befunde immer wieder bestätigt werden, wonach bestimmte Wohnformen bzw. Wohnanlagen signifikant höhere Wohnwerte vermitteln als andere. In all den Jahren war es allerdings nicht möglich, von ärztlicher Seite Daten zu erhalten, um sie mit den Bewohnerurteilen bzw. deren Befindlichkeiten korrelieren zu können, da der Datenzugang zu medizinischen Instanzen und Einrichtungen grundsätzlich schwierig ist (vgl. UEXKÜLL 1958).

Hier knüpft die "Medizinsoziologische Ökologiestudie" an: Es wurde nach neuen Wegen und Erhebungsmethoden gesucht, um die je nach Wohnwert und Wohnumfeld konstatierten unterschiedlichen Befindlichkeiten der Menschen auch nach medizinsoziologischen und ökologischen Prüfkriterien hin zu untersuchen. Zu diesem Zweck wurden von 1986 bis 1991 insgesamt 20.400 Rettungs- und Notarztprotokolle im Stadtgebiet von Graz ausgewertet. Um eine größtmögliche Feinauflösung des lokalen Notfallgeschehens zu erhalten, wurde das gesamte Untersuchungsgebiet (Stadtgebiet von Graz) in insgesamt 705 Zählsprengel aufgeteilt, so daß die Ungenauigkeiten, die bei einer Betrachtung der Notfalldynamik auf Bezirksebene einen wesentlichen "Sideeffect" zeigten, auf ein Minimum reduziert werden konnten. Es mag ein Zufall sein, daß die Forschungsinitiative von Kurt FREISITZER auch 20.000 Bewohnerurteile erfaßte.

Die Zentralisation der anthropogenen Belastungen (Lärmbelastung, Luftverschmutzung, hohe Verbauungsdichte, etc.) erzeugt in bestimmten urbanen Regionen nicht nur soziale, sondern auch epidemiologische und immunbiologische Probleme (vgl. GSELL 1977). So wird z.B. im Schrifttum immer wieder auf das Urbanisierungstrauma hingewiesen, das seine Auswirkungen im Bereich der Spätmanifestation von Kinderkrankheiten, in einer erhöhten Tumorhäufigkeit, mit einer permanenten Zunahme von Herz- und Kreislauferkrankungen sowie in einer gestörten "Paraimmunität" (Beeinträchtigung der immunologischen Homöostase des Organismus) beobachtbar macht (vgl. SCHLEMMER 1960; HOLLAND/REID 1965; SCHAEFER 1970; EIFF 1976). Der ökologischen Rolle des Immunsystems, seiner Reagibilität gegenüber Umwelteinflüsse wurde bislang als Bioindikator offensichtlich zuwenig Aufmerksamkeit entgegengebracht.

Die sozialmedizinisch orientierte Ökologie hat schon vor einiger Zeit erkannt, daß Umweltveränderungen ihren Niederschlag im Gesundheitszustand des Individuums finden. Und obwohl die Umweltliteratur schon fast unübersehbare Ausmaße angenommen hat, sind bislang nur vereinzelte empirische Untersuchungen über die medizinischen Folgen pathogener Umweltveränderungen angestellt worden (vgl. SIGRIST 1952; SCHLEMMER 1960; SCHAEFER 1969; EHRLICH/EHRLICH 1972).

In einem demokratischen Staatswesen sollten die wesentlichen Inhalte der Gesundheitspolitik nicht allein durch administrative Entscheidungen vorgegeben werden. Vielmehr ist es in pluralistischen Gesellschaften erforderlich, die Leitlinien der Politik öffentlich zu diskutieren, damit alle Beteiligten und Interessensgruppen ihre Vorstellungen einbringen können. Zu diesem Diskussionsprozeß soll die vorliegende Arbeit einen Beitrag leisten. Das umfangreiche Datenmaterial wurde so aufbereitet, daß es für die gesundheitspolitische Praxis Verwendung finden kann. Zweck dieser Analysen ist es, einen möglichst praxisrelevanten Beitrag zu Problemlösungsstrategien für gesundheitspolitische Entscheidungen anzubieten.

1. WOHNQUALITÄT UND KRANKHEIT - EIN HISTORISCHER ABRISS ÜBER DEN EINFLUSS DER WOHN- UND WOHNUMFELDQUALITÄT AUF MORBIDITÄT UND MORTALITÄT

1.1. Wohnumfeld und Krankheit

Die Bedeutung der Wohnung, des Hauses und im weitesten Sinne auch der Wohnumfeldqualität auf das Wohlbefinden der Menschen wurde schon im Altertum erkannt. Besonders die alten Ägypter zeichneten sich durch hervorragende Kenntnisse auf dem Gebiet der Hygiene aus. So sind auf sie zweifellos eine Vielzahl hygienischer Kenntnisse zurückzuführen, die sich z.B. bei den alten Juden sehr oft in Form von gesetzlichen Religionsvorschriften wiederfinden.

Im dritten Buch MOSES, Kap. 14 in V. 34-48, z.B. liest man recht anschauliche Schilderungen der Vorstellungen über die Beziehungen zwischen der Aussatzkrankheit und dem Hause. Aber auch über Beobachtungen gewisser Pilzwucherungen an den Wänden lepraverdächtiger Häuser wird berichtet. Und obwohl nach unseren heutigen Erkenntnissen kaum ein Zusammenhang zwischen diesen Pilzkolonien und der Lepra besteht, ist es doch beachtlich, daß man damals bereits Gesundheitsbeamte mit der Kontrolle dieser von Pilzwucherungen betroffenen Häuser beauftragte, um eine weitere Verbreitung der Seuche durch das Anbringen eines "Aussatzmales" an den Wänden dieser Häuser zu verhindern und vor der "versteckten" Gefahr zu warnen versuchte. Diese ersten präventivmedizinischen Ansätze gipfelten in dem radikalen Entschluß, alle Häuser in denen Pilzwucherungen festgestellt wurden, abzutragen und den "unreinen" Schutt an einem von der Stadt weit entfernten Ort zu bringen (vgl. SIEGERT 1911).

Diese interessante Schilderung zeigt eindrucksvoll, welchen Stellenwert die Wohnqualität und natürlich auch die Wohnumfeldqualität schon im Altertum besaß (vgl. DAVY 1911). Die Vorstellung, daß krankheitsauslösende Keime an Häusern oder gar in Wohnstätten ihren idealen Lebensraum finden, ist in den verschiedensten Epochen der Geschichte anzutreffen. Bei der Bekämpfung der Pest und der Pocken wurde in vielen Ländern die "Brandbereinigung" betrieben, d.h., daß man alle Wohnstätten in denen sich Pest- bzw. Pockenerkrankte befanden, in Brand steckte, um damit eine weitere Ausbreitung der jeweiligen Epidemie hintanzuhalten. Auch NAPOLEON ließ ein Typhushospital an "allen vier Ecken gleichzeitig anzünden", nachdem in diesem Krankenlager immer wieder Typhusfälle registriert wurden. In China wurden noch in den späten neunziger Jahren des vorigen Jahrhunderts ganze Stadtviertel eingeäschert, in denen man Pestherde vermutete. Aber auch Krankenhäuser und Geburtsstätten dienten als gefürchtete Brutstätten für Infektionskrankheiten. Begriffe wie "Hospitalbrand" oder "Lazarett-Fieber" legen ein beredtes Zeugnis über die katastrophalen hygienischen Bedingungen der damaligen Krankenanstalten ab (vgl. KOCH 1903).

Einen interessanten, präventivmedizinischen Aspekt muß man den Brandstiftungen Neros abgewinnen. Nach der Einäscherung riesiger Stadtteile Roms, mußte beim Wiederaufbau auf neue Bauvorschriften zurückgegriffen werden, die z.B. die Höhe der Häuser, die Breite der Straßen, die Gestaltung der Säulengänge und der Höfe vorschrieben (vgl. RUBNER 1907).

Übrigens zählte Kaiser AUGUSTUS zu den ersten Regenten, die die Bedeutung einer städtischen Bauordnung für die Sicherung der Gesundheit erkannten. Seine diesbezüglichen Überlegungen finden sich im Erlaß einer städtischen Bauordnung, die sich für die Errichtung von Häusern aus Stein und Marmor aussprach, weil diese Baustoffe gegenüber den zur damaligen Zeit üblichen Lehmbauten nicht nur stabiler, sondern auch hygienischer erschienen. Demzufolge präsentierte sich das klassische römische Haus als eingeschossiger Bau, mit einem weiten lichten Hof, sodaß eine ausreichende Belüftung und Beleuchtung der Wohnräume möglich war. In diesen Innenhöfen befanden sich sehr oft kleine Wasserflächen und Gärten. Damit wurden Kleinklimata geschaffen, deren wohltuende Auswirkungen besonders in den angrenzenden Wohnräumen fühlbar waren. Auch großzügig gestaltete Badeanlagen waren in der antiken Welt fester Bestandteil städteplanerischer Überlegungen. Zur Überwachung und Einhaltung der städtischen Bauordnung gab es im alten Rom jahrhundertelang Gesundheitsbeamte, deren Tätigkeitsbereich mit unserer heutigen Bau- bzw. Gesundheitspolizei zumindest in den Grundzügen durchaus vergleichbar ist.

Mit dem Verfall der antiken Welt gingen wertvolle Kenntnisse auf dem Gebiet der Hygiene verloren, die nicht auf Vermutungen, sondern auf hundertjährigen Beobachtungen und Erfahrungen basieren. Im gesamten Mittelalter und in den folgenden Jahrhunderten wurde der Wohnungs- und Städtehygiene kaum

Bedeutung beigemessen. Die mittelalterliche Stadt war meistens geprägt durch kleine, dunkle und überfüllte Wohnungen, durch fehlende Kanalisationen und Wasserleitungen sowie von durchweichten und von Fäkalien durchsetzten Straßen. Weitere typische Merkmale der räumlich zumeist kleinen Städte waren die in epidemiefreien Zeiten auffallend hohen Sterblichkeitsraten, die in epidemischen Zeiten völlig außer Kontrolle gerieten. Eine öffentliche Hygiene war nicht vorhanden; auch fehlte es an sicherem Wissen über den Ansteckungsmodus gefährlicher Infektionskrankheiten. Einzig der Erlaß des Königs von Neapel im Jahre 1720, in dem von allen Ärzten die Anzeigepflicht für an Lungentuberkulose Erkrankte verlangt wurde, kann für die damaligen hygienischen Gepflogenheiten als kleiner Fortschritt gewertet werden. Diese erste sanitätspolizeiliche Verordnung sah die Verbrennung der gesamten Wohnungseinrichtung und der Wäsche der Erkrankten vor. Weiters mußten die Zimmerwände mit Zitronensaft abgewaschen werden, erst dann wurde die Wohnung zur weiteren Verwendung freigegeben (vgl. FLÜGGE 1906).

Das öffentliche Gesundheitswesen entwickelte sich verhältnismäßig langsam. So wurde in Preußen erst im Jahre 1739 begonnen, eine amtliche Todesursachenstatistik zu führen, um die bis dahin völlig außer acht gelassenen Sterbeursachen zu katalogisieren und sie so für gesundheitspolitische Überlegungen nutzbar zu machen. In der Folge wurde dann der "Kreisphysikus" begründet. In England dauerte es zwanzig Jahre mehr, bis man dort den "Gesundheitsoffizier" mit der Überwachung sanitätspolizeilicher Verordnungen beauftragte.

Einen interessanten, wenn auch nicht so bedeutungsvollen Beitrag zum Thema "Wohnqualität" lieferte TISSOT (1770) mit seiner Arbeit "Essai sur les maladies des gens du monde", wo er den Versuch unternimmt, eine Beziehung zwischen Gesundheit-Medizin-Gesellschaft und gängige Modeströmungen herzuleiten. Johann Peter FRANK verfaßte 1817 das damals vielbeachtete Werk "System einer vollständigen medicinischen Polizey", in dem er einen umfassenden Überblick über die Probleme der Volksgesundheit und Aufgaben der öffentlichen Gesundheitspflege darlegte.

Aber erst die Führung exakter Mortalitäts- und Morbiditätsstatistiken, sowie die Verwendung naturwissenschaftlicher Untersuchungsmethoden in der Hygiene, verhalfen diesen Bestrebungen zur Durchsetzung einer "Hygiene in den Städten" zum Durchbruch.

Umfangreiche Studien über die gesundheitsrelevante Ausgestaltung der Wohnung und des Wohnungsumfeldes, fortschreitende Zerstörung der Umwelt und rücksichtsloser Umgang mit noch vorhandenen Ressourcen wie Luft, Wasser und Grünflächen ließen die schon in der Antike verfolgten Ziele nach einer lebenswerteren Umwelt zu einem der vordringlichsten Themen auch in unserer Zeit werden.

1.2. Die Stadt um die Jahrhundertwende aus sozialepidemiologischer Sicht

Der Stadtmissionar von Berlin verfaßte bei einer Wohnungsinspektion der Siemensgemeinde um 1910 folgende Schilderung:

> *"Das Haus ist von 250 Familien bewohnt, 17 Frauen leben in wilder Ehe, 22 sind Dirnen, 4 Frauen sind geschieden. Auf einem Korridor liegen 30 Wohnungen. Die Fensterscheiben sind mehrfach durch Papier, Holz und Tuch ersetzt. Die Zimmer haben rohe Kalkwände, gelegentlich auch mit Zeitungen tapeziert. Der Fußboden hat Löcher. Meist haben die Familien nur ein Zimmer, 16 Fuß lang, 10 Fuß breit; die Ausstattung besteht in 1-2 Betten, 1 Paar Stühlen und einem Eisenofen. Ein Bett muß für 3-4 Personen genügen, andere schlafen auf dem Boden, günstigstenfalls auf einigen Lumpen. Manchmal wohnen 2-3 Familien in einem Raum." (CROMM 1913:93)*

Diese Schilderung der damals vorherrschenden Zustände wird noch ergänzt durch eine Untersuchung über die Verbreitung der Wohnungsfeuchtigkeit als Ursache verschiedenster Erkrankungen. Eine im Jahre 1896 in Bern von ABEL durchgeführte Erhebung brachte zutage, daß ca. 5% aller Stadtwohnungen als feucht und mit baulichen Mängel ausgewiesen wurden. In absoluten Zahlen bedeutet dies, daß in der Stadt Bern mit ihren 35.000 Zimmern, 1.705 Zimmer als feucht und unwirtlich bezeichnet wurden (vgl. ABEL 1902). ABEL konstatierte weiter, daß die Ursache für die Wohnungsfeuchtigkeit die schlechte Isolation der Fundamente und der Kellerabteile sei. Der Vorgang, so ABEL, sei denkbar einfach: das poröse Mauerwerk sauge das Wasser an die Kapillarität und befördere schlußendlich das Wasser bis in die höchsten Stockwerke.

Mit dem Problemfeld der Wohnungsfeuchtigkeit setzten sich besonders die Medizin und die Physik auseinander. Verschiedene Experimente zeigten z.B., daß bei einem Neubau mit drei Geschoßen ca. 157.000 Stück Ziegelsteine verwendet wurden und, daß diese Ziegelsteine mit dem dazugehörigen Mörtel an die 83.500 Liter Wasser speichern. Um diese ungeheure Wassermenge aus dem Bauwerk zu elemenieren, bedarf es langer Trocknungsprozesse; diese wiederum wollten die Bauträger aus Profitgründen nicht tragen und die eklatante Wohnungsnot diente als beliebte Ausrede für das Unterschreiten der Austrocknungszeiten (vgl. KOCH 1910).

Die frühen epidemiologischen Untersuchungen lassen den Schluß zu, daß feuchte Wohnungen, insbesonders Kellerwohnungen, die Weiterverbreitung und die Entstehung von Masern, Keuchhusten, Krupp, Diphtherie, Scharlach, Flecktyphus, Intermittens (Wechselfieber), Hydrops (Wassersucht), Lungenschwindsucht, Anämie, Kinderdiarrhoen und Siechtum der Kinder begünstigten (FRIEF 1904).

Aber auch die Probleme der Luftverschmutzung beschäftigten die Hygieniker der damaligen Zeit. So bereiteten z.B. die Heizanlagen um die Jahrhundertwende große Schwierigkeiten. Durch unzweckmäßige Heizungsanlagen gelangten die Verbrennungsemissionen in die Umwelt und beeinträchtigten die Atemluft vor allem in den dicht bebauten Stadtzentren. Schwefelsäure, schwefelige Säure, Salpetersäure und salpetrige Säure waren die Hauptverursacher für die Reizung der Haut und der Schleimhäute. Aber auch Kohlensäure und große Mengen von Kohlenmonoxid in der Atemluft beeinträchtigten das Wohlbefinden der Stadtbewohner. Kopfschmerzen, Schwindel, Schläfrigkeit und chronische Müdigkeit stellten sich bei den Betroffenen ein (vgl. BEUST 1903).

Eine weitere Ursache für empfindliche Wohlbefindlichkeitsstörungen stellten die kleinen überfüllten Wohnräume dar. Kohlendioxid, ein in der Ausatemluft enthaltenes Gas, ruft bei größerer Konzentration in Räumen vitalbedrohliche Zustandsbilder hervor. Blutarmut, Schlaffheit und auffallend blasses Aussehen zeichneten die Bewohner schlechter Wohnanlagen aus. Da sich gerade ein Großteil der Stadtbewohner zur damaligen Zeit vorwiegend in Wohnräumen, Fabrikshallen und in diversen Vergnügungslokalen aufhielt, scheint es nicht verwunderlich, daß Blässe, abnehmende Elastizität der Haut, Störungen im Magen-Darmtrakt und häufig eine (gefährliche) Abnahme der natürlichen Widerstandskraft beschrieben wurden.

Der Staubgehalt der Außenluft hatte gerade in den innerstädtischen Gebieten schreckenserregende Werte. So konnte der Stadthygieniker RUBNER nachweisen, daß in einem Kubikmeter Landluft sich ca. 500 bis 800 Millionen Staubteilchen befinden, in der Stadtluft aber hingegen mindestens 5 Milliarden Staubteilchen und in Berlin im Jahre 1900 sich sogar über eine Billion Staubteilchen orten ließen (vgl. RUBNER 1898). In den Städten wurden sanitätspolizeiliche Verordnungen erlassen, die das feuchte Auswischen der Wohnungen vorschrieben, um ein weiteres Aufwirbeln vorhandener Krankheitserreger durch trockenes Auskehren der Wohnräume zu vermeiden. Auch die Verwendung staubbindender Öle in Wohnungen, Treppenhäusern, Geschäfts-lokalen, Gastwirtschaften und Gewerbebetrieben wurde empfohlen, bisweilen sogar angeordnet. Sogenannte Vakuumapparate sollten durch Absaugen der schlechten Raumluft eine spürbare Verbesserung bringen, doch die Erfolge solcher Anstrengungen waren mehr als bescheiden. In den stark überbelegten Wohnräumen verschlimmerte noch die Beimischung gasförmiger Stoffwechselprodukte die ohnehin schon angespannte luft- und wohnhygienische Situation.

Abschließend sei noch auf die Gefahr der unhygienischen Wasserversorgung der städtischen Bevölkerung hingewiesen. Mediziner und Hygieniker der damaligen Zeit betonten die Notwendigkeit der Installation zentraler Versorgungseinrichtungen, wie etwa Gaswerke, Elektrizitätsunternehmungen, Wasserwerke, Kläranlagen (Kanalisation), um der immer mehr um sich greifenden Gesundheitsgefährdung der städtischen Bevölkerung wirksam begegnen zu können.

1.3. Tuberkulose, Typhus und Wohnqualität

Das Recht auf Gesundheit und körperliches Wohlergehen war im 18. als auch im 19. Jahrhundert und dem angehenden 20. Jahrhundert jenen vorbehalten, die aufgrund einer gesicherten ökonomischen Basis sich Wohnstätten schaffen konnten, die den hygienischen Vorstellungen dieser Zeit entsprachen. Die Mehrheit der Stadtbewohner hingegen fristete ihr Dasein in äußerst desolaten Wohnanlagen.

MOSSE schreibt z.B. in der 5. Nummer der Berliner klinischen Wochenschrift vom 18. Dezember 1911:

> *"...daß es in der Tat kaum irgendwelche Krankheiten und Krankheitsgruppen gibt, die nicht bei der in schlechten Wohnungen lebenden und meist wenig bemittelten Bevölkerung im höheren Maße auftreten, als bei der in besseren Wohnungen lebenden, meist wohlhabenden Bevölkerung. Zahlreiche nach dieser Richtung hin aufgestellten Statistiken zeigen übereinstimmend in allen Städten, daß in denjenigen Straßen und Stadtteilen, in denen ungünstige Wohnverhältnisse vorliegen, und in welchen sich die größte Zahl übervölkerter Wohnungen findet, auch die höchste Sterblichkeit vorhanden ist und umgekehrt." (MOSSE 1911:32)*

MOSSE prägte auch die Begriffe "direkte Wohnungskrankheiten", darunter sind Tuberkulose, Sommerdiarrhoe der Säuglinge und Typhus zu verstehen sowie die sogenannten "indirekten Wohnungskrankheiten oder auch Hauskrankheiten"; hier wurden die verschiedensten Infektionskrankheiten und die Krebserkrankungen subsumiert. Zur besonderen Geisel für die damalige Bevölkerung gehörte die Tuberkulose. Die führenden Hygieniker Deutschlands, allen voran Robert KOCH und RUBNER beschäftigten sich intensiv mit deren wirksamer Bekämpfung. Man war sich einig, daß die schweren, zur Schwindsucht führenden Kindheitsinfektionen hauptsächlich innerhalb der Wohnung, innerhalb der Familie verursacht werden (vgl. CROMM 1913).

Den Überlegungen zur Bekämpfung der Tuberkulose lag die Annahme zugrunde, daß durch genaues Aufzeichnen der Erkrankungsvorkommen die Infektionsherde isoliert werden könnten. Tatsächlich war die sozialepidemiologische Vorgangsweise von RÖMER, WERNICKE und de GRECK von Erfolg gekrönt. Durch ihre umfangreichen statistischen Untersuchungen kristallisierten sich jene Lokalitäten heraus, die als besonders "Tbc-auffällig" erkannt werden konnten. Es waren dies vorzugsweise Stadtregionen mit schlechter bis schlechtester Wohnqualität, wobei eine weitere Differenzierung sogar die Isolation "Tbcbegünstigender Häuser" zuließ, also Häuser mit einer sehr schlechten Bausubstanz, mit hoffnungslos überfüllten und mangelhaft belüfteten sowie kaum belichteten Wohnungen.

Die Untersuchung war ähnlich dem heutigen "Room-Search-Verfahren" konzipiert, d.h., daß alle jene Häuser einer genaueren Inspektion unterzogen wurden, in denen Neuerkrankungen und Todesfälle an Tuberkulose registriert wurden. Das Gemeinsame dieser Häuser läßt sich in drei wesentliche Gruppen zusammenfassen:

1) Alle Wohnungen waren überbelegt.
2) In allen diesen Wohnungen konnte ein eklatanter Mangel an natürlichem Licht festgestellt werden.
3) Alle Wohnungen wiesen eine mangelhafte Frischluftventilation auf.

Während in vielen Städten Deutschlands und Österreichs die Tuberkulose zahllose Opfer forderte (in Wien starben um die Jahrhundertwende sogar 72 Tuberkulosekranke von 10.000 Einwohnern; die Krankheit war lange Zeit auch mit dem Namen "Morbus Viennensis") bezeichnet. Die Krankheit war in Zentralafrika faktisch nicht existent. Es wurden zwar vereinzelt Erkrankungen gemeldet, doch waren diese ausschließlich auf Kontakt mit Europäern zurückzuführen.

Die Tuberkulose, eine Krankheit der Großstädte, die vorwiegend durch die schlechte Wohnqualität begünstigt und deren Weiterverbreitung fast ausschließlich durch das Verbleiben bereits Erkrankter in ihren Wohnungen gefördert wurde, beschleunigte den Entschluß der Stadtverwaltungen, Spezialkrankenhäuser für Schwindsüchtige einzurichten. Erste, recht beeindruckende Erfolge gab es aus Norwegen zu berichten, wo an Tuberkulose erkrankte Personen von ihrer Wohnung in speziell errichtete "Tuberkulosekrankenhäuser" transferiert wurden und dadurch die Tuberkulosesterblichkeit drastisch gesenkt wurde. Die Idee war grundsätzlich nicht neu, da ja auch die Ausbreitung der Lepra im Mittelalter durch die Unterbringung von Leprakranken in Leprosorien sehr schnell unter Kontrolle gebracht werden konnte. Da aber eine gezielte Intervention zur Prävention der Tuberkuloseerkrankungen neben der Installation von Spezialkrankenhäusern nur über eine Verbesserung der Wohnqualität möglich ist, begann man mit sehr umfangreichen "Wohnstättenuntersuchungen" (vgl. Bericht über den Kongreß zur Bekämpfung der Tuberkulose als Volkskrankheit, Berlin 1899).

"In einem 2. Hof der Meidlinger Hauptstraße führt eine Stiege in den Keller. Der 75 cm breite dunkle Flur ist vielen Kellerwohnungen gemeinsam. Wir treten durch eine Türe in einen stark verdunkelten Raum von 4 x 3,5 Meter Grundfläche. Rechts in der Ecke, in der Höhe von über 2 m vom Boden, befindet sich ein Fenster, das eindringender Kälte wegen zur Hälfte verdeckt ist, sodaß etwa ein halber Quadratmeter Fensterfläche

Licht spendet. Aber auch dieses kommt nicht dem ganzen Raum zugute, da sich das Fenster in einer schlauchartigen, nach oben geschobenen Erweiterung der Wand findet. Die schief einfallenden Lichtstrahlen fallen auf ein altes Sofa, auf dem sich einige nackte Kinder herumtreiben. Im Halbdunkel ist eine Frau beschäftigt, an einem Tisch Wäsche zu bügeln: der Raum selbst hängt voll und nimmt von dem bißchen Licht noch weg. Der zweite, durch diese in ein Wohnzimmer verwandelte Küche zugänglicher Raum geht nach der anderen Hofseite. Hier wohnt die Hauptpartei: die Küchenbewohner sind "Untermieter". Dort sind es sechs, hier fünf Personen, zwei Ehepaare und sieben Kinder, deren Heim unter der Erde liegt. Neunundzwanzig Erwachsene und vierunddreißig Kinder wohnen in dem einen Flügel des Gebäudes. Kein Sonnenstrahl, ja nicht einmal direktes Himmelslicht hat zu diesen Wohnstätten Zutritt." (WERNICKE 1913:91)

Bei der im Jahre 1910 in Deutschland stattgefundenen Wohnungsenquete wurde der Entschluß gefaßt, dieser Misere vorerst durch Empfehlungen, später aber durch Verordnungen wirksam entgegenzutreten (vgl. KOHN 1910). Schließlich gipfelten die Anstrengungen für ein "menschlicheres Wohnen" in der Reichsversicherungsordnung, die vorsieht, daß die Krankenkassen in ihrem ureigensten Interesse Mittel "für Maßnahmen allgemeiner Art zur Verhütung von Krankheiten der Kassenmitglieder" zur Verfügung stellen müssen.

Weiters einigte man sich auf eine großzügigere Ausgestaltung der Städte mit Grünflächen. So begann man freie Plätze mit Bäumen, Sträuchern und Buschwerk zu versehen, um "grüne Lungen" für die dicht verbauten Städte zu schaffen. Es entwickelte sich langsam ein Trend zur "Gartenstadt", die sich durch infrastrukturelle Besonderheiten wie Kinderspielplätze, Erholungs- und Ruhezonen sowie durch eine aufgelockerte Bebauung auszeichnete. Unterstützt wurden diese Bestrebungen durch die im Jahre 1911 in Dresden veranstaltete Hygieneausstellung, in der für die Städte London, Paris und Berlin die jeweiligen Freiflächen im Verhältnis zu den verbauten Flächen präsentiert wurden. Während das Verhältnis der freien Flächen in London gegenüber dem gesamten Stadtareal 14% betrug, standen in Berlin 10% und in Paris nur mehr 4,5% Freifläche zur Verfügung. Die Tuberkulosesterblichkeit aber betrug in London, der Stadt mit der größten Freifläche, gegenüber der Gesamtsterblichkeit nur 1,9%, in Berlin 2,2%, in Paris aber ganze 5,5%. Als weiteres Beispiel mag in Österreich der "Wienerwald" als stadtexterne Erholungsfläche gelten, der sozusagen vor dem Ballungsraum Wien als "Grüne Lunge" fungiert.

Die positiven Auswirkungen von Grünflächen sowie lichten und gut belüfteten Wohnungen konnte man auch anhand einer in Ulm durchgeführten Beobachtung nachvollziehen. Die Stadt Ulm zeigte eine durchschnittliche Sterblichkeit von 18,5 Einwohner auf 1.000 Einwohner pro Jahr. Die Sterblichkeit in den Stadtteilen, die "gartenstadtähnliche" Wohnareale aufwiesen, betrug im Jahre 1901 nur 13 Todesfälle, 1902 nur mehr 12,2 Todesfälle und im Jahre 1906 wurden in den ersten zehn Monaten überhaupt nur mehr fünf Todesfälle auf 1.000 Einwohner registriert (vgl. WERNICKE 1910).

Auch in England konnte man mit ähnlichen Resultaten aufwarten. Während sich die durchschnittliche Sterbeziffer in England auf 15 Todesfälle pro 1.000 Einwohner belief, schnellte sie in den Slum-Quartieren in Städten, wie z.B. Liverpool, auf bis zu 35 Todesfälle, dagegen sank sie in den "Gartenstädten" wie etwa in Port-Sunlight auf 8 bis 9 Sterbefälle pro 1.000 Einwohner.

Aber auch die Säuglingssterblichkeit war in den "Gartenstädten" bzw. "Gartendörfern" auffallend gering. So wird berichtet, daß in Bournville, einem "Gartendorf" in der Nähe von Birmingham in England, die Säuglingssterblichkeit im Durchschnitt bei 7,8 Todesfälle auf 1.000 Säuglinge zu beziffern war, in Birmingham sich hingegen auf 17 Todesfälle pro 1.000 Säuglinge belief (vgl. CROMM 1913). Diese Ergebnisse bestärkten die Bemühungen der Sozialepidemiologen, durch das Schaffen menschenwürdiger Unterkünfte und Wohnumfeldregionen, Krankheit und damit verbundenes soziales Elend zu verhindern.

Diese geraffte historische Rückschau über den Zusammenhang zwischen Krankheitsgeschehen und Wohn- bzw. Wohnumfeldqualität apostrophiert sehr deutlich die offensichtliche Zeitlosigkeit dieses Themenbereiches. Es ist also nicht eine Errungenschaft der jüngsten Vergangenheit, wenn man sich wiederum vermehrt der Sicherung der Lebensqualität erinnert, sondern bereits ein Blick in die Antike läßt einige so "neuzeitliche" Forderungen nach einer menschenwürdigen Städtegestaltung entdecken. Manfred PFLANZ hat schon 1962 in seiner sehr detaillierten Arbeit "Sozialer Wandel und Krankheit" von der Medizinsoziologie den Blick "zurück" eingefordert, damit sich nicht vorhandene Forschungsressourcen zur Gänze in der Wiederaufbereitung alter Themen erschöpfen.

2. DIE ROLLE DER SOZIOLOGIE FÜR DIE MEDIZIN

2.1. Medizinsoziologie für die Erforschung von Epidemiologie und Ökologie

Die medizinische Soziologie versteht sich als wissenschaftliche Disziplin, die sich der Theorien und Methoden der empirischen Sozialforschung bedient, um Phänomene wie Gesundheit und Krankheit in ihrer gesellschaftsrelevanten Bedeutung zu analysieren.

Die medizinische Soziologie ist eine klassische Vertreterin interfakultärer Zusammenarbeit. Psychologie, medizinische Psychosomatik, Präventivmedizin,

Epidemiologie oder Gesundheitsökonomie prägen den medizinsoziologischen Arbeitsalltag.

Zu den Hauptaufgaben medizinsoziologischer Arbeiten zählen
- wirkungsvolle Prävention,
- rechtzeitiges Erkennen,
- patientenadäquate Betreuung,
- Probleme medizinischer Hightech (ausgewogene, den Erwartungen von Patienten gerecht werdende medizinische Betreuung),
- Effizienz und Effektivität der Medizin aus soziokultureller und sozioökonomischer Sicht.

Die Zusammenarbeit zwischen Medizin und Soziologie basiert eigentlich auf der Verschiedenartigkeit der Aspekte und der Bezugspunkte beider Disziplinen. In der Medizin wird unter dem Begriff "Mensch" etwas anderes verstanden als dies in der Soziologie der Fall ist. Gerade dieser Umstand ist es, der die eingeengte, von der eigenen Disziplin geprägte Sichtweise überwinden läßt und an ihrer Stelle neue Verbindungslinien setzt. Die Einseitigkeit des medizinischen Aspektes soll durch die weiter ausgreifende Sichtweise der Soziologie überwunden werden. Die Medizin und Medizinsoziologie sind korrespondierende Fächer, deren Ziel es sein muß, eine umfassendere Wissenschaft über den Menschen, eine Anthropologie in der ursächlichsten Bedeutung des Wortes entstehen zu lassen (vgl. UEXKÜLL 1958). Bei diesen Überlegungen stellt sich die Frage, was kann die Soziologie Konstruktives für durchaus genuine medizinische Belange beitragen? Die Antwort darauf ist nicht einfach, aber die spezielle Perspektive der Soziologie, die auf ein Verständnis des „SOZIALEN HANDELNS VON MENSCHEN" abzielt, kann den Hintergrund erhellen, von dem aus es möglich ist, Kranksein als soziologisches Phänomen zu betrachten.

Der Begriff des sozialen Handelns, von Max WEBER systematisch entwickelt, erlaubt einen Einblick in die gesellschaftliche Dimension individuellen Lebens. Das Eingebundensein des Menschen in Zwänge, Zumutungen, resultiert durch die Teilhabe am gesellschaftlichen Leben, an Gruppen oder Einrichtungen. Letztendlich prägen diese Zwänge, Zumutungen und Hilfen unser Verhalten gegenüber unseren Mitmenschen nachhaltig. Gesundheitsbewußtsein oder auch gesundheitsschädigendes Handeln wird demnach auch von jenen wichtigen Gruppen mitbeeinflußt, denen man angehört bzw. angehören möchte. Es obliegt in einem großen Maße der Gesellschaft, welche Chancen sie Kranken einräumt, die an sie gestellten Erwartungen wie etwa Unterbrechung der Übertragungskette, aktive Zusammenarbeit mit Gesundheitsinstitutionen, Mobilisieren der eigenen Abwehrkräfte, Veränderungen der Eßgewohnheiten, des Arbeitsrhythmuses, etc. erfüllen zu können.

Wenn das „SOZIALE NETZWERK“ der Gesellschaft hingegen brüchig erscheint, lassen sich als unmittelbare Folgen des Krankseins, Abdriften in Randgruppen oder zerstörerische Aktivitäten sich selbst und anderen gegenüber kaum vermeiden. Gesundheitsschädigendes Verhalten, wie Alkoholabusus oder Drogenkonsum wird ja durch gruppendynamische Prozesse einer bestimmten Subkultur gestützt bzw. verstärkt. Aber auch die soziale Realität in Form von Gruppendruck kann zu Distreß führen, d.h. zu zentralnervösen Erregungszuständen, die faktisch nicht abgebaut werden können. Lang andauernde Distreßphasen schädigen nachgewiesenerweise das autonome Nervensystem, das endokrine System und das Immunsystem (vgl. GEBERT 1981). Physiologische und pathophysiologische Befunde lassen den Schluß zu, daß sozialen Faktoren eine wesentliche Bedeutung für die Entstehung von Krankheiten beigemessen werden muß. An einer Soziogenese von Krankheiten kann heute nicht wirklich ernsthaft gezweifelt werden (vgl. KÄMMERER/MOLITOR 1917; SELYE 1946).

Der Mensch als Individuum und Sozialwesen sowie als Natur- und Kulturwesen ist untrennbar mit seiner direkten Umwelt verbunden, auch wenn dies in der modernen Städteplanung immer weniger Berücksichtigung findet. Die Denaturiertheit des Menschen wird zwar allerorts beklagt, doch reale Anstrengungen ihr entgegenzuwirken, finden sich selten bis nie. Ohne die geringste Berücksichtigung von Betroffenenurteilen werden der Architektur immer noch Opfer in Form von bewohnerfeindlichen aber architekturfreundlichen Bauprojekten dargebracht, denn wie wäre es sonst erklärbar, daß Räumlichkeiten in Kindergärten erst mit künstlichem Licht bewohnbar werden, weil einer modernen Fassadengestaltung offensichtlich mehr Priorität eingeräumt wird als dem Wohlbefinden der dort untergebrachten Kinder. Aber auch Arbeitsstätten tragen in vielen Fällen nicht einmal den fundamentalsten menschlichen Bedürfnissen nach Licht, Luft und Kommunikationsmöglichkeit Rechnung. Zur Abrundung dieser Misere sei noch der Wohnbau erwähnt. Um ja nicht den "Sacro Egoismo" der Planer zu verletzen, hat man sich auf die Formel "Gut ist, was funktionell ist" eingeschworen (vgl. FREISITZER/GLÜCK 1979; FREISITZER/MAURER 1985).

Durch die unabdingbare Notwendigkeit einer Reform des staatlichen Gesundheitswesens, dessen Ausrichtung vermehrt auf präventivmedizinische Aspekte abzielt, rückte naturgemäß der Lebensraum des Menschen stärker in das Interesse gesundheitspolitischer Überlegungen. Luftverschmutzung, hohe Lärmbelastung, der Mangel an Grünflächen, „Unterbringungswohnbau“ und das stetig im Steigen begriffene Verkehrsaufkommen lassen die durchaus berechtigte Frage aufkommen, wieweit die Flexibilität des genetischen Potentials, die Möglichkeiten der menschlichen Natur ausreiche, um diese zum Teil völlig neuartigen Streßbelastungen langfristig zu bewältigen (vgl. BARKER/ROSE 1974).

Zu den empfindlichsten wiewohl auch wichtigsten Organen unseres Körpers zählt zweifellos das Immunsystem. In den letzten zwei Jahrzehnten konnten wesentliche Einsichten über dieses System gewonnen werden, so z.B. über sein Gedächtnis, über die Art und Weise der Kontrollfunktionen, seine Abhängigkeit vom Stoffwechsel oder auch über die Konfiguration seiner Reaktionsmuster gegenüber Umweltnoxen. Das Immunsystem nimmt eine bedeutsame ökologische Rolle ein, da seine Reagibilität gegenüber Umwelteinflüssen sowie seine ubiquitäre Präsenz im Organismus die Funktion eines permanent aktiven Bioindikators ausübt (vgl. SCHULZE 1964).

Die Epidemiologie, deren Hauptaugenmerk auf die Charakteristika einer Krankheit in Hinblick auf die Bedingung und Umstände ihres Vorkommens gerichtet ist, weist viele Gemeinsamkeiten mit der medizinischen Ökologie und der Medizinsoziologie auf, die sich schwerpunktmäßig mit der Frage auseinandersetzt, welche Einflüsse die Umwelt des Menschen auf das Entstehen und Ausbreiten von Krankheiten ausübt (vgl. HAMER 1928). Die Ansätze selbst sind nicht neu. Sie finden sich schon bei Thomas SYDENHAM und sogar schon bei ARISTOTELES (vgl. LILIENFELD 1957).

Die großen Erfolge der Epidemiologie liegen zweifellos auf dem Gebiet der Bekämpfung von Infektionskrankheiten. Klingende Namen, wie etwa John SNOW, der um 1849 der in London grassierenden Choleraepidemie auf die Spur kam oder Joseph GOLDBERGER, dessen Aufgabe im Jahre 1914 darin bestand, die Vitaminmangelerkrankung Pellagra (diese Erkrankung wird insbesondere durch Mangel an Vitamin B2 hervorgerufen) epidemiologisch zu isolieren, finden sich, wenn vom Studium der Naturgeschichte einer Krankheit die Rede ist. Nicht vergessen werden darf bei diesen historischen Betrachtungen der französische Soziologe Emile DURKHEIM. Seine wiederholten Untersuchungen zum Thema Suizid brachten mit einfachsten statistischen Mitteln zutage, daß ein enger Zusammenhang zwischen der sozialen Befindlichkeit und dem Auftreten von Selbstmordhäufigkeiten gegeben ist. DURKHEIMs Abhandlungen über den Suizid werden als Marksteine in der Soziologie wie aber auch in der Sozialpsychiatrie gehandelt (vgl. DURKHEIM 1967).

Liest man in der Geschichte der Epidemiologie ein wenig weiter, so fällt die unkonventionelle Entdeckung der Trichinose auf. Nachdem ZENKER, ein englischer Arzt, im Körper einer jungen Frau, die sehr bald nach ihrer Einlieferung ins Hospital verstorben ist, Trichinen entdeckte, begab er sich in die Gastwirtschaft, in der diese Frau gearbeitet hatte und inspizierte das dortige Umfeld. Er fand auch die Wirtsleute erkrankt vor und weitere Recherchen ergaben, daß noch eine weitere Person die gleichen Symptome aufwies. ZENKER entdeckte im Fleische eines vor zwei Wochen geschlachteten Schweines eingekapselte Trichinen. Nachdem nachgewiesen werden konnte, daß es sich bei der haushaltsfremden Person um den Schlachter des Schweines gehandelt hat, der ebenfalls Fleisch von dem geschlachteten Tier verzehrte, lag für ZENKER der Schluß nahe, daß alle Krankeitsfälle mit großer Wahrscheinlichkeit auf den Genuß des trichinösen Schweinefleisches zurückzuführen sind (vgl. PAUL 1958). In diesem Fall führte die Spur aus dem Autopsiesaal in die Wohnstätte und die Umgebung des Patienten und illustriert sehr deutlich die Grenzen rein medizinischer Vorgangsweisen zur Isolierung bestimmter Ausbreitungsmuster.

Aber auch das epidemische Auftreten gesellschaftlicher Psychopathologien (socially - shared psychopathology) konnte aufgrund großangelegter serologischer Untersuchungsreihen (man glaubte sich mit einem neuen Infektionserreger konfrontiert) nicht erklärt werden. Erst umfangreiche Befragungen und Beobachtungen brachten Licht in die rätselhaften Vorfälle und letztendlich stellte sich heraus, daß die Erkrankungen vollständig psychischen Ursprungs waren (vgl. McEVEDY/BEARD 1970).

Ihnen allen war eine Arbeitsweise gemeinsam, die J.R. PAUL (1958) als "die der eines Detektives beschreibt, der den Schauplatz eines Verbrechens in Augenschein nimmt". Die simplen Werkzeuge wie Bleistift und Papier erlaubten z.B. Wiliam PICKLES, einem allgemeinen Arzt in den Tälern von Yorkshire, die Inkubationsperioden und Ausbreitungsmuster akut ansteckenden Fiebers zu dokumentieren und daraus präventivmedizinische Strategien zu entwickeln.

Aber auch Rudolf VIRCHOW skizzierte anläßlich der Hungertyphusepidemie im Jahre 1847 in Oberschlesien ein klares Bild von den gesellschaftlichen Ursachen, die Krankheit entstehen lassen und begünstigen. Als einer der wenigen erkannte VIRCHOW, daß Medizin und gesellschaftliche Machtverteilung in einem starken interdependenten Verhältnis zueinander stehen.

Als Grundlage für seine empirischen Untersuchungen legte er sich die These zugrunde, daß eine kranke Gesellschaft gesellschaftliche Krankheit impliziere (vgl. DEPPE 1978). Seine Studien beschrieben sehr detailliert die Klimaverhältnisse, die geographischen Besonderheiten, die Bewohner und ihre Ernährungsgewohnheiten, die Sprache, die Religion sowie die Wohn- und Arbeitsbedingungen der vom Hungertyphus heimgesuchten Landstriche. Er erkannte bald, daß die Ursachen für die Verbreitung der Krankheit weniger medizinischer als sozialer Art waren. Auf die Frage hin, wie er sich denn vorbeugende Maßnahmen zur Verhinderung einer nochmaligen Hungertyphusepidemie vorstellen könnte, antwortete VIRCHOW: "Die logische Antwort auf die Frage, wie man in Zukunft ähnliche Zustände, wie sie in Oberschlesien vor unseren Augen bestanden haben, vorbeugen könne, ist also sehr leicht und einfach: Bildung mit ihren Töchtern Freiheit und Wohlstand" (vgl. ACKERKNECHT/ VIRCHOW 1957). Und VIRCHOW weiter: "Wir haben so logisch und konsequent den Standpunkt erreicht, den wir in der Abhandlung über die naturwissenschaftliche Methode vielfach angedeutet haben; die Medizin hat uns unmerklich in das soziale Gebiet geführt und uns in die Lage gebracht, jetzt selbst an die großen Fragen unserer Zeit zu stoßen" (VIRCHOW 1968:223).

Wenn nun die "sozialempirische Vorgangsweise" des 19. Jahrhunderts, die zum Teil doch recht revolutionierende Erkenntnisse auf dem Gebiet der Ätiologie von Infektionskrankheiten ergab, den üblichen methodischen empirischen Standards angepaßt wird, so okkupiert sie besonders in der heutigen Zeit eine wesentliche Rolle in der Untersuchung der "modernen Massenerkrankungen". Krebs, Herzerkrankungen, chronische Bronchitis, angeborene Defekte, Suizidhäufigkeit, soziale Vereinsamung, der Komplex der psychosomatischen Erkrankungen, Straßenverkehrsunfälle, um nur die gängigsten anzuführen, die man zu Recht als "Epidemien der westlichen Welt" bezeichnet (vgl. KEUPP 1974).

Die Medizin besitzt von der Mehrzahl der Krankheiten noch kein vollständiges ätiologisches Modell (vgl. SCHAEFER/BLOMKE 1978). Daher ist die Sozialempirie aufgerufen, mit ihren Methoden bei der Klärung epidemiologischer Fragestellungen mitzuwirken. Ohne näher auf die Frage eingehen zu wollen, ob und in welchem Ausmaß soziologische Faktoren Krankheiten verursachen - dies ist eine der umstrittensten Fragen der Medizin - kann ihnen jedenfalls ein auslösendes Moment nicht abgesprochen werden. Verschiedene Brennpunkte sozialer Krankheitsfaktoren, wie Wohnort, Wohnung, Kultur, Subkultur, Gesellschaft, Gemeinde, Gemeinschaft, Arbeit, Sozialschicht und Wohnumgebung sind als feste Bestandteile beim Erstellen eines lokalspezifischen Morbiditätspanoramas aufzunehmen (vgl. MITSCHERLICH/BROCHER/MERING/HORN 1967). Eckdaten über demographische wie auch soziographische Gegebenheiten haben ebenso ein integrativer Bestandteil innovativer epidemiologischer Forschungen zu sein wie die Notationen aus den Medizinstatistiken.

Die "soziale Dimension der Medizin" richtet ihr Hauptaugenmerk auf die Bewältigung virulenter Probleme, wie z.B. die Patientenorientierung der medizinischen Versorgung oder gesellschaftliche Einflüsse auf die Entstehung und die Bewältigung von Krankheit und Unfall, auf präventivmedizinische Aktivitäten, die Versorgung alter Menschen in ihrer gewohnten Umgebung, etc. Dieses umfassende Aufgabengebiet verlangt nach verstärkter interdisziplinärer Kooperation, im speziellen Falle geht es um das Zusammenwirken von Medizinern und Soziologen (vgl. PFLANZ 1975). Es können daher beide Fachgebiete, die Soziologie wie auch die Medizin, aufgrund ihrer recht unterschiedlichen Wissensbestände einen wesentlichen Beitrag zur Ausleuchtung der erwähnten Problemkonstellationen liefern.

Für diese Untersuchung soziologischer Faktoren in der Ätiologie und Pathogenese von Krankheiten hat sich die soziale Epidemiologie überaus gut bewährt. Sie stellt ein Konglomerat aus den Methoden der Medizin und der Soziologie dar und bewegt sich daher im Grenz- bzw. Überschneidungsgebiet beider Disziplinen. Die soziale Epidemiologie fokusiert ihr Interesse auf die Soziogenese von Krankheiten und forciert so in der Medizin wie auch in der Soziologie eine methodische und theoretische Innovation (vgl. FERBER/FERBER/SLESINA 1982).

Sozialepidemiologie bedeutet, insbesondere ihre Anwendung auf die Untersuchung nichtübertragbarer Krankheiten, daß sich für die Medizin und für die Soziologie völlig neue Perspektiven eröffnen (vgl. BADURA u.a. 1979).

So konnte z.B. die "Notfallstudie Graz" - diese Arbeit hat die Erstellung eines lokalspezifischen Notfallkatasters zum Inhalt - dem präklinischen Notfallmanagement aufgrund der vorliegenden Untersuchungsergebnisse jene Informationsgrundlage anbieten, die den Ausbau eines effizienteren Notarztsystems für die untersuchte Region ermöglicht.

Mittels breit angelegter soziographischer und empirischer Analysen gelang nicht nur eine genaue Deskription der vorherrschenden Notfalldynamik. Die Auswertungsergebnisse werfen darüber hinaus als Derivat auch Grundlagen zur Ausgestaltung "mobiler Sozialdienste" (Hauskrankenpflege, Behindertenbetreuung vor Ort, etc.) ab (vgl. GROSSMANN 1990).

Auch großangelegte Umfragen zum Thema Wohnzufriedenheit und Umweltbelastung sind als integrativer Bestandteil gesundheitspolitischer und städteplanerischer Überlegungen zu werten (vgl. FREISITZER/KOCH/UHL 1987). Das Miteinbeziehen der Bevölkerung zu Fragen der Gestaltung des Lebensraumes schreitet erst dann in ein praktikables Stadium, wenn die Ergebnisse der Betroffenenurteile vorliegen.

Es ist also Aufgabe der Sozialepidemiologie, hier im speziellen Fall der Soziologie, jenes Wissen zu vermitteln, das dem Praktiker die selektive Nutzung erlaubt. Diese Vorgabe ist so einfach nicht zu realisieren und es wird wahrscheinlich auch noch einiger Anstrengungen bedürfen, in der die Soziologie jenen Weg nachvollziehen kann, den Sir William OSLERS in seinen "Principles and Practice of Medicine" aufzeigte. Ihm war es gelungen, den Schwerpunkt von den theoretischen Thesen hin zu einer nach den Bedürfnissen der Situation entsprechenden Anweisung (prototypische Lösungen) aufzuzeigen.

Die für die Soziologie relevanten Brennpunkte sozialer Krankheitsfaktoren, im wesentlichen seien hier Subkulturen, Gemeinschaften, Gemeinden, Betriebe, Berufe, die Zugehörigkeit zu einer bestimmten Sozialschicht, Wohnort, Wohnung und soziale Interaktionsmuster angeführt, gilt es für den jeweiligen Anlaßfall zu operationalisieren (vgl. KREITMANN/SMITH/TAN 1969). So zeigt sich immer wieder, daß die Erfassung der Umweltcharakteristika modernen Lebens noch stiefmütterlich behandelt oder zumindest isoliert betrachtet wird. Die Bedeutung der Umweltveränderung auf die Gesundheit der Bevölkerung kann nicht drastisch genug formuliert werden (vgl. GOLDSTEIN 1964). Das Abkoppeln des Individuums von vorhandenen Umwelteinflüssen ist, auch zu Therapiezwecken, illusorisch. Demzufolge muß den pathogenen Agentien physischer wie auch soziokultureller Provenienz verstärktes Augenmerk zugewendet werden. GALDSTONE bemerkte, daß "...der Arzt nicht nur zwischen Mensch und Natur, sondern öfter und hauptsächlich zwischen Mensch und Gesellschaft vermittelt" (GALDSTONE 1957:103).

Der Vorwurf, die Sozialwissenschaften hätten Theorien und Methoden entworfen, ohne die Probleme und Anliegen der Epidemiologie zu berücksichtigen, mag dazu beigetragen haben, daß die Aufsplittung in die Kernfächer Medizin, Psychologie, Soziologie, Ökologie zu einem verstärkten "disziplinären Chauvinismus" geführt hat. Nicht miteinander akkordierte Forschungsansätze führen zu der sehr oft angesprochenen "babylonischen Sprachverwirrung" und fördern die Skepsis der Praktiker an den Ergebnissen wissenschaftlicher Untersuchungen.

Diese Tatsache birgt aber die Chance, daß ein konstruktives Überdenken der bisher praktizierten "Gewaltentrennung" auf dem Gebiet der Medizin und der Sozialwissenschaften eine verstärkte interdisziplinäre Kooperation zur Folge haben kann.

Historisch und systematisch gesehen hat die Soziologie Bereiche aus der Erbschaft der Philosophie übernommen; darauf gegründet, könnte sie im pluridisziplinären Integrationsprozeß eine wichtige Rolle spielen, sowohl als Katalysator in der Kritik der begrifflichen Überbeharrlichkeit der Disziplinen als auch als Agens in der Erstellung neuer gemeinsamer Forschungsszenarien und in der Reflexion über die Kluft zwischen wissenschaftsproduzierter Welt und Leben (vgl. ROSENMAYR 1982).

Die Forderung an die Soziologie, im speziellen Fall an die empirische Sozialforschung, für die Medizin relevante Entscheidungshilfen bereitzustellen, ist eine nicht ganz neue. Rudolf VIRCHOW kreierte den vielzitierten Ausspruch, daß "die Medizin ... eine soziale Wissenschaft ist und die Politik ... weiter nichts als Medizin im Großen" (DEPPE 1978:9).

Gerade weil das Erklärungsdefizit des klassischen bzw. das Theoriedefizit des erweiterten Risikofaktorenmodells als der Anlaß zur Anwendung sozialwissenschaftlicher Ansätze bei der Erforschung klassischer Krankheitsmuster, wie z.B. der koronaren Herzkrankheit, gelten kann, erscheint es von besonderer Bedeutung, unter Zuhilfenahme sozialwissenschaftlicher Methoden und Arbeitsweisen jenes sozialökologische Umfeld zu beleuchten, das den Lebensraum der Individuen prägt (vgl. KITAGAWA/HAUSER 1973).

2.2. Die Entwicklung eines gemeinsamen Forschungskonzeptes der Medizin mit der Soziologie

Den Beitrag, den die Soziologie im Rahmen epidemiologischer Untersuchungen leisten kann, soll nun zur Diskussion gestellt werden:

1. In Gebieten mit schnell wechselnden sozioökonomischen Bedingungen - man denke hier vor allem an den urbanen Raum - bedarf es einer fortwährenden Revision soziodemographischer Daten. Ergebnisse aus amtlichen Erhebungen (Volkszählung, etc.) eignen sich immer weniger, als verwertbare Grundlage für aktuelle epidemiologische Untersuchungen zu fungieren. Wohndichte, Belagsintensität der vorhandenen Wohnräume, Altersstruktur der anwesenden Bevölkerung, Aus- bzw. Einpendlerquoten sind nur einige Indikatoren, die sehr raschen Veränderungen unterliegen. Für die Sozialwissenschaften bedeutet dies, daß die vorgegebene Untersuchungseinheit eben genau auf diese Veränderungen hin zu kontrollieren ist.
2. Der Informationsgehalt amtlicher Statistiken ist in Reichweite und Inhalt beschränkt. Dies bedeutet für die Konzeption epidemiologischer Studien, daß andere Umweltfaktoren im Arbeitsdesign keine Berücksichtigung erfahren (vgl. CARLESTAM 1971). Einige Beispiele hierfür: Anordnung und Lokalisation der Wohngebäude (Wohnumfeldqualität), Einrichtungen des Gesundheitswesens - soziale Dienste und Nachsorgezentren - Luft- und Lärmbelastung, Suicidhäufigkeit, ethnische Minderheiten, soziale Vereinsamung, etc. Derzeit fehlt es noch immer an der Verfügbarkeit griffiger statistischer Indikatoren, die es erlauben, solche Faktoren zu operationalisieren und ihren Einfluß zu messen.
3. Es ist immer wieder zu beobachten, daß Verwaltungsgebiete bzw. Bevölkerungseinheiten für die Durchführung epidemiologischer Studien zu groß und in sich zu heterogen sind. Das Schaffen sogenannter "enumeration districts" (das ist die kleinste durch den British National Census definierte Einheit, die bei einer Untersuchung in der Stadt Brighton zum Thema Krankheit, Suizid und Straffälligkeit als Erhebungsgrundlage diente), also kleiner homogener Untersuchungseinheiten, kann unter Zugrundelegung sozio- und demographischer Panoramen erfolgen, um jene Gebiete zu identifizieren, die auffällige Morbidität und Sozialpathologien aufweisen.
4. Ein weiteres Problem birgt die "räumliche Selbstkorrelation", d.h., daß soziodemographische Kennzeichen einer Region nicht notwendigerweise auch die Zielgruppe eines Gebietes kennzeichnen. So hat z.B. eine Sequenz der Notfallstudie Graz zutage gebracht, daß das Phänomen "soziale Vereinsamung" in Bezirken zu beobachten war, in denen eher geringe Wohndichten vorherrschten. Erst ein weiterer Untersuchungsschritt, nämlich die Inspektion jener Wohnareale, in denen diese Besonderheiten auftraten, ergab, daß dort extrem hohe Wohndichten zu verzeichnen waren (vgl. GROSSMANN 1990). Die sich daraus zwangsläufig ergebende Forderung: Ökologische Korrelationen, deren Provenienz aus statistischen Daten herrühren, können nur dann mit einiger Sicherheit interpretiert werden, wenn durch direkte Untersuchung

der fraglichen Untergruppen weitere Informationen zur Verfügung stehen. Dieser Forschungsansatz wird auch Mehrebenenanalyse genannt.

5. Wesentliches Augenmerk ist auch der Qualität von Daten (Quellenkritik) beizumessen. Besonders bei Kompilationsanalysen besteht die Gefahr, daß die Intentionen, mit denen gewisse Daten erhoben werden, dem Rezipienten weitgehend unbekannt sind. Als Musterbeispiel können hier die Ergebnisse der Verkehrsunfallstatistik herangezogen werden. Verkehrstote werden in Österreich nur dann auf amtlichen Statistiken ausgewiesen, wenn sie innerhalb von 72 Stunden an den Folgen eines Unfalles versterben. Alle nach dieser Frist Verstorbenen fallen nicht mehr in die Rubrik "Verkehrsunfalltote". Die sich daraus ergebenden Verzerrungen sind beachtlich und eröffnen die Möglichkeiten zu Fehlinterpretationen.

Die Soziologie hat sich mit der methodischen Erforschung von Phänomenen auseinanderzusetzen, die zum Teil weder biologisch noch physiologisch erklärbar sind. Gerade hier findet sich eine zentrale Schnittstelle zur Medizin. Obwohl die Medizin auf ein umfangreiches, gesichertes Wissen zurückgreifen kann, hat sich vor allem in jüngster Vergangenheit sehr deutlich die Notwendigkeit gezeigt, medizinsoziologische und sozialökologische Befunde zur Realisierung wirksamer präventivmedizinischer Konzepte miteinzubinden. Ähnlich wie die Erfassung von Flugbewegungen nur im Radarvollkreis sinnvoll ist, muß die Korrespondenz zwischen Medizin und Soziologie über den Weg methodischer Verknüpfungen von Erkenntnissen in die Vielfalt der sich darstellenden Phänomene Ordnung bringen. Die multifaktorielle Genese der Krankheiten verlangt von der Soziologie als auch von der Medizin die Entwicklung eines gemeinsamen Forschungskonzeptes (vgl. PARSONS 1964).

Die Soziologie kämpft letztendlich mit dem selben Problem wie die Biologie, wo die Interdependenz zwischen allen Teilen eines Organes oder Lebewesens monokausale Erklärungsmodelle als unbrauchbar erscheinen lassen. Gerade die so komplexe Natur des Menschen und seine hohe Reaktivität bedingen eine Art Reziprozität in allen sozialen Gebilden in denen das Individuum lebt und agiert. Demzufolge sind in der Soziologie "einfädige Kausalketten" ebenso selten anzutreffen wie in der Biologie oder auch in der Physik. Dort, wo es dennoch möglich scheint, den Nachweis massiver Kräfte mit nachvollziehbaren Auswirkungen zu erbringen, besteht immer noch die Gefahr, intervenierende Variablen zu übersehen, sei es aus Unkenntnis ihrer Existenz oder aufgrund methodischer Probleme. Die daraus resultierende Skepsis gegenüber der totalen Analysierbarkeit sozialer Phänomene - als Vertreter dieser Richtung in der Soziologie sei ADORNO angeführt - kann eben nur durch die Konzentration auf bestimmte, methodisch einwandfrei erfaßbare Faktoren, abgeschwächt werden (vgl. ADORNO/DAHRENDORF/PILOT/ALBERT/HABERMAS/POPPER 1969).

Gesellschaftliche Urteile, Meinungen oder Empfindungen bergen immer die Gefahr der subjektiven Färbung, wenn uns Individuen über ihr persönliches Erleben informieren. Wenn der Rotblinde neben dem Farbtüchtigen vor einer roten Fläche steht, so bezeichnen beide diese Fläche als rot, haben aber, wenn man ihre Farbbezeichnungen genauer zu normen versucht, offenbar total andere Farbempfindungen, d.h. sie bezeichnen Farben, die dem Farbtüchtigen als gleichfarbig erscheinen, als verschiedenfarbig. Gerade bei Fragen über das subjektive Wohlbefinden werden die verschiedenen "semantischen Spannweiten" von Aussagen sichtbar.

Es geht also immer wieder um die zentrale Frage, wie kann man möglichst objektive Daten als Entscheidungsgrundlage weiterreichen, wobei immer die Urteile und Reaktionen der Betroffenen im Vordergrund aller Überlegungen positioniert sein sollten. Dieser Umstand bereitet auch bei Konzeption von möglichst weitreichenden Präventivmaßnahmen oft unüberwindbare Schwierigkeiten. Kampagnen für gesunde Lebensweisen sind im Allgemeinen so ausgerichtet, als hätte man eine homogene Population vor sich.

In diesem Zusammenhang zeigt sich ein weiteres Problem. In der Geschichte der Soziologie spielte die Sozialkritik zumindest anfangs eine sehr bedeutende Rolle. Der Soziologie sollte die Möglichkeit eröffnet werden, sogenannte "Systemlügen" aufzudecken, d.h. es geht um die Objektivierung der Effektivität und Effizienz gesellschaftlicher Institutionen. Im gegenständlichen Fall drängt sich die Frage auf, ob die Medizin tatsächlich das für den Menschen leistet, was sie vorgibt zu leisten, nämlich die bestmögliche Versorgung und Betreuung im Krankheitsfall.

Unweigerlich bietet sich hier eine Fülle von Ansatzpunkten, so z.B.: Was erwartet der Kranke vom Arzt, vom Krankenhaus, oder überhaupt vom Gesundheitswesen? Ist der Vorteil der Lebensverlängerung nicht nur ein Gewinn für die Medizintechnik? Lebensqualität und Krankheit, unvereinbare Begriffspaare? Die verschiedenen Auffassungen über die Güte der medizinischen Versorgung lassen faktisch kaum eine Einigkeit darüber zu, ob nun die Ansprüche befriedigt werden können und inwieweit Verbesserungen vorhandener Zustände im Sinne eines patientenorientierten Gesundheitswesens realisiert werden können. Das kritische Postulat, "Systemlügen" der Institution "Gesundheitswesen" offenzulegen, ist vernehmbar, doch droht die Realisierung fortwährend zu scheitern. Um die Diskrepanz von Anspruch und Leistung eines gesellschaftlichen Systems zu erkennen, bedeutet dies, daß die Leistung definiert und auf ihre Güte hin untersucht werden muß. Die Leistung eines sozialen Gebildes ist dessen soziale Funktion. Das Gesundheitswesen, respektive die Medizin, verfügt über eine Vielzahl bedeutender sozialer Gebilde, wie etwa Kammern, Versicherungen, ärztliche Vertretungen verschiedenster Fachrichtungen und ähnliches mehr.

Wenn nun von einer Überprüfung der Güte der Medizin die Rede ist, so wird hier förmlich automatisch ein Scheitern dieser Kontrolle in Gang gesetzt. Wie soll ein Akkordsystem von sozialen Gebilden überprüft werden, wenn jedes einzelne Gebilde letztendlich anders geartete Funktionen besitzt? Von der Physiologie her ist uns bekannt, daß sich die Funktion eines Gebildes nachweisen und klar definieren läßt. Die Funktion des Herzens als Druckerzeuger und Gleichrichter der Blutströmung ist bekannt und nachvollziehbar. Allerdings wird das "System Kreislauf" erst durch das Zusammenwirken von Herz, Blut und Gefäßen transparent. Auch das Individuum übt bestimmte Funktionen in der Gesellschaft aus. Krankheit hingegen stellt nicht nur eine Störung organischer Funktionen, sondern auch eine mehr oder minder starke Beeinträchtigung, zumindest einer sozialen Funktion dar, die sich übrigens nur durch ein gesellschaftliches Urteil definieren läßt. Denn, das Individuum ist ebenso in der Gesellschaft integriert wie das Herz in den Kreislauf. Das Tun des Individuums ist analysierbar, ist aber der Zweck des Tuns auch so klar nachvollziehbar?

Bisweilen versuchten manche Soziologen sich in die Rolle des "Außenstehenden" zu versetzen, um so Güte und Fehler menschlicher Leistungen für das Wohl der Gesellschaft besser beurteilen zu können. Das Wohl der Gesellschaft oder präzisierter ausgedrückt, die Ziele der Gesellschaft lassen sich aber nicht "objektiv" definieren, da weder Naturgesetze existent sind, die alle gesellschaftlichen Phänomene als solche rechtfertigen, noch eine historische Übereinstimmung darüber vorhanden ist, wie denn eine Gesellschaft richtig strukturiert sein soll bzw. worin die "echten" Bedürfnisse einer Gesellschaft bestehen. Weiters ist und bleibt auch der Soziologe ein Mitglied der Gesellschaft und wird in seinem Urteil von ihr beeinflußt. Dies bedeutet nun natürlich nicht, daß der Soziologe aufgrund seiner gesellschaftlichen "Befangenheit" endgültig als ernstzunehmender Sozialkritiker ausscheidet, vielmehr lassen sich hier durchaus auch Vorteile aus dem Umstand des Eingebundenseins in die Gesellschaft konstatieren, so z.B. die Kenntnis über bestimmte gesellschaftliche Vorgänge, die ihrerseits wiederum Impulse für Nachforschungen und Veränderungen setzen können. Wenn nun in einer Sozietät die Feststellung getroffen wird, daß bestimmte Funktionen gestört sind (PARSONS spricht in diesem Zusammenhang von "Dysfunktionen"), so setzt dies den Begriff der Normalität voraus, an dem der Grad der Störung, bzw. die Störung selbst erst erkannt werden kann (vgl. PARSONS 1964). Der Soziologe muß also immer wieder eine klare Abgrenzung seines Untersuchungsgegenstandes vornehmen und wird dadurch auch aufgefordert, lokalen Besonderheiten intensives Augenmerk beizumessen.

Aus dem Bereich des Gesundheitswesens läßt sich hier ein sehr aktuelles Beispiel anführen. Um die Kosten im Gesundheitsbereich einzudämmen, wird immer wieder die Schließung kleiner, exponiert gelegener Spitäler in Erwägung gezogen. Wenn man die Ökonomie der Kosten als oberstes Richtmaß für derartige Überlegungen heranzieht, dann allerdings erscheint die Schließung dieser

Spitäler gerechtfertigt. Andererseits müssen natürlich auch die Bedürfnisse der im Einzugsbereich dieser Spitäler lebenden Bevölkerung nach lokaler erweiterter medizinischer Versorgung bei den zukünftigen gesundheitspolitischen Entscheidungen Berücksichtigung finden. Es wird daher unumgänglich sein, neben zweifellos notwendigen Einsparungsmaßnahmen im Bereich des Gesundheitswesens, die gesellschaftliche Funktion der Institution "Krankenhaus" von den verschiedensten Aspekten her zu beleuchten, um dann eine problemorientierte Entscheidung treffen zu können.

2.3. Die Bedeutung soziologischer Faktoren in der Ätiologie und Pathogenese

Die Beschäftigung mit sozialmedizinischen Fragestellungen hat in der Medizin eine jahrhundertalte Tradition. Ökonomen, Historiker, Ärzte, Sozialreformer, ja selbst Juristen setzten sich intensiv mit sozialmedizinischen Problemen auseinander. Lange bevor sich aus den Sozialwissenschaften heraus die Spezialdisziplin Medizinsoziologie entwickeln konnte, entdeckte die Medizin interessante Zusammenhänge zwischen dem sozialen Umfeld und der Entstehung von Krankheiten.

Die empirische Sozialforschung hat sich von ihren Anfängen schon für die leidenschaftlich vorgetragene Anklage über soziale Mißstände, unter Zuhilfenahme empirischer Befunde, interessiert. So haben z.B. Pioniere der Sozialforschung mit den Mitgliedern der "Royal Commissions" im Jahre 1825 ein Gesetz für Fabrikinspektionen zustande gebracht.

Auch die Untersuchungen von John SNOW zur Bekämpfung einer in London grassierenden Choleraepidemie wurde von der Vorstellung getragen, daß bestimmte soziale und wirtschaftliche Parameter für die Ausbreitung dieser Krankheit verantwortlich sein müßten.

Neben HALLIDAY (1948) und HUEBSCHMANN, die ebenfalls Krankheit als Folge der Desorganisation der Gesellschaft ansehen, vermutete auch der Australier OESER, daß die Verbreitung von psychosomatischen Beschwerden ebenfalls ein Produkt desorganisierter Gesellschaften bzw. Gemeinschaften sei (vgl. OESER 1950). Auch SCHULTE (1955) sieht in den Neurosen mißglückte Anpassungsversuche an die Auswirkungen des sozialen Desorganisationsprozesses. Etwas zurückhaltender geben sich die Autoren FARIS und BLOCH, beide beschäftigen sich nur mit dem Auftreten von Psychosen und Schwachsinn als Folge von sozialer Desorganisation (vgl. FARIS 1952).

Der Soziologe Robert K. MERTON (1968) hat sich mit dem Problem der Anomie sehr ausführlich beschäftigt und ist auch der Frage nachgegangen, welchen Einfluß bestimmte soziale Strukturen auf bestimmte Personen in der Gesellschaft ausüben. Wenn nun Anomie als Phänomen einer Gemeinschaft zu verstehen ist und im abweichenden Verhalten eine Funktion zur Aufrechterhaltung des Gleichgewichtes einer Gruppe zu sehen ist, so kann vor diesem Hintergrund Krankheit als soziale Funktion verstanden werden. Die positive funktionale Bedeutung der Krankheit für die Gesellschaft wird z.B. von PARSONS hervorgehoben. Er geht davon aus, daß Krankheit als integraler Bestandteil des sozialen Gleichgewichtes zu werten sei. Krankheit könnte im Rahmen der verschiedenen Erscheinungsformen der Anomie fallweise günstiger sein als beispielsweise aggressives oder kriminelles Verhalten (vgl. PARSONS 1958). Ähnliche Ansätze finden sich auch bei Margret TÖNNESMANN (1960). Diese "Stellvertreterhypothese" läßt sich allerdings empirisch nicht belegen.

Zusammenfassend kann festgehalten werden:
- Abweichendes Verhalten findet sich in jeder Gesellschaft und unter bestimmten Bedingungen kann Krankheit als abweichendes Verhalten angesehen werden.
- Eine sich wandelnde Gesellschaft fördert bzw. hemmt abweichendes Verhalten.
- Abweichendes Verhalten und eventuell auch Krankheit sind für die Sozietät notwendig. Hiefür existieren jedoch keine gesicherten empirischen Nachweise.
- Es gibt eine Art "Stellvertretung" verschiedener Formen abweichenden Verhaltens. Diese Hypothese ist nicht bewiesen, zumal manche Beobachtungen ihr zu widersprechen scheinen.

Die Bedeutung der Anomie-Hypothese zur Erklärung des individuellen Krankseins mag zwar unwesentlich sein, doch die sich daraus ergebenden Ansätze, Krankheit vor dem Hintergrund der gesamten Struktur einer Sozietät zu betrachten, erscheinen interessant und wertvoll.

Der letzte große Universalgelehrte, so wurde Max WEBER von Karl JASPERS bezeichnet, hat mit seiner Systematik von Typen sozialen Handelns einen wesentlichen Beitrag zur Entwicklung der soziologischen Theorie geleistet. Obwohl Max WEBER nur am Rande an medizinsoziologischen Fragestellungen interessiert war, ist seinem Wirken eine nicht unbeträchtliche medizinsoziologische Relevanz zuzuschreiben.

Trotzdem trägt seine Analyse der modernen Bürokratie mit ihren typischen sozialen Handlungsweisen vieles zur Erhellung der Wirkungsweise der modernen Medizin bei. Die Arbeits- und Interaktionsformen zwischen Krankenhauspersonal und Patienten, sowie die Arbeitsteilung, die Unpersönlichkeit der Beziehungen, Aktenmäßigkeit der Information, normierte Behandlung von Patienten; dies sind nur einige wenige Kennzeichen des nach bürokratischen Mustern organisierten Krankenhauses und lassen auch die organisationssoziologischen Probleme im Gesundheitswesen sichtbar werden.

Die Arbeiten von Max WEBER tragen viel zum Verständnis der Krankenhauswirklichkeit bei und sind gleichzeitig Ausgangspunkt für weitere medizinsoziologische Überlegungen. So z.B. die berufssoziologischen Analysen des Ärztestandes, oder Untersuchungen über die Arzt-Patienten-Beziehungen (vgl. FREIDSON 1961). In diesem Zusammenhang sei auch Talcott PARSONS erwähnt, der sich u.a. mit den gesellschaftlichen Funktionen ärztlichen Handelns auseinandergesetzt hat.

Auch die Schule des symbolischen Interaktionismus brachte eine bedeutende Erweiterung medizinsoziologischen Wissens. George H. MEAD beschäftigte sich mit entwicklungsgeschichtlichen und hirnphysiologischen Voraussetzungen des sozialen Handelns.

Charles H. COOLY entwickelte folgende Annahmen über die soziale Einbettung von Ich-Bewußtsein und Selbstwertgefühl:

- In unserer Entwicklung haben wir gelernt, uns selbst so zu sehen, wie wir annehmen, daß andere uns sehen.
- Das Urteil anderer über uns bestimmt zum Teil unser Verhalten und ermöglicht uns eine Orientierung.
- Das Produkt unserer Annahmen und Erfahrungen über die Sichtweise anderer über uns ist dann das Selbstwertgefühl.

Ihren Niederschlag finden diese Konzeptionen in medizinsoziologischen Forschungsaktivitäten über die Erfahrungen von Kranksein im Kontext gesellschaftlichen sozialen Handelns in Form von "Stigmatisierung" kranker Menschen (vgl. GOFFMAN 1975).

Weitere vom symbolischen Interaktionismus ausgehende Impulse betreffen die medizinsoziologische Rehabilitationsforschung oder die Analysen gesundheitsschädlichen Verhaltens von Jugendlichen (Zigaretten-, Alkohol- oder Drogenkonsum). Eine neue Beurteilung der soziokulturellen Unterschiede wahrgenommener Krankheitssymptome und gesellschaftlicher Definitionen von Gesundheit und Krankheit erlauben die Arbeiten von William I. THOMAS und Florian ZNANIECKI. In ihrer Studie über polnische Einwanderer haben die Autoren auf die Notwendigkeit hingewiesen, die Interaktion zwischen äußerer sozialer Lage und Einstellungsmuster von Individuen bei der Erstellung therapeutischer Konzepte zu berücksichtigen (vgl. THOMAS/ZNANIECKI 1927).

Das Verhalten des Einzelnen, so die Untersuchung von THOMAS und ZNANIECKI, wird sehr stark von den definierten soziokulturellen gesellschaftlichen Werten und individuellen Einstellungen vollzogen. Wenn eine solche Übereinstimmung fehlt, so ist mit hoher Wahrscheinlichkeit mit dem Auftreten sozialer Krisen zu rechnen. Aber auch die Beurteilung von Krankheitssymptomen und die Definition von Gesundheit obliegen schließlich soziokulturellen Zuschreibungsmechanismen.

Gerade für die Sozialphysiologie und die moderne Streßforschung bildet der Interaktionsprozeß zwischen sozialer Lage und der individuellen Einstellungen einen wertvollen Ansatz zur Erweiterung des traditionellen Risikofaktorenkonzeptes. Damit gewinnt die sozialwissenschaftliche Belastungsforschung vermehrte Bedeutung bei der Konzeption soziogenetischer Erklärungsmodelle für Krankheiten wie Krebs, Koronare Herzkrankheiten, Saisonal-Abhängiger-Depression (SAD) oder dem plötzlichen Säuglingstod (SIDS).

Die Bedeutung sozioökonomischer sowie sozioökologischer Faktoren für die Erklärung von Krankheitsgeschehen bzw. Krankheitsentwicklung wird auch in zunehmendem Maße von der Medizin erkannt. Derzeit müssen noch große Wissenslücken bei den Vermittlungsprozessen zwischen sozialen Belastungsfaktoren und den pathogenetisch relevanten physiologischen Vorgängen, die als Reaktion aus diesen Belastungen erfolgen, konstatiert werden (vgl. KLEIN 1990). Hier eröffnen sich für die Erweiterung des naturwissenschaftlich-medizinischen Blickwinkels neue Möglichkeiten der Interdisziplinarität zwischen Medizin und Soziologie. Dies wird umso wahrscheinlicher, je mehr sich die Unzulänglichkeit des klassischen Risikofaktorenkonzepts als alleiniges Erklärungsmodell für das Krankheitsentstehen herauskristallisiert. Die Entwicklung soziogenetischer Krankheitsmodelle bedingt die Notwendigkeit der Anwendung sozialwissenschaftlicher Theorien und Methoden. Die Erfassung von Ernährungsgewohnheiten, von erhöhten Blutdruck- und Cholesterinwerten, sowie Alkohol- und Tabakkonsum mag durchaus von Interesse sein, doch für die Konzeption primärpräventivmedizinischer Interventionen (Ausschalten von primären Krankheitsursachen) ist das Miteinbeziehen von Umweltbelastungsfaktoren wie Luftgüte, Lärmbelastung, Wohnqualität, infrastrukturelle Besonderheiten, etc. unumgänglich geworden. Von besonderer Bedeutung erweist sich also nun die Frage, welche umweltplanerischen Maßnahmen in Zukunft gesetzt werden müssen, um speziell den urbanen Lebensraum ebenfalls präventiv risikoärmer gestalten zu können.

Aus dem bisher Gesagten ergibt sich, daß alle medizinsoziologischen Konzepte, die pathogenetische Zusammenhänge zu ergründen versuchen, von den gerade herrschenden Vorstellungen der Medizin als auch der Soziologie und natürlich auch besonders von aktuellen gesundheitspolitischen Anliegen abhängig sind. Einerseits beinhaltet diese Konstellation eine Fülle von Schwierigkeiten, andererseits eröffnet sich hingegen die einmalige Gelegenheit, verschiedene Blickwinkel und Intentionen im Interesse des Gegenstandes zu konvergieren. Zu den größten Schwierigkeiten, sozialwissenschaftliche Erkenntnisse in die Medizin zu implantieren, zählt zweifelsfrei die in der Medizin gängige Differenzierung in Neurosen (die übrigens von der naturwissenschaftlichen Medizin lange Zeit nicht als Krankheiten angesehen werden) und in Krankheitsbilder mit organischen Ursachen, den sogenannten somatischen Formenkreis. Während z.B. eine Gruppe von Psychiatern die Psychosen als umweltunabhängige somatische Krankheiten verstehen, weisen vor allem einige Soziologen und eine andere Gruppe von Psychiatern auf die soziale Umweltabhängigkeit dieser Krankheitssensation hin. Eine klare Unterscheidung zwischen organischen und psychosomatischen Krankheiten ist faktisch nicht existent, ihre Definition ist vielmehr von den Hypothesen abhängig, die für die Einteilungen der Krankheiten herangezogen werden.

Wenn man nun pathogenetische Beziehungen zwischen soziologischen Faktoren und dem menschlichen Organismus zu erklären versucht, so werden die Vorstellungen über Wesen und Struktur der Gesellschaft eben diese Erklärungsversuche stark beeinflussen. Im wesentlichen lassen sich in der Medizinsoziologie zwei Hauptströmungen erkennen, die sich mit der Frage auseinandersetzen, welchen Einfluß soziale Faktoren auf das Krankheitsgeschehen besitzen. Vertreter der eher soziologisch determinierten Vorgangsweise beschäftigen sich vordergründig mit der Feststellung von Zusammenhängen zwischen speziellen soziologischen Faktoren und Krankheit, ohne bestimmte medizinische Gesichtspunkte zu berücksichtigen. Krankheit wird nicht primär medizinisch, sondern als eine besondere Form menschlichen Verhaltens betrachtet. Die sich eher dem medizinischen Gesichtspunkten zugewandte Forschergruppe nimmt zwar auch einen Zusammenhang zwischen speziellen Krankheitssensationen und dem Vorhandensein soziologischer Einflußgrößen an, versucht aber zu differenzierteren pathogenetischen Erklärungen zu kommen, unter denen die Erkenntnisse der psychosomatischen Medizin eine besondere Bedeutung besitzen (vgl. ABHOLZ 1982).

Medizinsoziologischer Forschung obliegt daher auch die Aufgabe, durch Beibringen weiterer Befunde eine Überprüfung bzw. Revision bestehender Konzepte zu bewirken. Im Gegensatz zur Medizin, wird in der medizinischen Soziologie der kranke und der gesunde Mensch innerhalb eines gesellschaftlichen Bezugrahmens gesehen. Diese Sichtweise muß nun aber um die Kategorie der "sozialökologischen Grundordnung" ergänzt werden.

Da das Individuum raumgebunden lebt, ist das Miteinbeziehen der unmittelbaren Umwelt (im amerikanischen Schrifttum ist hier von einer Geoökologie die Rede) zur Klärung von Inzidenz (Neuerkrankung) und Prävalenz (Häufigkeit) bestimmter Krankheiten vorbehaltlos vonnöten (vgl. JUSATZ 1958). Diese Erweiterung des bisherigen Forschungsansatzes in der Medizinsoziologie birgt daher durchaus Zündstoff, der traditionelle Denkweisen sprengen läßt und damit als Katalysator für neue Herausforderungen sowohl für die Medizin als auch für die Soziologie fungiert.

2.4. Soziale Einflüsse auf Krankheit: Zur Psychotropie sozialer Krankheitsfaktoren

Der Wandel des Krankheitsspektrums hat in der Medizin eine gewaltige Revolution ihrer theoretischen Grundlagen zur Folge (vgl. FELIX/BOWERS 1948). Die ärztliche Tätigkeit an sich hat sich aber vermutlich nicht wesentlich verändert, sieht man von den neuen Diagnose- und Behandlungsmethoden ab. Immer schon war der Schwerpunkt der ärztlichen Tätigkeit auf den Versuch ausgerichtet, das Leiden der Patienten erfolgreich zu bekämpfen. Der Arzt als kurativ handelnder Therapeut; eine Tatsache, die mit der Zunahme an medizintechnischen Equipment auch in ferner Zukunft bestehen bleiben wird.

Krankheiten werden, soweit sie nicht durch Erbanlagen bedingt sind, natürlich auch durch unsere Umwelt hervorgerufen. Die Medizin ist dadurch unweigerlich aufgefordert, in Ätiologie und Pathogenese soziologischen und ökologischen Indikatoren vermehrte Aufmerksamkeit zu widmen. In diesem Abschnitt soll kurz auf die ökologischen und sozialepidemiologischen Bedingungen eingegangen werden, aus denen Krankheit als Ergebnis der Interaktion zwischen Individuum und Umwelt entsteht.

Schon am Ende des vorigen Jahrhunderts fand sich eine spezielle Fachdisziplin innerhalb der Medizin, die "SOZIALE MEDIZIN". Ihre Arbeitsweise erschöpfte sich im allgemeinen im Aufdecken von Zusammenhängen zwischen dem Infektionsmodus und der Lebensweise der Betroffenen. Da der Mensch ein soziales Wesen ist, ein "zoon politikon", also ein Wesen, das von Natur aus auf Gemeinschaft hin ausgelegt ist, scheint es nicht verwunderlich, daß Störungen im Bereich der sozialen Lebensbezüge zu Gesundheitsbeein-trächtigungen führen können. Diese Einsicht war aber nicht immer als selbstverständlich gegeben und erst die Erkenntnis, daß auch seelische Faktoren, neben den physikalischen, chemischen oder biologischen für Krankheitsentstehung bedeutungsvoll sind, führte schlußendlich zur "psychosomatischen Medizin". Der russische Physiologe PAWLOW und der Amerikaner CANNON wiesen schon um die Jahrhundertwende auf die Bedeutung seelischer Vorgänge für den Verlauf von Körperfunktionen hin (vgl. LINDMANN 1953).

Die Einführung der Psychoanalyse und exakte Untersuchungen über die Auswirkungen seelischer Vorgänge auf das Körpergeschehen, die in Deutschland in den zwanziger Jahren angestrengt wurden, führten dann doch zu einer Revision der bis dahin stark von den Vorstellungen der inneren und äußeren Naturgesetzlichkeiten bestimmten Medizin. Unter inneren Naturgesetzlich-keiten wurden die Erbanlagen und unter äußeren Unfall, Mangelerkrankungen oder durch Infektionserkrankungen geschwächte körpereigene Widerstands-kräfte verstanden. Unterstützt wurde dieser Paradigmenwechsel durch Erkenntnisse in der Soziologie, Psychologie, der Ethnologie und der Verhaltensforschung.

Mit dem Eindringen der sozialen Realität in den Bereich medizinischer Überlegungen entstanden eine Fülle neuer Fragen und Problemstellungen. Es verwundert daher nicht, daß von der Soziologie Befunde über die soziale Realität nicht nur erwartet sondern gefordert werden. Die Soziologie befindet sich in einer ähnlichen Situation wie die Physik oder die Chemie, als man von diesen Disziplinen die Entwicklung von Methoden erwartete, die ein Erfassen der Vorgänge der Außenwelt erlaubten. Die konkrete Forderung an die Soziologie von Seiten der Medizin lautet: Entwicklung neuer Methoden, um Vermutungen über fördernde bzw. schädigende soziale Faktoren unter Berücksichtigung der allgemeinen Lebensqualität (Wohnumfeldqualität) zu bestätigen oder zu widerlegen (vgl. HALLIDAY 1948).

3. MEDIZINSOZIOLOGIE, WOHIN?

3.1. Medizinsoziologie im Wandel der Zeit

Vereinzelte systematische Forschungen auf dem Gebiet der Medizinsoziologie finden sich erst ab dem Jahre 1920. Allerdings lassen sich Berührungspunkte zwischen Medizin und Soziologie schon wesentlich früher erkennen. Die gesellschafts- und gesundheitspolitische Bedeutung des Arztes wurde beispielsweise in Platons "Staat", im Römischen Reich und in der Gesellschaft des Mittelalters erkannt.

Die erste umfangreiche Dokumentation zwischen der Medizin und den Sozialwissenschaften wurde von Johann Peter FRANK erstellt. Sein Werk "System einer vollständigen medicinischen Polizey" setzt sich ausführlich mit dem auch heute noch sehr aktuellen Themen "Lebensgewohnheiten und Krankheit" sowie "Verbesserungsvorschläge der Gesundheitsverhältnisse auf Basis gesetzlicher Regelungen" auseinander. Die Realisierung der Vorschläge von FRANK scheiterte einerseits an der Medizin, die zur damaligen Zeit kaum einen Bezug zur Soziologie aufwies und andererseits auch an der politischen und verwaltungstechnischen Konstellation (vgl. SCHRÖDER 1949).

In seiner Arbeit "Essai sur les maladies des gens du monde" widmete sich TISSOT um 1770 einer für die damalige Zeit eher ungewöhnlichen Perspektive; er beleuchtete die Beziehung zwischen der Medizin zu Modeströmungen (vgl. LEIBBRAND 1953). Um 1790 lassen sich in verschiedenen Ländern Aktivitäten zur Durchsetzung einer "positiven Gesundheitspflege" konstatieren. Die Bemühungen verhallten allerdings ohne wesentliche Erfolge. Der Begriff Sozialmedizin wurde von Jules GUERIN geprägt, der übrigens 1828 der Französischen Akademie der Medizin eine Statistik der Todesfälle, aufgeschlüsselt nach sozialer Herkunft, präsentierte (vgl. GALDSTONE 1954).

Die politischen Ideen des Jahres 1848 in Deutschland beeinflußten die Weiterentwicklung medizinsoziologischer Überlegungen nachhaltig. Rudolf

VIRCHOW, Begründer der Zeitschrift "Die Medizinische Reform" fordert unmißverständlich eine radikale Reform der Medizin, die aus seiner Sicht simultan mit den durch die politischen Stürme ausgelösten Veränderungen in den allgemeinen Lebensanschauungen einhergehen müßte. VIRCHOW stellt immer wieder die Bedeutung der sozialen Komponente für die Medizin in den Mittelpunkt seiner Arbeiten. Auch die von NEUMANN verfaßte Schrift über "Die öffentliche Gesundheitspflege und das Eigentum" weisen recht eindrucksvoll darauf hin, daß die Medizin eigentlich in ihrem Innersten eine soziale Wissenschaft sei (vgl. NEUMANN 1847). Er trat vehement für eine Verbesserung der Gesundheitsfürsorge und Krankenpflege für die Ärmsten ein. Um seine Forderungen mit Nachdruck zu unterbreiten, erstellte NEUMANN statistische Unterlagen über die geringe Lebenserwartung und die auffällig hohe Kinder- und Säuglingssterblichkeitsrate in den ärmsten östlichen Provinzen Deutschlands an. Da die Aussagekraft der damals verwendeten Medizinstatistiken zu gering war, um ein zutreffendes Bild über die Unterschiede der Sterblichkeit in den verschiedenen sozialen Schichten zu liefern, regte er eine Verbesserung der staatlichen Medizinstatistik in Preußen an. Seiner Anschauung nach sollte die Statistik einen schlüssigen Zusammenhang zwischen Gesundheit, Krankheit und Tod des Menschen sowie den sozialen und politischen Gegebenheiten der Gesellschaft berücksichtigen (vgl. NEUMANN 1851). Die Forderung NEUMANNs nach umfangreichen medizinischen und sozialen Daten wurde in der Folge immer besser angenommen.

Das von HIRSCH in den Jahren 1860, 1862 und 1864 verfaßte "Handbuch der historisch-geographischen Pathologie", das in zwei Bänden erschienen ist, dokumentiert mit einigen Ausnahmen das ganze damals verfügbare Material über Krankheitshäufigkeiten (vgl. HIRSCH 1860, 1862-64). Er weist ausdrücklich auf die Bedeutung geographischer aber auch auf soziale Verhältnisse für die Krankheitsgenese hin. In diesem Zusammenhang sei erwähnt, daß sein Handbuch die erste systematische Dokumentation medizinsoziologischer Daten enthält.

Weitere recht interessante Beiträge finden sich in dem von SENATOR (1904) herausgegebenen Sammelband "Krankheiten und Ehe", wobei insbesonders dem sozialpsychologischen und soziologischen Aspekt der Ehe in der Medizin Augenmerk geschenkt wird. Die Autoren MOSSE und TUGENDREICH beschäftigen sich in ihrem Werk "Krankheit und soziale Lage" um 1912 mit der Frage, welchen Stellenwert den sozialen Indikatoren in der Krankheitsentstehung und im Krankheitsverlauf zukommt (MOSSE/TUGENDREICH 1912). Auch in England und Frankreich verwischen sich die scharfen Grenzen zwischen Medizin und Sozialwissenschaften (vgl. ROSEN 1947).

Der Begriff "medizinische Soziologie" findet sich zum ersten Mal um die Jahrhundertwende. Ebenfalls um die Jahrhundertwende entstand in Deutschland der Begriff "Soziale Pathologie". Unter sozialpathologischen Erscheinungen verstand HELLPACH (1902) Zustandsbilder, deren Ursprung bei sozialpsychologischen Indikatoren zu finden ist und führte in diesem Zusammenhang den Alkoholismus als typische sozialpathologische Erscheinungsform an. Alfred GROTJAHN (1923) beschäftigte sich intensiv mit sozialpathologischen Fragestellungen und verfaßte ein Standardwerk zur Sozialpathologie, in dem er die Medizin kritisierte und sie mit dem Vorwurf konfrontierte, gesellschaftliche Aspekte und Einflüsse der sozialen Umwelt wenig bis gar nicht zu berücksichtigen. Das vermehrte Interesse an sozialen Faktoren für den Verlauf von Gesundheit und Krankheit lassen jedenfalls ein Wachsen medizinsoziologischer Fragestellungen erkennen.

Viktor v. WEIZSÄCKER (1930) setzte mit seiner Schrift "Soziale Krankheit und soziale Gesundung" einen wesentlichen Akzent für die Bedeutung der medizinischen Soziologie im Rahmen medizinischer wie aber auch gesundheitspolitischer Überlegungen. Auch in den Vereinigten Staaten von Amerika wird der medizinischen Soziologie in dieser Zeit vermehrtes Interesse entgegengebracht, so z.B. werden in enger Zusammenarbeit zwischen Medizinsoziologen und Psychiatern empirische Untersuchungen über den Zusammenhang zwischen psychischen und soziologischen Faktoren durchgeführt (vgl. PFLANZ 1960).

In Deutschland erfolgt der erste öffentliche Auftritt der Medizinsoziologie am 30. Juni 1958 in Köln. August B. HOLLINGSHEAD präsentierte auf Einladung von René KÖNIG seine neuerste Untersuchung "Social Class and Mental Illness" (vgl. HOLLINGSHEAD 1958). Ungefähr zum gleichen Zeitpunkt hielt Helmut SCHELSKY einen Vortrag auf dem Deutschen Krankenhaustag über das Thema "Die Soziologie des Krankenhauses im Rahmen einer Soziologie der Medizin" (vgl. SCHELSKY 1958). Im Jahre 1962 publizierte Jürgen ROHDE eine Arbeit mit dem Titel "Soziologie des Krankenhauses"; er verstand sich als Interpret von Talcott PARSONS und versuchte dessen Vorstellungen auf die Organisationsstruktur der deutschen Krankenhäuser zu übertragen (vgl. ROHDE 1974).

Einen wesentlichen Beitrag zur "Kompetenzerweiterung" der Medizinsoziologie leistete der Facharzt für Innere Medizin, Manfred PFLANZ in seiner Habilitationsschrift "Sozialer Wandel und Krankheit" (vgl. PFLANZ 1962). Er beschäftigte sich in dieser primär empirisch angelegten Arbeit mit dem Einfluß des sozialen Wandels auf Gesundheit und Krankheit. In der Mitte der 60er Jahre erschien dann das Taschenbuch "Krankheit als Konflikt, Studien zur psychosomatischen Medizin" von Alexander MITSCHERLICH, mit dem interessante medizinsoziologische Aspekte einer breiteren Öffentlichkeit zugänglich gemacht wurden (vgl. MITSCHERLICH 1966). Alexander MITSCHERLICH pflegte relativ frühen Kontakt mit der Soziologie der Frankfurter Schule, die mit den Namen ADORNO und HORKHEIMER verbunden ist und als "Kritische Theorie" Bekanntheit erlangte.

Wesentliche Impulse erlangte die Medizinsoziologie durch die von MITSCHERLICH initiierte Diskussion über den Krankheitsbegriff. Von ihm stammt übrigens auch der provokante Ausspruch: "Medizin ohne Kenntnis der Phantasie ist eigentlich Veterinärmedizin" (MITSCHERLICH 1966:131). In den 70er Jahren entwickelte sich die Medizinsoziologie von einer informellen wissenschaftlichen Disziplin, zu einer formell institutionalisierten Wissenschaft. In den Vereinigten Staaten, wo schon seit den frühen fünfziger Jahren kontinuierlich medizinsoziologische Projekte bearbeitet wurden, war die Institutionalisierung der Medizinsoziologie am weitesten fortgeschritten. So z.B. gab es für Hörer an der Havard School of Public Health Vorlesungen über Ökologie, Demographie, Sozialstruktur und aus weiteren speziellen Themen der Soziologie. Aber auch in der Bundesrepublik Deutschland, in Schweden, in Finnland, in Großbritannien, in den Niederlanden sowie in Spanien, in Polen und in Ungarn zeichnen sich zukunftsweisende Entwicklungen für das Fach Medizinsoziologie ab.

Die Medizinsoziologie wird sich vermehrt qualitativ hochstehenden Forschungsleistungen zuwenden müssen, um mit statistisch abgesicherten Befunden einerseits auf die Bedeutung soziologischer und ökologischer Faktoren für den Gesundheits- respektive Erkrankungszustand der Menschen hinzuweisen und andererseits traditionellen Denkweisen entgegenzulaufen, um damit herausfordernd zu wirken. Die Medizinsoziologie kann derzeit nur vereinzelt Beiträge zum unmittelbaren Nutzen für medizinische Belange liefern, doch bleibt es ein deklariertes Ziel, pragmatisches Wissen für Erkennung, Prävention und Behandlung von Krankheiten beizustellen.

3.2. Theoretische Grundlage der medizinischen Soziologie

Die medizinische Soziologie beschäftigt sich vornehmlich mit zwei Aspekten der gesellschaftlichen Beziehungen der Menschen. Zum einen untersucht sie die gesellschaftlichen Beziehungen, die zur Verhinderung und Bewältigung von Krankheit entwickelt werden und zum anderen analysiert sie die gesellschaftlichen Beziehungen, die zur Krankheit führen.

Der erste Bereich, der die gesellschaftlichen Beziehungen und Vorgänge, die zur Verhinderung und Bewältigung von Krankheit entwickelt werden, läßt sich in drei Abschnitte unterteilen.

1. Im Mittelpunkt der Überlegungen steht die Interaktion der Patienten mit dem Pflegepersonal und den Ärzten.
   Die Medizinische Soziologie richtet hier ihr Interesse speziell auf das Krankheits- und Gesundheitsverhalten der Patienten und auf die Eigenart der Beziehungen zwischen Patienten und medizinischem Personal.

2. Die soziologische Analyse bezieht sich hier auf die Institutionen des Gesundheitssystems. Augenmerk wird auf alle Einrichtungen gelegt, die sich vorrangig mit medizinischen Aufgaben beschäftigen.
   Hier interessieren vor allem die ärztliche Praxis, das Krankenhaus, das Versicherungswesen, sozialärztliche und betriebsärztliche Praxen, sowie alle jene Institutionen, die die Verteilung der finanziellen Ressourcen für gesundheitspolitische Belange vornehmen.
3. In diesem dritten Abschnitt zentriert sich das Interesse auf die gesellschaftliche Bedeutung des Gesundheitssystems als Teil der Infrastruktur. Die Kostenexplosion im Gesundheitswesen, Probleme der Organisationsstrukturen im Gesundheitswesen, sowie staatliche Interventionen um nur einige zu nennen, bilden die Themen zur Ermittlung medizinsoziologischer Erkenntnisse.

Der zweite Aspekt beleuchtet jene gesellschaftlichen Beziehungen und Vorgänge, die zur Krankheit führen. In den Mittelpunkt des Interesses rücken hier die Arbeits-, Wohn- und Lebensverhältnisse in bezug auf Krankheitsentstehen. Diese Themenbereiche wurden lange Zeit fast nur von der Epidemiologie und der Ökologie bearbeitet. Während sich die soziale Epidemiologie vornehmlich mit der klassen- und schichtspezifischen Krankheitsverteilung auseinandersetzte, bemühte sich die Ökologie um die regionale Verteilung von Krankheitssensationen. Da eine scharfe Trennung von epidemiologischen und ökologischen Fragestellungen nicht zweckmäßig erscheint, eröffnen sich für die Medizinsoziologie geradezu ideale Forschungsmöglichkeiten. Das Auftreten und die Verteilung von Krankheiten in Abhängigkeit von soziologischen und sozialökologischen Faktoren bilden den Schwerpunkt der vorliegenden Arbeit.

Die Ökologie ist auch ein Spezialgebiet der Soziologie. Der Begriff "Sozialökologie" findet erstmals im Jahre 1921 in dem von PARK und BURGESS veröffentlichten Werk "An Introduction to the Science of Sociology" Erwähnung. Sie eröffnet der Soziologie die Möglichkeit, ökologische Betrachtungsweisen für die Untersuchung der menschlichen Gesellschaft heranzuziehen.

Die rasche Entwicklung städtischer Lebensräume als direkte Folge der Industrialisierung schaffte im 19. Jahrhundert eine Fülle bis dahin zum Teil völlig unbekannter Probleme. Kinderarbeit, städtisches Elend, katastrophale Hygienebedingungen, Korruption, Verbrechen und Krankheit sind nur einige typische Randerscheinungen der Urbanisierung. Diese Mißstände ließen Reformbewegungen auf breitester Basis entstehen und regten die Durchführung großangelegter Untersuchungen an.

Für die Sozialwissenschaften ergaben sich wertvolle Erfahrungen und Erkenntnisse auf dem Gebiete der Erhebungstechniken und Feldbeobachtungen. Das Fundament für eine empirisch ausgerichtete und zugleich an drängenden sozialen Problemen interessierte Soziologie war hiemit geschaffen. Von diesem

Hintergrund aus werden die Verknüpfungen von Sozialwissenschaft - Medizin - Ökologie erst begreifbar. Je bewußter und selektiver die Soziologie die Voraussetzungen und Beschränkungen ihres möglichen Anwendungsbereiches wahrnimmt, umso handlungsrelevanteres Wissen wird sie zu liefern imstande sein.

3.3. Medizinsoziologie und Sozialökologie

Sozialökologie und Medizinsoziologie sind in ihren Grundzügen so angelegt, daß zwar jede Disziplin das "Individuum und seine Umwelt" in den Vordergrund ihrer Interessen stellt, aber nur einen besonderen Ausschnitt zu bearbeiten vermag. Im Zusammenschluß der beiden Fachrichtungen lassen sich unschwer die Möglichkeiten erkennen, die sich aus einer interdisziplinären Kooperation ergeben können. Im arbeitsteiligen Prozeß zwischen Medizinsoziologie und Sozialökologie haben sich für die soziologisch-medizinische Forschung zwei spezielle Ansätze herauskristallisiert.

Der erste Ansatz beschäftigt sich damit, daß die Entwicklung des Einzelmenschen sich nur unter dem prägenden Einfluß der Gesellschaft vollzieht, in die er hineingeboren wird. Die schädigenden ökologischen Einflüsse manifestieren sich in psychischen und physischen Krankheitserscheinungen.

Beim zweiten geht es um Lärm, Luft- und Wasserverschmutzung, schlechte Wohnverhältnisse, Lichtentzug, etc., denen krankmachende Wirkung zugesprochen wird (vgl. GRUHL 1975).

Aus diesen Ansätzen heraus lassen sich die Folgen jener pathogenen Einflüsse eruieren, die von der "gesellschaftlichen - von der technischen und von der belebten - Umwelt" emittiert werden. Begriffe wie "Zivilisationskrankheiten" oder "Umweltverschmutzung" lassen zwar in letzter Zeit immer wieder deutlich aufhorchen, werden aber von der soziologischen Forschung in den seltensten Fällen tatsächlich berücksichtigt.

Als Ausgangspunkt für die sozialwissenschaftlich orientierte Forschung auf dem Gebiet des Einflußbereiches soziologischer Faktoren in der Ätiologie und Pathogenese psychischer wie auch physischer Erkrankungen bieten sich eine Vielzahl von Brennpunkten sozialer Krankheitsfaktoren, wie Kultur, Subkultur, Gesellschaft, Beruf, Gemeinde, Familie, etc. an. Die sozialepidemiologische Forschung fügt den bisherigen Ansätzen noch weitere hinzu und beschäftigt sich sogar mit soziogenetischen Erklärungsmodellen. Nunmehr liegen zwar innerhalb dieser Thematik einige mehr oder minder gut fundierte Konzepte zur Untersuchung sozialer Einflüsse auf das Krankheitsgeschehen vor, doch findet sich kein umfassender sozialökologischer, medizinsoziologischer Ansatz (vgl. HUNTER et al. 1979).

Ausgehend von den bisherigen Überlegungen wird in der vorliegenden Arbeit besonders der medizinsoziologische und sozialökologische Ansatz berücksichtigt. Umweltspezifische Belastungsmomente wie Lärm, Luftverschmutzung, Wohndichte, Verbauungsdichte, demographische und soziographische Besonderheiten, Kleinklimata, Morbiditäts- und Mortalitätsraten wurden als wesentlichste Indikatoren ausgewählt, um den umweltbezogenen Interaktionen des Menschen und den daraus resultierenden Krankheitssensationen nachzugehen.

Die zentrale Frage der Untersuchung: wie weit sozialökologische und umweltspezifische Belastungsmomente die Befindlichkeit des Menschen beeinträchtigen, und die untrennbar damit verknüpfte Frage nach der Objektivierbarkeit solcher Befindlichkeitsstrukturen, erfordern zum Teil eine Weiterentwicklung konventioneller Methoden und Forschungsstrategien. Mit der Zielsetzung, Krankheiten abzuwenden, verband sich bis etwa zum Ende des 19. Jahrhunderts die intensive Suche nach ätiologisch wirksamen Faktoren der sozialen und natürlichen Umwelt (vgl. CLEMOW 1903). Die bis dahin erschienenen Publikationen beschäftigen sich zwar schon mit der Frage, inwieweit soziale Faktoren einen Einfluß auf das Krankheitsgeschehen ausüben, sie berücksichtigen aber nur in einem sehr geringen Maße die Einflußsphäre der Umwelt. In den 30er Jahren unseres Jahrhunderts wurde der berühmte "Seuchenatlas" von ZEISS und der "Welt-Seuchen-Atlas" von RODENWALDT und JUSATZ veröffentlicht; es lassen sich darin die ersten ernstzunehmenden umfassenden kontinentalen Morbiditätspanoramen finden (vgl. ZEISS 1952; RODENWALDT/ JUSATZ 1952). Diese primär kartographisch aufgearbeiteten Krankheitsverteilungen erscheinen deshalb interessant, weil die medizinstatistischen Daten durch Angaben über Klima, Flora und Fauna der entsprechenden Gebiete ergänzt wurden. Die geographisch orientierten Untersuchungen führten zur Geomedizin, die sich vor allem bei der Bekämpfung von Infektionskrankheiten in Entwicklungsländern sehr bewährt hat und immer noch bewährt (vgl. ACKERKNECHT 1963; FRICKE/HINZ 1987).

In den letzten zwei Jahrzehnten wurde den Bemühungen, umfassende Datensammlungen über die Verteilung der "Zivilisationserkrankungen" in den Industrieländern, vor allem von der Weltgesundheitsorganisation (WHO), höchste Priorität eingeräumt. Auf Betreiben der WHO wurden sogenannte "Krebsatlanten" angefertigt, die regionale Interventionsstrategien zur Prävention zivilisatorischer Erkrankungen wirkungsvoll unterstützen sollen. Derzeit existiert bereits eine Reihe solcher "Morbiditätsatlanten" und zwar für die USA (1975), China (1981), Japan (1977), BRD (1984), Belgien (1983), Neuseeland (1982) und für die gesamte Welt seit dem Jahre 1986.

Die immer stärker werdende Betonung auf den präventivmedizinischen und prophylaktischen Charakter der Medizin hat vor allem der Geomedizin eine ganz bedeutende Position im Gesundheitswesen eingeräumt. Für die Soziologie, speziell für die Medizinsoziologie, besteht absoluter Handlungsbedarf und man täte gut daran, unter einer praxisorientierten Soziologie nicht eine "Praxisorientierung ohne Soziologie" zu verstehen.

3.4. Forschungsgegenstand und Erkenntnisziel medizinsoziologischer und sozialökologischer Untersuchungen

Die medizinsoziologische und sozialökologische Forschung bewegt sich auf einem komplizierten und komplexen Forschungsterrain. Aus der Zusammenarbeit verschiedener Forschungsrichtungen versucht die hier vorgelegte empirische Arbeit Erkenntnisse über die Wirkungszusammenhänge zwischen exogenen Faktoren (Umweltindikatoren) und dem Gesundheitszustand zu vermitteln.

Eine der Charakteristiken der medizinsoziologischen und sozialökologischen Forschung besteht darin, daß sie unter Zuhilfenahme der Methoden aus der empirischen Sozialforschung vorhandene und potentielle krankheitsauslösende Faktoren erfaßt und diese dann soziographisch zuordnen kann. Dies läßt sich jedoch nur auf der Grundlage einer intensiven interdisziplinären Zusammenarbeit bewerkstelligen, wobei das Zusammenspiel von Klinikern, Biologen, Soziologen, Pathologen, Hygienikern, Ökologen und Informatikern abgestimmt werden muß. Dieser Arbeitsverbund ist deswegen unerläßlich, weil die Gesundheit bzw. das Krankheitsgeschehen des Menschen sinnvoll nur im Kontext physiologischer, psychologischer, sozialer und ökologischer Determinaten betrachtet werden kann.

Die vorliegende "Medizinsoziologische Ökologiestudie" greift Hypothesen und Erkenntnisse der genannten Fachdisziplinen auf, überprüft ihre medizinsoziologische Relevanz und versucht durch den Einsatz neuer Erhebungs- und Auswertungsmethoden zum Teil neuartige Wirkungszusammenhänge aufzuzeigen.

Die derzeit zur Verfügung stehenden epidemiologischen Beschreibungen des Krankheitszustandes - im Prinzip handelt es sich hiebei um Prävalenz- bzw. Inzidenzraten - eignen sich kaum als hinreichende Grundlage für gesundheitspolitische Entscheidungen. Die Abbildung der Morbiditäts- und Mortalitätsstrukturen muß nicht nur um die Morphologie des Untersuchungsgebietes, sondern auch um die sozialökologischen Besonderheiten ergänzt werden. Das biologische Interaktionsmodell der Ökologie beinhaltet nicht nur die Anpassung von Organismen an die physischen Lebensbedingungen, sondern auch die Gesamtheit aller Beziehungen des Organismus zu allen anderen Organismen.

In den 20er und 30er Jahren entwickelte sich die "Human Ecology". McKNEZIE, einer der Initiatoren der "Human Ecology", bemerkte, daß die "Ökologie sich mit den räumlichen Aspekten der symbiotischen Beziehungen zwischen Menschen und Institutionen" beschäftige.

Die von PARK angestrengte Studie über die amerikanische Großstadt Chicago ließ eine soziologische Schule entstehen, der sich auch FARIS und DUNHAM in ihrem ökologischen Beitrag "Mental disorders in Urban Areas" verbunden fühlten. FARIS und DUNHAM untersuchten die Verteilung funktioneller Psychosen in Chicago und führten erstmals zu Aussagen über das Verhältnis von Gemeindeleben und Geisteskrankheiten. Anhand von etwa 10.000 erstbehandelten schizophrenen Patienten stellten sie fest, daß die Schizophrenie nicht in allen Teilen Chicagos gleichmäßig verteilt ist, sondern daß es vom Stadtzentrum ausgehend in die Peripherie eine sukzessive Abnahme der Prävalenzraten gibt. In Vierteln, die von Einwanderern, unqualifizierten Arbeitskräften, Gasthäusern geprägt sind und einen hohen Grad an Wohnlabilität aufwiesen, konnte eine signifikante Häufung schizophrener Patienten registriert werden. Diese Auffälligkeiten konnten später auch in anderen Städten bestätigt werden (vgl. FARIS/DUNHAM 1960).

Die psychiatrische Ökologie stellt den erfolgreichen Versuch dar, in dem Mediziner und Sozialwissenschafter gemeinsam die räumliche und zeitliche Verteilung psychiatrischer Massenerkrankungen in größerem Umfang empirisch untersuchten. Für die Medizinsoziologie erscheint diese Arbeit deswegen von Bedeutung, weil hier Bemühungen stattfinden, die soziale Umwelt mit ihren infrastrukturellen Gegebenheiten empirisch zu erfassen.

4. MEDIZINSOZIOLOGISCHE ERKENNTNISSE ALS GRUNDLAGE FÜR GESUNDHEITSPOLITISCHE ENTSCHEIDUNGEN

Die klassische Darstellung des Burgess-Modells am Beispiel von Chicago zeigt die bekannte fünf Zoneneinteilung eines Großstadtgebietes. Diese von BURGESS angestrengte Sozialraumanalyse differenziert Chicago in den Central Business Distrikt (CBD), in die Übergangszone (zone in transition), in die Arbeiterwohngebiete (zone of working mens homes), in die Wohngebiete mit höherem Standard (zone of better residences) und schließlich in die Pendlerzone (commuters zone) (vgl. BURGESS 1924). Das Burgess-Modell geht zwar von einer idealtypischen Beschreibung der räumlichen Verteilungsmuster in Städten aus, diesem Modell wurden später noch konkurrierende Beschreibungen von HOYT (1939), HARRIS und ULLMANN (1945) gegenübergestellt (vgl. FRIEDRICHS 1975). Dem Grunde nach handelt es sich beim Burgess-Modell um kein statisch-strukturelles Modell, sondern seinem Wesen nach versteht es sich als Prozeßmodell. Im Laufe der Zeit erfuhren seine Hypothesen Ergänzungen und Erweiterungen, zumal die klassische Chicagoer Schule von einer Situation ausgegangen ist, in der praktisch weder eine bewußte noch eine gezielte Stadtplanung existent war.

4.1. Stadtplanung im Licht ökologischer Prozesse

In hochentwickelten Ländern lassen sich gezielte stadtplanerische Unternehmungen bis ins letzte Jahrhundert zurückverfolgen (vgl. BENEVOLO 1968). Während die klassische Sozialökologie sich mit dem "Wildwuchs" der Städte auseinandersetzte (in diesem Zusammenhang entstand der Begriff "natural areas"), beschäftigt sie sich heute mit der Steuerung von Prozessen der Stadtentwicklung. Die Steuerbarkeit der Stadtentwicklungsprozesse bedarf vorerst einer soliden rechtlichen Grundlage, die z.B. in der BRD, in den Niederlanden, aber auch in England schon recht weit entwickelt erscheint, in den USA oder in der Schweiz finden sich hingegen kaum rechtliche Normierungen. Im Umfeld der Bemühungen, Stadtentwicklungsprozesse kontrollierbar und damit auch lenkbar zu gestalten, läßt ein recht interessantes Phänomen aufhorchen: Obwohl die rechtlichen und politischen Systeme, auf die schlußendlich Planungskompetenz und Eingriffsmöglichkeiten beruhen, in den industrialisierten Ländern recht unterschiedlich strukturiert sind, zeigt sich eine auffällige Ähnlichkeit der Stadtentwicklung (vgl. FRIEDRICHS 1978). Die Gründe hiefür liegen zum einen darin, daß den Stadtplanungsämtern wenig bis gar keine umfassenden Datensätze über medizinsoziologische und sozialökologische Gegebenheiten vorliegen und zum anderen in dem Umstand, daß viele Faktoren auf die Stadtentwicklung einwirken, die von der regionalen, der gesamtgesellschaftlichen oder gar der internationalen Ebene her kommen und auf der lokalen Ebene kaum kontrollierbar sind (vgl. SCHÄFERS 1977). Da die Komplexität der Einflußfaktoren noch zunehmen wird, kann nur eine integrierte Stadtentwicklungspolitik tatsächlich in die Abfolge ökologischer Prozesse eingreifen. Die Kontrolle und Steuerung von ökologisch relevanten Prozessen verlangt nach umfangreichem Dispositionsmaterial, das die Soziologie und Sozialökologie liefern kann. Die hochdifferenzierte sozialräumliche Struktur von Städten - Duncan TIMMS spricht hier von "urban mosaic" - läßt sich nur mehr über den Weg einer akkordierten interdisziplinären Analyse erkennen (vgl. TIMMS 1971).

Die schwierigen Probleme, mit denen unsere Städte in naher Zukunft konfrontiert werden, verlangen nach einer Neuorientierung von Planung und Politik. In diesem Zusammenhang darf nicht übersehen werden, daß die dafür nötigen theoretischen und methodischen Instrumente ganz unterschiedlich und zum Teil noch unvollständig entwickelt sind. Eine sozialwissenschaftlich unterstützte Stadtplanung wird zweifellos eingefahrene Routinen und "wohlerworbene Rechte" in Frage stellen müssen und sie wird Widerstände provozieren, die ihre Intentionen verhindern können und gerade deshalb erscheint ein Abgehen von eingetretenen und veralteten Wegen vonnöten.

4.2. Die Bedeutung der Stadtplanung für die Gesundheitspolitik

In den letzten zwei Jahrzehnten hat sich unter anderem auf der Basis neuer medizinischer Erkenntnisse (insbesonders seien hier die Streßforschung und die Erkenntnisse aus der Sozialphysiologie erwähnt) ein Gesundheitsverständnis verbreitet, das vor allem auch umweltinduzierte Wohlbefindlichkeitsbeeinträchtigungen in den Blickpunkt des Forschungsinteresses rückte. Die wachsenden wissenschaftlichen Erkenntnisse über die von der "Umwelt" ausgehende Gefährdung für die Gesundheit des Menschen zeigen recht deutlich, daß die Gesundheitsgefährdung nur teilweise durch individuelles Handeln ausgelöst wird. Neben dem individuellen Interesse an der Gesundheitssicherung ist vor allem auch ein verstärktes politisches Engagement zur ökologischen Modernisierung der Gesellschaft spürbar. Die Sicherung der Gesundheit und des Wohlbefindens sowie die Durchsetzung von Lebens- und Wohnverhältnissen nach dem derzeitigen Wissensstandard genießt in allen Parteiprogrammen oberste Priorität.

Dieses neue Gesundheitsverständnis kann auch als Teil des Wertewandels verstanden werden, der die natur- und ressourcenzerstörende Ökonomie zurückläßt und in Form eines "sanften Umbruches" mit Gesundheitssicherung eine neue Lebensqualität anstrebt. Das neue Gesundheitsbewußtsein resultiert aus der Gefahr, welches sich die Gesellschaft durch ihre gezielte Zerstörung der Lebensgrundlagen (Umweltverschmutzung, Raubbau an den Bodenschätzen, etc.) selbst zuzuschreiben hat. Die Sicherung der Gesundheit bzw. der Abbau an Gesundheits- und Krankheitsrisken wurde in jüngster Vergangenheit nicht nur auf nationaler sondern auch auf internationaler Ebene zu einer der wichtigsten Forderungen.

Die Stadt wurde lange Zeit als Akkumulator verschiedenster ökonomischer Interessen verstanden, in der zwangsläufig auch Menschen untergebracht werden müssen. Der ökologische Kollaps war vorprogrammiert. Heute ist man sich darüber einig, daß eine sofortige und zielorientierte Stadtsanierung den einzig gangbaren Weg aus den Schwierigkeiten bildet. Die Rahmenbedingungen für das städtische Leben werden grundsätzlich durch das Ausmaß des gesundheitlichen "Belastungssettings" der Städter bestimmt.

Das "Belastungssetting", also das Ausmaß und der Zusammenhang von gesundheitlich belastenden und gesundheitsbeeinträchtigenden Faktoren, setzt sich im wesentlichen aus nachfolgenden Indikatoren zusammen:

- Luft-, Boden- und Wasserqualität, sowie klimatische Bedingungen, die übrigens auch schon in der Antike bei der Stadtplanung eine bedeutende Rolle spielten, jedoch erst jetzt wieder durch Erkenntnisse der Epidemiologie und der Hygiene bereits im 19. Jahrhundert für stadtplanerische Vorhaben interessant waren.

- Schädigungen durch Streß, hervorgerufen durch Lärm, schlechte Wohnqualitäten, Wohndichte und Urbanisierungstraumata.
- Soziale Isolation, Monotonie der Architektur, eingeschränkter bis fehlender Kontakt mit der Natur, Anonymität durch funktionelle, aber nicht den menschlichen Bedürfnissen angepaßten Wohn- und Arbeitsräumlichkeiten ("Wohnsilos", Großraumbüros, Fließbandarbeit, Kunstlicht, etc.).

In der Öffentlichkeit wird dem Thema "Gesundheit und Stadt" gerade in letzter Zeit wiederum mehr Aufmerksamkeit entgegengebracht. Doch davon scheint die Fachöffentlichkeit eher unberührt zu sein, denn wie sonst läßt sich der Umstand erklären, daß direkt zum Thema kaum bedeutende Veröffentlichungen vorliegen (vgl. RODENSTEIN 1988). Die letzte interessante Publikation liegt über 30 Jahre zurück und wurde von VOGLER und KÜHN in Form eines Handbuches für den gesundheitlichen Städtebau verfaßt (vgl. VOGLER/KÜHN 1957; FREISITZER 1988).

Die Abwehr von Gesundheits- und Krankheitsrisken, die sich letztendlich nur über den Weg der Institution Stadtplanung realisieren läßt, erschöpft sich leider allzuoft lediglich in Schlagwörtern wie "Atmosphäre schaffen", "behutsamer Städteschutz", "vernünftige Wohnraumschaffung", etc. (vgl. RODENSTEIN 1991).

Im Zeitalter des Aneinanderrückens in Europa wird man sich gerade im Bereich der Stadtentwicklung auch international akkordieren müssen. Ein Anknüpfungspunkt ist z.B. das WHO-Projekt "Gesunde Städte", das sich zwar auf ein sehr weites Gesundheitsverständnis beruft, das aber durchaus die Option bietet, neue Kooperationsformen im Städtebau in Hinblick auf die Gesundheitsförderung entstehen zu lassen.

Nicht vergessen werden darf, daß im Zuge der EU-Entwicklung eine sich verschärfende Konkurrenz der großen europäischen Städte zu erwarten sein wird, und dadurch werden jene Länder am meisten profitieren, die die Attraktivität ihrer Städte erfolgreich erhöhen und dazu gehört auch der medizinsoziologische Aspekt. Erste Schritte für eine neue Form der Stadtplanung setzt z.B. die Stadt Wiesbaden in der BRD. Bei der Einreichung eines neuen Bauprojektes werden neben den obligaten Umweltverträglichkeitsprüfungen seit kurzer Zeit auch Gesundheitsverträglichkeitsprüfungen durchgeführt. Luftbelastung, Lärm, Kontamination des Bodens, des Wassers, der Luft und Analyse der Umgebungsstruktur wie Schulen, Kindergärten, etc. werden als wesentliche Elemente der Planung angesehen.

Obwohl zu befürchten ist, daß zwischen den Interessen der Planer und den Interessen einer "gesundheitsorientierten Stadtentwicklungspolitik" Meinungsverschiedenheiten auftreten werden, ist zu hoffen, daß ein neues Gesundheitsverständnis auf breiter Basis politische Entscheidungsprozesse zugunsten einer gesundheitsbewußten Planung beschleunigt.

4.3. Epidemiologische Befunde als Korrektiv zur sozialökologischen Stadtplanung

Eine der Grundfragen in der epidemiologischen Forschung ist es, festzustellen, ob in einen oder mehreren Studien gefundene statistische Assoziationen als Zeichen für eine kausale Beziehung angesehen werden können. In den epidemiologischen Diskussionen hat sich in den letzten Jahren ein Kanon von Kriterien herausgebildet, der vor allem von den Autoren der US-Studie "Smoking and Health" im Jahre 1964 und dem berühmten englischen Medizin-Statistiker, Sir Bradford HILL um 1965 entwickelt wurden.

Diese Kriterien umfassen:

1. die Konsistenz der Korrelation (hier wird das gleiche Untersuchungsergebnis von verschiedenen Beobachtern erwartet),
2. die Stärke der Korrelation (Auftrittshäufigkeit einer Krankheit),
3. zeitliche Kohärenz zwischen Risikofaktor und Effekt,
4. Spezifität der Assoziation (Nachweisbarkeit eines kausalen Zusammenhanges),
5. Existenz eines biologischen Gradienten (darunter wird die Dosis-Wirkung-Beziehung verstanden),
6. biologische Plausibilität (die konstatierten Zusammenhänge dürfen dem vorhandenen gesicherten biologischen Wissen nicht entgegengesetzt sein),
7. tierexperimenteller Nachweis (vgl. BARKER/ROSE 1974).

Gerade bei der Frage, wie weit tatsächlich ein Zusammenhang zwischen der Umweltbelastung und dem Auftreten spezifischer Krankheiten nachweisbar ist, können die oben erwähnten Prüfkriterien zum Hemmschuh werden. Die Fülle der das Wohlbefinden beeinträchtigenden Umweltfaktoren erlaubt nur die Prüfung von Faktorenbündeln, sogenannter Akkordsysteme, nicht aber die isolierte Betrachtung jedes einzelnen Umweltparameters. Der polyätiologischen Betrachtung ist der Vorrang gegenüber der bis dato durchaus noch üblichen monocausalen Ursachenzuschreibung zu gewähren. Diese Verfahrensinnovation wird deshalb vonnöten, weil mit den bisherigen methodischen Instrumentarien keine neuen Zugänge erschlossen werden konnten. Die Gründe hiefür seien kurz erwähnt.

Die direkte Nachweisbarkeit der Auswirkungen umweltinduzierter Belastungen auf den Menschen ist deshalb sehr schwierig, weil im allgemeinen mit sehr langen "Latenzzeiten" gerechnet werden muß. Da man aber mit gezielten Interventionen zur Reduktion umweltbedingter Krankheitssensationen nicht bis zur endgültigen Beweisführung warten kann, sind schon statistisch nachgewiesene Tendenzen als Grundlage für zukünftige Planungskonzepte anzusehen. Weiters sind aufgrund der besonderen Dosis-Wirkung-Beziehung Einzelaussagen über die gesundheitliche Beeinträchtigung existenter Umweltnoxen bei Einzelpersonen extrem schwierig. Da das individuelle Risiko sich aus einer

Vielzahl verschiedenster Belastungsmomente zusammensetzt, muß bei der Beurteilung der Kausalität auf geographisch abgrenzbare Gebietseinheiten zurückgegriffen werden, um die Krankheitshäufigkeiten mit bestimmten Belastungsfaktoren an der dort lebenden Bevölkerung evident zu halten.

Daß spezifische Umweltsituationen und deren Belastungsintensität auf den Menschen nur in Form von Akkordsystemen (Variablenbündel) als wohlbefindlichkeitsbeeinträchtigend in Erscheinung treten (z.B. der Straßenverkehr: hohe Verkehrsdichten erzeugen hohe Lärmpegel, vermehrte Abgasemmissionen die durch bestimmte Witterungslagen und baulichen Gegebenheiten noch verstärkt werden), fordern neue Arbeitshypothesen als Untersuchungsgrundlage. Wenn es darum geht, in städteplanerische Konzepte die Erkrankungs- und Notfallhäufigkeit als eine wesentliche Komponente zu integrieren, so bedarf es der kompromißlosen Innovationsbereitschaft der Verantwortlichen, statistisch nachgewiesene, aber nicht immer der epidemiologischen Beweisführung entsprechende Untersuchungsergebnisse als Tatsachen anzuerkennen.

Die stadtplanerische Wirklichkeit hingegen scheint mancherorts noch weit davon entfernt zu sein, Stadtplanung als ein Zusammenwirken verschiedener Disziplinen und Interessengruppen zu verstehen. Wie sonst läßt sich das Ergebnis einer in der BRD durchgeführten Untersuchung zum Thema "Integrale Städteplanung" erklären, bei der sich herausgestellt hat, daß zwar den Umweltämtern in der Bauleitplanung durchaus ein Mitspracherecht eingeräumt wird, die Belange der Gesundheitsämter jedoch nur nachrangig Gehör fanden (vgl. RODENSTEIN 1991).

4.4. Primärprävention und soziale Prävention als Minderung gesundheitlicher Risken

Während in den letzten 20 Jahren ökonomischen Aspekten gegenüber gesundheitlichen Belangen sehr oft der Vorzug eingeräumt wurde, weil gesundheitliche Belange weder individuell noch gesellschaftlich im Vordergrund standen, hat sich in jüngster Zeit eine Trendwende bemerkbar gemacht. Eine logische Folge davon ist die Kollisionsgefahr, die durch das einerseits veränderte Gesundheitsbewußtsein der Bevölkerung und andererseits durch die noch immer notwendigen ökonomischen Überlegungen in der Stadtplanung (z.B. Ansiedelung neuer Betriebe, um die Steuereinkünfte zu erhöhen, Wohnraumnot, Verkehrsprobleme, etc.) ausgelöst wird.

Die Stadtplanung hat daher den Agenden der Abwehr bzw. Bekämpfung gesundheitlicher Risken oberste Priorität einzuräumen. Die daraus resultierenden Konflikte lassen sich grundsätzlich in drei Kategorien einteilen:

1. Konflikte um die Nutzung von Freiflächen als Gewerbe- bzw. Dienstleistungsstandorte oder für gesundheitliche Belange als klimatisch notwendige Grünflächen.

2. Konflikte die aus der Nähe von Wohngebieten und Lärmquellen verschiedenster Art entstehen.
3. Sogenannte "Binnenkonflikte", also Konflikte die zwischen verschiedenen gesundheitlichen Belangen ihre Entstehung finden (RODENSTEIN 1991).

Die Art der Konflikte verdeutlicht, daß das zunehmende Gesundheits- und Umweltbewußtsein in der Planung auch neue Konfliktfronten eröffnet; dies wird überall dort sein, wo ein enges naturwissenschaftlich-medizinisch orientiertes Wissen, im Sinne einer strengen epidemiologischen Prüfung, auf ein eher weites, ganzheitlich ausgerichtetes Gesundheitsverständnis stößt. Der einseitige biologisch-technische Eingriff in den Komplex Umwelt - Mensch wird bei der Zurückdrängung umweltinduzierter Beschwerdebilder wohl kaum ausreichend sein. Besonders bei hohen Prävalenzraten bestimmter Erkrankungen sind neben den technischen Bedingungen auch soziale Ursachen mitzuberücksichtigen, dies trifft insbesonders jene Stadtregionen, in denen sich ein großer Anteil der Bevölkerung aus ethnischen Minderheiten, Arbeitslosen, älteren Menschen, etc. rekrutiert.

Wohnbaupolitik, Stadtentwicklungskonzepte, Reorganisation des Gesundheitswesens und der Ausbau sozialer Dienste, dies alles wird die quantitativ gewichtete Verteilung gesellschaftlicher Ressourcen maßgeblich mitbestimmen. Die vielzitierte Tatsache, daß eine bestimmte Krankheit, z.B. die Pocken oder die Poliomyelitis, durch eine spezifische biologisch-technische Methode (Impfung) ausgerottet werden kann, darf keinesfalls über die polyätiologischen Zusammenhänge umweltinduzierter Krankheitsbilder hinwegtäuschen. So lassen sich vor allem als wesentliche Elemente des sozialen Verursachungsmodelles die Wohnbedingungen, die infrastrukturelle Ausstattung bestimmter Wohnregionen und Stadtbezirke, die klimatischen Bedingungen, die letztendlich von den infrastrukturellen Gegebenheiten stark abhängig sind (Verkehrsdichte, Emmissionen durch Industrie und Gewerbe, wenig Grünflächen, etc.), die Ausgestaltung der sozialen Dienste (Fürsorge, AIDS-Beratung, Drogen- und Alkoholberatungszentren, Hauskrankendienste, rollender Essenszustelldienst, etc.) ausfindig machen. Die sozialen Bedingungen sind daher untrennbar mit den vorherrschenden ökologischen Belastungsmomenten verbunden. Sozialepidemiologische Untersuchungen haben immer wieder die nahtlosen Verknüpfungen zu biologisch-medizinischen und sozialen Tatsachen nachgewiesen.

Ein prominentes Beispiel findet sich hier in der Bekämpfung der Tuberkulose, die in den 20er Jahren unseres Jahrhunderts eine der bedeutsamsten Volkskrankheiten in Europa war. Die Hauptaufgabe zur Reduktion der immens hohen Ansteckungsraten sah man in der Bewältigung der sozialen Frage. Robert KOCH unterstrich in einem flammenden Plädoyer die Bedeutung einer umfassenden Sozialanamnese: "Ich habe versucht, eine soziale Pathologie der TBC zu geben und diese der Darstellung dessen, was wir gewöhnlich als TBC-

Bekämpfung zu bezeichnen gewohnt sind, vorangeschickt. Die Gegenüberstellung dieser beiden Teile ergibt, und dies soll hier mit aller Schärfe hervorgehoben werden, daß die Verbreitung der TBC auf das engste mit wirtschaftlichen, sozialen und beruflichen Verhältnissen zusammenhängt, das alles, was diese positiv beeinflußt, zum Kampfe der TBC gehört, ja, daß allein diesen Verbesserungen und Maßnahmen die Hauptbedeutung zukommt" (TELEKEY 1926:63). Tatsächlich bewegten sich die Interventionen von genuin medizinischen Maßnahmen (Impfungen, Behandlungen, Hygiene, etc.) bis hin zu beachtlichen sozialen Veränderungen (Wohnungsbau, umgreifende Stadtsanierungen, Reformen im Freizeit- und Erholungsbereich, Reorganisation des Fürsorgewesens) (vgl. GOTTSETIN 1907).

Gerade weil das Erklärungsdefizit des klassischen bzw. das Theoriedefizit des erweiterten Risikofaktorenmodells als der Anlaß zur Anwendung sozialwissenschaftlicher Ansätze bei der Erforschung klassischer Krankheitsmuster, wie z.B. der Koronaren Herzkrankheit, gelten kann, erscheint es von besonderer Bedeutung, unter Zuhilfenahme sozialwissenschaftlicher Methoden und Arbeitsweisen jenes sozialökologische Umfeld zu beleuchten, das den Lebensraum der Individuen prägt (vgl. KITAGAWA/HAUSER 1973).

4.5. Der Beitrag der Soziologie und der Medizinsoziologie für epidemiologische Fragestellungen

Die Hilfestellung, die die Soziologie und Medizinsoziologie im Rahmen epidemiologischer Untersuchungen beisteuern kann, soll nun zur Diskussion gestellt werden:

1. In Gebieten mit schnell wechselnden sozioökonomischen Bedingungen - man denke hier vor allem an den urbanen Raum - bedarf es einer fortwährenden Revision soziodemographischer Daten. Ergebnisse aus amtlichen Erhebungen (Volkszählung, etc.) eignen sich immer weniger als verwertbare Grundlage für aktuelle epidemiologische Untersuchungen. Wohndichte, Belagsintensität der vorhandenen Wohnräume, Altersstruktur der anwesenden Bevölkerung sowie Aus- bzw. Einpendlerquoten sind nur einige Indikatoren, die Veränderungen unterliegen. Für die Sozialwissenschaften bedeutet dies, daß die vorgegebene Untersuchungseinheit auf diese Veränderungen hin kontrolliert wird.
2. Der Informationsgehalt amtlicher Statistiken wird in Reichweite und Inhalt beschränkt bleiben, dies bedeutet für die Konzeption von epidemiologischen Studien die Gefahr, daß andere Umweltfaktoren in der Forschung keine Berücksichtigung finden (vgl. CARLESTAM 1971).
3. Es ist immer wieder zu beobachten, daß Verwaltungsgebiete bzw. Bevölkerungseinheiten für die Durchführung epidemiologischer Studien zu groß und zu heterogen sind. Das Schaffen sogenannter "enumartion districts" (das ist

die kleinste, durch den British National Census definierte Einheit, die bei einer Untersuchung in der Stadt Brighton zum Thema Krankheit, Suizid und Straffälligkeit als Erhebungsgrundlage diente), also kleiner, eher homogener Untersuchungseinheiten, kann unter Zugrundelegung sozio- und demographischer Panoramen erfolgen, um jene Gebiete zu identifizieren, die auffällige Morbidität und Sozialpathologien aufweisen. Größere und heterogene Gebietseinheiten bergen immer die Gefahr in sich, daß die zur Beschreibung herangezogenen Mittelwerte die primär interessierenden Unterschiede in der Befindlichkeit der Bevölkerung und in den differierenden Notfallhäufigkeiten verwischen.

4. Ein weiteres Problem birgt die "räumliche Selbstkorrelation", d.h., daß soziodemographische Kennzeichen einer Region nicht notwendigerweise auch die Zielgruppe eines Gebietes kennzeichnen. So hat z.B. eine Sequenz der "Notfallstudie Graz" zutage gebracht, daß das Phänomen "soziale Vereinsamung" dort zu beobachten ist, wo eine eher geringe Wohndichte vorherrschte. Erst ein weiterer Untersuchungsschritt, nämlich die Inspektion jener Wohnareale, wo diese Besonderheiten auftraten, ergab, daß dort extrem hohe Wohndichten zu verzeichnen waren (vgl. GROSSMANN 1990).
   Die sich daraus zwangsläufig ergebende Forderung: ökologische Korrelationen, deren Provenienz aus statistischen Daten herrührt, können nur dann mit einiger Sicherheit interpretiert werden, wenn durch direkte Untersuchung der fraglichen Untergruppen weitere Information zur Verfügung steht. Man nennt diesen Forschungsansatz auch Mehrebenenanalyse.

5. Wesentliches Augenmerk ist auch der Qualität von Daten beizumessen (Quellenkritik). Besonders bei Kompilationsanalysen besteht die Gefahr, daß die Intentionen, mit denen gewisse Daten erhoben werden, dem Rezipienten dieser weitgehend unbekannt sind. Als Musterbeispiel können die Ergebnisse der Verkehrsunfallstatistik herangezogen werden. Verkehrstote werden in Österreich nur dann auf amtlichen Statistiken ausgewiesen, wenn sie innerhalb von 72 Stunden an den Folgen eines Unfalles versterben. Alle nach dieser Frist Verstorbenen fallen nicht mehr in die Rubrik "Verkehrsunfalltote". Die sich daraus ergebenden Verzerrungen sind beachtlich und sind der Grund für Fehlinterpretationen.

6. Die Notwendigkeit, technische Umweltdaten (Luftverschmutzungs- und Lärmparameter) in epidemiologische Untersuchungen aufzunehmen wird immer wichtiger (vgl. NEUBERGER/RUTKOWSKI/FIZA 1986). Die Lokalisation der Wohngebiete von Patienten mit akuten Atemwegserkrankungen etwa bei Smogwetterlagen, von am plötzlichen Säuglingstod (SIDS) Verstorbenen, kann nur durch Gesamtanalysen erfolgen. Auch hier kann mit sozialwissenschaftlichen Untersuchungsmethoden (Befragungen über subjektiv empfundene Wohlbefindlichkeitsbeeinträchtigungen, Wohnqualität, Arbeitslosen- und Geschiedenenraten, Medikamen-tenkonsumgewohnheiten,

Freizeitaktivitäten, Zeitbudget, etc.) eine umfassende Gebietsanalyse erfolgen, die den Klinikern die Möglichkeit eröffnet, auf lokalspezifische Umstände mit entsprechenden Präventivoffensiven zu reagieren.

Derzeit fehlt es noch immer an der Verfügbarkeit griffiger statistischer Indikatoren, die es erlauben solche Faktoren zu operationalisieren und ihren Einfluß zu messen. Aufgrund der Ergebnisse der "Notfallstudie Graz" wurde ein Forschungsvorhaben mit dem Schwerpunkt iniziiert, einen "Urbanen Belastungsindex" zu entwickeln, der es ermöglichen soll, Ausprägungs- und Intensitätsgrade der oben angesprochenen Faktoren bzw. Faktorenbündel zu relativieren.

Daß die durch Umweltnoxen ausgelösten Krankheitssensationen zu den wohl größten Problemen der öffentlichen Gesundheitsfürsorge zählen, kann heute kaum ernsthaft angezweifelt werden. Eines der entscheidendsten Merkmale umweltinduzierter Krankheitsprozesse ist der Krankheitsausbruch, der im Durchschnitt in einer relativ frühen und damit aktiven Lebensphase liegt. Ein weiteres und gleichzeitig typisches Spezifikum für umweltbelastete Regionen ist die "Spontanität" des Notfallereignisses. Dieses Phänomen läßt sich speziell bei den koronaren Herzkrankheiten ausmachen; so tritt z.B. bei einem Drittel bis der Hälfte aller an der koronaren Herzkrankheit leidenden Patienten der Tod plötzlich und unerwartet ein (vgl. SOKOLOW/McILROY 1958).

Aber auch die volkswirtschaftlichen Komponenten einer erhöhten Umweltbelastung dürfen nicht aus den Augen verloren werden. Insbesonders die ökonomischen Aspekte lassen die volkswirtschaftliche Relevanz sogenannter "umweltdeterminierter" Erkrankungsformen erkennen:

- Krankheiten, die durch große umweltspezifische Belastungen ausgelöst werden, sind nicht selten die Ursache von Erwerbsunfähigkeit und Frühinvalidität (vgl. MARSHALL/KESSEL 1983). So stellen z.B. "Arteriosklerose assoizierte Erkrankungen" mit etwa 50% der Mortalitätsrate die Haupttodesursache in den Industrienationen. In Österreich beträgt die Todesrate an dieser Erkrankung sogar 54% (vgl. HOLLAND/GILDERDALE 1977). Aber auch Hirngefäßerkrankungen, Erkrankungen der Atemwege, Suicid, Suicidversuche und plötzlicher Kindestod (SIDS) stellen enorme volkswirtschaftliche Belastungen dar.
- Lang andauernde Genesungszeiten und die latente Gefahr des wiederholten Auftretens stellen die Effektivität aufwendiger kurativer Interventionen in Frage. Hohe Behandlungskosten und langanhaltende Krankenstände sind weitere Belastungen.

Die hier besprochenen ökonomischen und sozialpolitischen Belastungsmomente haben zwar zu einer allgemeinen Sensibilisierung für die umweltbedingten Erkrankungen geführt, doch wurde eher der medizinischen Versorgung, als der präventivmedizinischen Intervention (Stadtplanung, Verkehrsplanung, Wohnbau, etc.) der Vorzug eingeräumt. Präventive Maßnahmen, insbesondere Maßnahmen der primären Prävention fußen im allgemeinen auf Ergebnissen der analytischen Epidemiologie, deren vorrangiges Erkenntnisinteresse darin besteht, Faktoren zu isolieren und zu identifizieren, die das Krankheitsrisiko erhöhen.

Die sogenannten "traditionellen" Standardrisikofaktoren wie Übergewicht, Bewegungsarmut, Hypertonie, Diabetes, erhöhte Cholesterinwerte, übermäßiger Alkoholkonsum, Rauchen, etc. müssen neben den sekundären Risikofaktoren 1. Ordnung - das sind im wesentlichen sozialer Wandel, Mobilität, Schichtzugehörigkeit, Beruf und Sozialprestige - noch eine zusätzliche Ausweitung zur deskriptorischen Abdeckung der Zivilisationskrankheiten erfahren (vgl. WEBER 1984).

Das Miteinbeziehen von Belastungsfaktoren der sozialen, der technischen und der natürlichen Umwelt wird zur umfassenden Bekämpfung umweltinduzierter Krankheitsbilder unerläßlich. Genau hier zeigen sich klare Ansatzpunkte für eine Ausweitung der Kooperation zwischen Medizin und Soziologie. Der Soziologie kommt der Part der "Quantifizierung der sozialen Realität" zu. Demographische, soziographische und sozialökologische Rahmenbedingungen gilt es abzustecken und statistische Dokumentationen müssen erstellt werden. Die "soziale Morphologie" der Untersuchungseinheiten ist ebenso von Bedeutung wie eine kontinuierliche Beobachtung. Methodeninnovation und die Bereitschaft eingefahrene Wege zu erweitern, um dadurch Zugang zu neuen Erkenntnissen zu erlangen, werden den Praxiserfolg maßgeblich mitbestimmen. Auf die Frage, wie denn die Ätiologie der chronischen Lungentuberkulose geartet sei, antwortete der bekannte englische Lungenspezialist DAY: "... um eine chronische Lungentuberkulose zu entwickeln braucht der Patient einige Bazillen, leicht vorgeschädigte Lungen und irgendeinen inneren und äußeren Faktor, welcher die Widerstandskraft gegenüber der Krankheit senkt" (STOCK 1982:12). Der soziale und der sozialökologische Aspekt der Medizin wird nach wie vor vernachläßigt, denn wie sonst läßt es sich erklären, daß dem Aspekt der Prävention und Früherkennung noch immer wenig Bedeutung beigemessen wird.

Die Auswirkungen des demographischen Übergangs von einer stationären zu einer schrumpfenden Bevölkerung, bei gleichzeitiger Zunahme der oberen Altersklassen in der Bevölkerung (Überalterung), die unmittelbare Zunahme pathogener Umweltfaktoren und die damit einhergehende Veränderung des Krankheitspanoramas, das Wiederauftreten von übertragbaren Krankheiten, um nur einige Stichworte zu nennen, machen Forschung über die Konsequenzen der gesundheitlichen Beeinträchtigungen aus gesellschaftlicher Perspektive erforderlich.

Daraus ergibt sich zwangsweise die Aufforderung an die Soziologie, dieses Unternehmen nicht als eine exklusive medizinische Aufgabe aufzufassen, sondern mit verschiedenen Disziplinen, allen voran natürlich mit der Medizin, in einen Forschungsverbund einzutreten. Die sicherlich noch existierenden Ressentiments gegenüber dem Fach Soziologie auf Seiten der Medizin, die aus der Phase der generalisierenden Medizinkritik durch die Medizinsoziologie herrühren, verlangen auch nach einer Neuorientierung der medizinsoziologischen Arbeitsvorstellungen. Die Gefahr, daß sich überholte stereotype Mißverständnisse zu einem Hemmschuh für weitere Kooperationen entwickeln, wird erst dann gebannt, wenn einerseits die Evaluation des Gesundheitssystems in kooperativ-interdisziplinären Studien stattfindet und andererseits neue empirische Beiträge über Prävalenz und Inzidenz bestimmter Krankheiten unter Berücksichtigung sozialökologischer Gegebenheiten beigebracht werden (vgl. NIPPERT 1981).

Für die Medizinsoziologie läßt sich die durchaus berechtigte Frage stellen, warum es ihr nur partiell gelungen ist, als anerkannter Wissenszweig in anderen Disziplinen Eingang zu finden. Die teilweise uneingelösten gesellschaftlichen Erwartungen an die Medizinsoziologie, umfassendes und abgesichertes Wissen zur Bewältigung des medizinischen Alltags beizusteuern, haben unter anderem dazu beigetragen, die Kooperationsbereitschaft der medizinischen Disziplinen zu limitieren. Die europäische Medizinsoziologie sollte die Chance nutzen, einen Neubeginn der interfakultativen Zusammenarbeit durch vermehrtes empirisches Arbeiten in Bereichen wie Stadtplanung und Gesundheitssystemforschung einzuleiten, um damit dem gesellschaftlichen Legitimitätsverlust, den die Medizinsoziologie übrigens auch in den Vereinigten Staaten hinnehmen mußte, hintanzuhalten. Es wird auch eine weitere Aufgabenstellung der Medizinsoziologie sein, Krankheit auch als ein soziales und umweltbedingtes Phänomen auszuweisen. Damit müßte es möglich sein, Erkrankungsrisken und ihre kollektive Beeinflußbarkeit mehr ins Blickfeld des Forschungsinteresses zu rücken.

4.6. Der theoretische Rahmen pathogenetischer Hypothesen in der Medizinsoziologie

Die historische Entwicklung der Krankheitstheorien, die sich von der Humoralpathologie (Krankheit als Abweichung von der richtigen Mischung der Körpersäfte) über die Solidarpathologie (Gewebs- und Organpathologie) bis zur VIRCHOW'schen Zellularpathologie erstreckte, findet vorläufig ihren Abschluß in der Molekularpathologie.

Die Absicht der medizinischen Forschung, ihre Analyse und Handlungsebene verstärkt in den Mikrobereich zu verlagern, birgt die Gefahr einer Trennung der psychophysischen Einheit des Menschen (vgl. STACHOWIAK 1957). Tatsächlich lassen sich die praktischen Auswirkungen solcherart betriebener medizinischer Forschung erkennen.

Die Ungleichgewichtsmodelle, die Krankheit als systemischen (ganzheitlichen) Effekt einer anhaltenden Störung eines "dynamischen Gleichgewichtes" interpretieren, wurden größtenteils zugunsten des Defektmodelles verdrängt. Das Defektmodell geht davon aus, daß die Störung einer bestimmten Körperfunktion als solche zu isolieren ist und mit gezielten Eingriffen, z.B. chirurgischen Interventionen oder pharmakologischen Ausgleiches eines biochemischen Defizites, eliminiert werden kann. Diese Form der "Defektisolation" läßt die Polyätiologie von Krankheiten mehr und mehr in den Hintergrund geraten und weist zumindest in der Erklärung, ob eine gewisse Funktionsstörung Ursache oder Folge einer Krankheit ist, starke Mängel auf (vgl. HOLZKAMP 1972).

Als Pendant zum Defektmodell bietet sich die "Spezifitäts-These" an, die davon ausgeht, daß jeder Krankheit eine spezifische Ursache zugrunde liegt. Die "Spezifitäts-These" bestreitet jedoch, daß unterschiedliche Ursachen zu gleichen Krankheitsbildern und gleiche Ursachen zu verschiedenen Krankheitsbildern führen können. Auch das Auftreten neuer Krankheitssensationen (Symptomwandel) ohne gravierende Veränderungen vorhandener Situationen wird durch die "Spezifitäts-These" nicht geklärt. Die in diesen Phänomenen enthaltenen "Unbestimmtheiten" werden als grundlegende Analysefehler interpretiert. Die "Spezifitäts-These" eignet sich daher ausgezeichnet als Legitimation für ein "Nichteinschreiten". Dies soll nun anhand eines Beispiels illustriert werden.

Nimmt man nicht einen allgemeinen Zusammenhang zwischen Luftverschmutzung und Umweltbelastung zum Anlaß für eine Umweltsanierung, so kann diese Untätigkeit mit dem Argument gerechtfertigt werden, daß man erst nach "spezifischen" Ursachen suchen muß, um einen konkludenten Zusammenhang aufzeigen zu können, obwohl eindeutige Forschungsergebnisse zum Thema vorliegen und die Polyätiologie zumindest statistisch nachweisbar ist. Eine solcherart betriebene Präventivmedizin, die die Ergebnisse methodisch neu ausgerichteter Forschungsvorhaben unter dem Deckmantel der "Spezifitäts-These" ignoriert, degradiert sich selbst zu einer "biochemischen Reparaturmedizin", die komplexe Erkrankungsprozesse auf die Schädigung bzw. Entgleisung bestimmter Körperfunktionen reduziert (vgl. HOLFELD 1981). Diese Reduktion auf biochemisch zugreifbare Ereignisse führt unweigerlich zu einer Fixierung des Forschungsinteresses auf die letzten Glieder der Kausalkette. Daraus ergibt sich zwangsläufig die absurde Konsequenz, daß Krankheiten erst dann behandelt werden, wenn offensichtliche Gesundheitsdefekte vorliegen.

Ein Ausweg aus der "technologischen Fixierung" in der Medizin ist zumindest teilweise im Arbeitsprogramm der Risikofaktorenmedizin erkennbar. Die Risikofaktorenmedizin versteht Krankheit als Resultat negativer Verhaltensweisen bzw. krankheitsfördernder Faktoren beim Individuum (vgl. ABHOLZ 1982).

Diese Theorie ist besonders für die koronaren Herzerkrankungen entwickelt worden und findet auch fallweise bei der Bekämpfung der Krebserkrankungen Anwendung. Die Risikofaktorenmedizin ist also zur Verhütung von chronisch degenerativen Krankheiten ausgelegt und es ist ihr zweifellos gelungen, das medizinische Interesse von der reinen "Endpunktbehandlung", darunter wird die Intervention bei bereits konstatierten Gesundheitsbeeinträchtigungen verstanden, auf eine medizinisch orientierte Krankheitsverhütung zu lenken. Wenn sich die Erfolge präventivmedizinischer Konzepte derzeit auch noch bescheiden ausnehmen, so muß man doch die Vorreiterrolle der Risikofaktorenmedizin in Hinblick auf die Ausweitung präventivmedizinischer Interventionen anerkennen. Natürlich ergeben sich auch Kritikpunkte, die die Risikofaktorenmedizin als "kompromißlose Etikettierungsinstanz" erscheinen lassen. So werden z.B. verschiedene Verhaltensweisen als Gesundheitsrisken abgetan, ohne sie als mögliche Bewältigungsformen von Lebens- und Arbeitsproblemen in Betracht zu ziehen. Spannungsreduktion und Selbstwerthebung aufgrund von unkonventionellen Aktivitäten, wie etwa Wutausbrüchen oder Fluchreaktionen werden grundsätzlich als gesundheitsschädlich abgetan. Andererseits werden krankmachende Ereignisse wie Arbeitsrhythmen, Wohnverhältnisse oder die Problematik der Umweltverschmutzung kaum im medizinischen Handeln ernsthaft berücksichtigt (vgl. ROTHSCHUH 1976). Auch die in der Risikofaktorenmedizin vorgeschlagenen medizinischen Interventionen zur Behandlung von Risikofaktoren, wie etwa die Massenprophylaxe mit Betablockern gegen den "milden Hochdruck" oder die Fluoridierung des Trinkwassers gegen Karies sind primär biotechnisch orientiert und zielen eher auf eine Symptombeseitigung als auf eine wirksame Ursachenbeseitigung ab (vgl. BOGERS 1981). Dadurch lassen sich aber kaum Veränderungen im individuellen Fehlverhalten erreichen (z.B. falsche Ernährungsgewohnheiten, übermäßiger Alkohol- und Nikotinkonsum, etc.) und krankmachende Umweltbedingungen werden nicht direkt, sondern über den Weg eines verordneten Medikamentenkonsums bekämpft. Diese Vorgangsweise unterstützt alle gesundheits- und umweltpolitischen Verzögerungstaktiken mit dem Hinweis, daß man noch den Erfolg der von der Risikofaktorenmedizin angestrengten flächendeckenden Interventionsmaßnahmen abwarten muß, ohne dabei auf die tatsächlichen Ursachen einzugehen (vgl. DEPPE 1980).

Die psychosomatische Medizin, die sich in ihren Inhalten klar zu einer Wechselbeziehung zwischen Soma und Psyche deklariert, die dem Soma kein absolutes Primat zuweist und die Spezifitäts- und Lokalismusthesen ablehnt, steht im krassen Gegensatz zu den bisher diskutierten Krankheitsmodellen. Im Mittelpunkt der psychosomatischen Medizin findet sich die Überlegung, daß Krankheit letztendlich nichts anderes ist, als die Folge eines gestörten Gleichgewichtes. Diese Auffassung ließ die psychosomatische Medizin lange Zeit als Antithese zur naturwissenschaftlich denkenden Medizin erscheinen. Die Verwundbarkeit der Psychosomatik liegt in ihrer Anfälligkeit für spekulative Argumentationen. Um diesen Vorwurf zu entkräften, nimmt die Psychosomatik zur naturwissenschaftlichen Absicherung ihrer Aussagen gerne Bezug zur psychophysiologischen Streßtheorie (vgl. NITSCH 1981). Die Sozialphysiologie, ein spezieller Zweig der Psychosomatik, beschäftigt sich mit dem Wirkungsgefüge; Individuum-Gesellschaft-Krankheit und versteht unter Krankheit eine "funktionelle Überbelastung" des Menschen durch die Zivilisation (vgl. SELYE 1946). Ein Kritikpunkt an der psychosomatischen Medizin läßt sich jedoch nicht verhehlen; sie macht ihren Erklärungsanspruch auch für Krankheitsphänomene geltend, die unter Umständen als Folge chronischer Schadstoffeinwirkungen von der Umwelt aus zu erklären sind (vgl. WESP 1981).

All diese hier angeführten Krankheitsmodelle bieten durchaus interessante Erklärungsansätze, ihnen allen gemeinsam hingegen ist die Kompromißlosigkeit, mit der ihre Konzepte verfolgt werden. Gerade die Polyätiologie von Krankheiten hingegen verlangt aber nach interdisziplinären Erklärungsansätzen.

5. SOZIOLOGISCHE KRANKHEITSTHEORIEN

Aufgrund der Vielzahl sozialwissenschaftlicher Krankheitstheorien werden hier nur jene Theorien zur Diskussion gestellt, die für die vorliegende Arbeit bedeutungsvoll erscheinen. Dabei fiel die Wahl auf jene Krankheitstheorien, die sich nicht nur ausschließlich mit dem Komplex der psychischen Krankheiten auseinandersetzten, sondern auch somatische Krankheiten in ihre Betrachtungen mit einbeziehen. Bei der Gegenüberstellung von medizinischen und sozialwissenschaftlichen Krankheitstheorien zeigen sich teilweise recht deutliche Unterschiede. Während z.B. die Beschäftigung mit somatischen Krankheiten eindeutige Domäne der Medizin zu sein scheint, beschäftigen sich die Sozialwissenschafter vorrangig mit den psychischen Krankheiten. Weiters lassen sich auch Unterschiede in den verwendeten Erklärungen feststellen. Der von der Medizin beanspruchte Geltungsbereich setzt sich mit biologischen, der von der Soziologie mit dem psychosozialen Geschehen auseinander. Aber auch bei der Suche nach Krankheitsursachen unterscheiden sich die Schwerpunkte bei Medizin und Soziologie deutlich. Während in der Medizin den physikochemischen und mikrobiologischen Noxen verstärktes Forschungsinteresse entgegengebracht wird, konzentriert sich die Soziologie auf die psychosozialen Bedingungen.

5.1. Der "Labelling"-Ansatz

Der "Etikettierungs"- oder "Labelling-Ansatz", der von SZASZ begründet und durch BECKER, FREIDSON und SCHEFF eine Weiterentwicklung erfuhr, versucht eine soziogenetische Erklärung von Wohlbefindlichkeitsstörungen (vgl.

SZASZ 1961; BECKER 1963). Die zentrale These des "Labelling-Ansatzes" ist, daß das Entstehen von psychischen Störungen nicht auf biologisch-chemische Prozesse zurückzuführen ist, sondern daß ein gesellschaftliches Etikett und die damit verbundene Rolle als auslösendes Moment betrachtet werden muß. Die Etikettierung erfolgt durch bestimmte Regelverletzungen. Dadurch wird die von der Gesellschaft zugewiesene "normale Rolle" faktisch unmöglich. Deswegen leitet die Etikettierung gewöhnlich eine entsprechende Krankenkarriere ein. Die gesellschaftliche Reaktion auf abweichendes Verhalten ist also die Zuschreibung bestimmter Krankheitsbilder, demzufolge werden auch in der Majorität aller Fälle medizinisch-biologische Erklärungsversuche als nicht relevant angesehen. Kritik am "Labelling"-Ansatz kommt u.a. von KEUPP. Er vermißt in diesem Ansatz den Hinweis, wie denn die Regeln und Normen zustande gekommen sind, die schlußendlich als Entscheidungshilfen dafür fungieren, wer denn in eine abweichende Rolle gedrängt wird (vgl. KEUPP 1972). Ein weiterer, aus meiner Sicht eingebrachter Kritikpunkt: Der "Labelling"-Ansatz läßt fast keinen Spielraum für umweltinduziertes Krankheitsgeschehen. Die psychischen wie auch somatischen Auswirkungen von beispielsweise Lärm, Luftverschmutzung oder Mangel an natürlichem Licht finden überhaupt keine Berücksichtigung. Diese unzulässige Abkoppelung des Individuums von seiner physischen Umwelt ist nicht nur wenig sinnvoll, sondern es findet sich hier auch ein deutlicher Widerspruch zur multifaktoriellen Erklärung von Krankheiten. Die Bedeutung des "Labelling"-Ansatzes hingegen ist zweifellos das Aufzeigen des Zusammenhanges von sozialer und kultureller Relativität des Krankheits- bzw. des Gesundheitsbegriffes, sowie die Hervorhebung der sozialen Dynamik bei der Zuschreibung von Krankheit.

5.2. Die "Drift"-Hypothese

Ihr Ursprung geht auf die in den Vereinigten Staaten durchgeführten Untersuchungen über die Verteilung von Geisteskrankheiten zurück (vgl. GLEISS/SEIDL/ABHOLZ 1973). In diesem Zusammenhang ist besonders die "Chicagoer-Schule" zu erwähnen, die nachweisliche Häufungen von Schizophreniekranken in Wohnregionen mit hohen Wohndichten, auffallend hohen Arbeitslosenraten, Slums und allgemein schlechter Wohnqualität konstatierte und diese Befunde ökologisch interpretierte. Sowohl in der "New-Haven-Studie" wie auch in der "Manhattan-Studie" oder in der "Detroit-Studie" konnte ein eindeutiger Zusammenhang zwischen der Schwere der Erkrankung und der Behandlungsdauer sowie der Schichtzugehörigkeit und dem damit verbundenen sozialen Umwelteinflüssen bewiesen werden (vgl. HOLLINGSHEAD/ REDLICH 1958; SROLE 1962; KORNHAUSER 1965). Alle diese erwähnten Untersuchungen interpretieren die Beziehung zwischen psychiatrischer Morbidität und der vorherrschenden sozialen Lage.

Dieser Ansatz wurde von BRENNER (1973) insofern erweitert, als daß er sich für die Dynamik des Morbiditätsrisikos unter veränderten sozialen Bedingungen interessierte und in seiner Arbeit den Nachweis erbringen konnte, daß ein statistisch feststellbarer Zusammenhang zwischen Wirtschaftskrisen und der Zunahme an psychiatrischen Krankheitsbildern anzunehmen ist.

Die Ergebnisse dieser Studien können im wesentlichen in zwei Hypothesen zusammengefaßt werden.

Die erste Hypothese geht davon aus, daß die in der Unterschicht vorherrschenden schlechten Lebens- und Arbeitsbedingungen letztendlich ihren Niederschlag in einer erhöhten psychiatrischen Morbidität finden.

In der zweiten Hypothese wird hingegen angenommen, daß sich in der Unterschicht Menschen rekrutieren, die aufgrund ihrer genetisch bedingten Anfälligkeit psychisch erkranken und sozial absteigen.

Beide Hypothesen können auf abgesicherte empirische Befunde verweisen, dennoch scheint es sinnvoll, beide zur Klärung der genannten Befunde heranzuziehen. Denn einerseits können bestimmte Individuen aufgrund ihrer genetischen Disposition bereits auf geringfügige Belastungen mit Krankheit reagieren, andererseits sind die Belastungsmomente in der Unterschicht zweifellos höher als in anderen Schichten. Weiters ist die Gefahr, bei Krankheit in der Unterschicht sozial abzusteigen, wesentlich größer als in anderen Schichten, da geringere Toleranz gegenüber Schwächeren oder das Fehlen wirkungsvoller Unterstützungssysteme kaum Rückhalt bieten. Auch ist damit zu rechnen, daß ein krankheitsbedingter sozialer Abstieg auch schlechtere Lebensbedingungen impliziert, die ihrerseits die Erkrankung beschleunigen und manifestieren. In diesen aufgezeigten Erklärungsansätzen wird einmal mehr die Komplexität ersichtlich, die bei der Erklärung von Krankheit nur ein multifaktorielles Vorgehen zuläßt.

So z.B. erklärt der "health-worker-effect" den besseren Gesundheitszustand der erwerbstätigen Frauen gegenüber den Nichterwerbstätigen damit, daß die Anstrengungen gesellschaftlicher und betrieblicher Sozialpolitik ihren Niederschlag in einem höheren Gesundheitsstandard der beruflich aktiven Frauen findet (vgl. HAYNES/FEINLEIB/KANNEL 1978). Nun hat sich aber herausgestellt, daß diese Argumentation einer genaueren Problemanalyse nicht standhält. Grund: Es stimmt zwar grundsätzlich die Aussage, daß arbeitende Frauen gesünder sind als nichtarbeitende, aber bei einer detaillierten Betrachtung des Phänomens ergibt sich ein anderes Bild. Die Erwerbstätigkeit führt zu einem beschleunigteren "Gesundheitsverschleiß"; dies wiederum hat zur Folge, daß sich Betriebe nach Maßgabe der Möglichkeiten kranker Mitarbeiterinnen entledigen und deswegen das oben erwähnte Phänomen zutage tritt.

Solcherart gewonnene Ergebnisse lassen natürlich kaum ernstzunehmende präventivmedizinische Anstrengungen erwarten, da in der Aussage der Beweis der "Unschädlichkeit" bestimmter Arbeitsformen (Nachtarbeit, Schichtarbeit, Fließbandarbeit, Umgang mit gefährlichen Stoffen, staubexponierte Arbeitsplätze, etc.) angetreten wird.

Es ist zweifellos als Verdienst der "Drift"-Hypothese zu werten, daß die Epidemiologie vermehrt auch die Dynamik sozialer und politischer Prozesse in ihre Konzeption integriert hat, zumal bis dahin, wenn überhaupt nur demographische oder biologische Prozesse als Krankheitsauslöser anerkannt wurden.

5.3. Die "Verhaltensmuster"-Theorie

Die Verhaltensmuster-Theorie sieht als wesentliche Momente der Pathogenese einerseits eine Schwächung des Immunsystems und andererseits langfristig praktizierte pathogene Bewältigungsstrategien. Daraus entwickelt sich eine "prämorbide Persönlichkeitsstruktur", die nur noch der Exposition gegenüber physikochemischen oder psychosozialen Noxen als krankheitsauslösende Faktoren bedarf (vgl. GROSARTH-MATICEK 1979). Eine sehr bekannte Variante dieses Ansatzes findet sich in der A-Typ-Theorie der Herzinfarktgenese. Dieser sogenannte "A-Typ" weist sich durch Ehrgeiz, innere Hektik, Ungeduld, Rivalität und Aggressivität aus. Dieses "A-Verhalten", das als Distreß erlebt wird, erhöht z.B. das Infarktrisiko beträchtlich (vgl. FRIEDMANN/ROSEMANN 1975).

Die Theorie der "erlernten Hilflosigkeit" geht davon aus, daß spezielle ungünstige Lernerfahrungen beim Betroffenen Gefühle der Angst und Ohnmacht auslösen, weil er sich in bestimmten Situationen zwar einem kräftigen Handlungsimpuls ausgesetzt fühlt, diesem aber nicht gerecht werden kann, da seine Handlungskompetenz bereits systematisch zerstört wurde (vgl. SELIGMAN 1975). Dieses Erleben der eigenen Ohnmacht kann zu einer so starken Minderung des Selbstwertgefühls führen, daß das Individuum in die Depression kommt.

Die "Kontrolltheorie" hingegen stellt nicht die Auswirkungen einer entmutigenden Lernbiographie in den Mittelpunkt ihres Interesses, sondern vielmehr wird hier der Diskrepanz zwischen den "Kontrollambitionen" des Individuums und dessen "Kontrollverlust" Aufmerksamkeit gewidmet (vgl. FRESE/GREIF/SEMMER 1978). Dem Individuum bleibt die Gestaltung der eigenen Lebens- und Arbeitsumstände größtenteils versagt. Die sich daraus ergebende Ohnmacht führt zu Frustration und zu "unkoordinierten Handlungsstrategien" und mündet schließlich, vermittelt durch neurohormonelle Fehlregulationen, z.B. in schwere Depressionszustände (vgl. KARASEK 1979).

Resümierend kann festgehalten werden, daß die verschiedenen Ansätze innerhalb der Verhaltensmustertheorie ihren Ausgangspunkt im Belastungs-, Beanspruchungs- und Bewältigungsschema der kognitiven Belastungs-forschung nehmen. Immer wieder wird aber explizit auf die Pathogenität bestimmter Handlungsweisen hingewiesen. Die Kritik an diesen Ansätzen läßt sich an der Tatsache festmachen, daß dem Phänomen der umweltinduzierten Krankheitsfaktoren, wenn überhaupt, dann nur nebensächliche Bedeutung beigemessen wird.

5.4. Der "Live-Event"-Ansatz

Der "Live-Event"-Ansatz schreibt vor allem sogenannten "lebensverändernden Ereignissen" einen pathogenen Effekt zu. Wohnortwechsel, Berufswechsel oder der Verlust eines nahestehenden Menschen erzwingen beim Betroffenen eine Anpassung an die neue Lebenssituation, während eingeübte Verhaltensstrategien ihre Bedeutung verlieren.

Der "Live-Event"-Ansatz, der von HOLMES/RAHE (1967) und von DOHRENWEND/DOHRENWEND (1974) entwickelt wurde, stützt sich auf die Feststellung, daß verschiedenste lebensverändernde Umstände zu einer intermittierenden psychophysischen Labilisierung führen und sich die Folgen davon in Desorientierung auf der kognitiven Ebene, in Reizüberflutungen auf der informellen Ebene, Übererregung auf der emotionellen und einer allgemeinen Überforderung auf der energetischen Ebene bemerkbar sind (vgl. BROWN/BIRLEY 1968; DOHRENWEND/DOHRENWEND 1974). Es kommt zu einem totalen Kollaps routinemäßigen Handelns: Dadurch wird auch die notwendige Anpassung an die momentane Situation wesentlich erschwert (vgl. HACKER 1973; VOLPERT 1974). Dieser Belastungsschub kann bei einem bestimmten Grad an entsprechenden Vorschädigungen zum Krankheitsauslöser fungieren. Eine der Besonderheiten des "Live-Event"-Ansatzes ist sicherlich die Bezugnahme auf die pathogenen Auswirkungen alltäglicher und vor allem unvermeidbarer Situationen, die beispielsweise derzeit noch in keinem Risikofaktorenkatalog aufgenommen wurden: Umzugsdepression, soziale Vereinsamung, Pensionsschock, etc.

Die offensichtlichen Mängel des Ansatzes finden sich in der Problematik der unzureichenden Möglichkeiten einer Quantifizierung des individuellen Ausprägungsgrades verschiedenster "Live-Events", in der nicht vorhandenen Differenzierung zwischen reversibler und irreversibler Veränderungen, sowie an dem Fehlen klarer ökologischer bzw. sozialökologischer Ansatzpunkte.

5.5. Der "Life-Style"-Ansatz

Die Weltgesundheitsorganisation (WHO) sieht in der Konzeption des "Life-Style"-Ansatzes eine sinnvolle Erweiterung des reduktionistischen Risikofaktorenkonzeptes, wobei doch die semantische Bedeutung des Begriffes "Life-Style" im angloamerikanischen Raum nicht ganz außer acht gelassen werden darf; dort wird nämlich unter diesem Begriff nichts anderes als "risk-factors" verstanden. Das "Life-Style"-Konzept unterstreicht einmal mehr die Komplexität menschlichen Gesundheitsverhaltens und betont dabei auch die Abhängigkeit der Gesundheit von ökologischen, wirtschaftlichen, klimatischen, kulturellen und sozialen Gegebenheiten (vgl. DOHSE/JÜRGENS/RUSSIG 1982). Starke Kritik übt dieses Konzept an der grundsätzlichen Ausrichtung des Risikofaktorenmodells, in dem immer wieder von der freien Entscheidung des Menschen für oder gegen die Gesundheit die Rede sei und sich die Mehrheit aller Präventionsbemühungen auf den Genußmittelkonsum und das Bewegungsverhalten der Menschen erschöpfe. Außerdem werden dem Zielkonflikt zwischen Arbeitsplatzsicherung, Lohnsicherung und Gesundheitssicherung bei der Erstellung präventivmedizinischer Konzepte deutlich zu wenig Priorität eingeräumt (vgl. WENZEL 1983). Derzeit verfügt dieses Konzept weder über eine theoretische Ausdifferenzierung noch über klare Rahmenbedingungen für präventivmedizinische Interventionen. Der im "Life-Style"-Konzept angeführte "Ideenpool" spricht eine Vielzahl aktueller Themen an, weist aber keine zufriedenstellende Operationalisierung aus. Absichtserklärungen wie: es muß zu einer Umverteilung der psychophysischen und materiellen Ressourcen kommen, oder: eine Dezentralisierung gesundheitsfördernder Maßnahmen erscheint notwendig, kann keine wirkliche praxisrelevante Bedeutung zugemessen werden. Auch läßt der "Life-Style"-Ansatz eine Auseinander-setzung mit umweltbedingten Störfaktoren (Luft, Lärm, Urbanisierung, Wohn-verhältnisse, etc.) missen, sodaß der derzeit abrufbare Beitrag für die Ätiologie und Pathogenese umweltinduzierten Krankheitsgeschehens vernachlässigt wird.

5.6. Die "Verschleiß"-Hypothese

Krankheit wird in der "Verschleiß"-Hypothese als Folge langandauernder Belastungen definiert. Sie ist ein wesentlicher Bestandteil der Arbeitsmedizin und der Arbeitsphysiologie (vgl. VALENTIN u.a. 1979). Aber auch in der Arbeits- und Industriesoziologie dient sie z.B. zur Abschätzung der Langzeitwirkung von Arbeitsbelastung (vgl. KÖHLER 1982). Momentan wird der "Verschleiß"-Hypothese allerdings wenig Interesse zugewandt (vgl. ZIMMERMANN 1982). Der derzeit vorherrschende Trend, eher akuten Belastungsmomenten Aufmerksamkeit zu widmen und die Frage nach der additiven Wirkung von Belastungen (Mehrfachbelastung, Gesamtbelastung) mehr und mehr in den Hintergrund zu drängen, hat der "Verschleiß"-Hypothese den "stillen Methodentod" eingebracht (vgl. DICK 1974; HOLZKAMP 1972). Diese Problemverkürzung in der Arbeitswissenschaft hat dazu geführt, daß die "Verschleiß"-Hypothese faktisch nur mehr von Gewerkschaften und Nicht(Arbeits)-Wissenschaftern in Erinnerung gerufen wird.

5.7. Das "Streß"-Modell

Das "Streß"-Modell ist im wesentlichen durch zwei Theorien gekennzeichnet und zwar durch die physiologische und die psychologische Theorie (vgl. UDIRS 1981).

Das primär physiologisch ausgerichtete Aktivierungsmodell betont die Beziehung zwischen dem Anforderungsniveau und dem organischen Funktionsniveau. Daraus folgt, daß sowohl Unterforderungen als auch Überforderungen zu einer Homöostasenverschiebung führen, deren Auswirkungen in gestörten Organfunktionen ihren Niederschlag finden (vgl. FAHRENBERG u.a. 1979).

Im Imbalancemodell, der eher psychologisch dominierten Streßtheorie, wird der Diskrepanz zwischen dem Anforderungsniveau der Umwelt und dem tatsächlichen Leistungsprofil vermehrtes Interesse beigebracht. Allerdings wird nur die subjektive Diskrepanz, also die Diskrepanz zwischen wahrgenommenen Fähigkeiten und wahrgenommenen Anforderungen in diesem Konzept berücksichtigt.

Der Begriff "Streß" wird also als Erklärungsansatz verwendet, um sozialpsychologische und physiologische Phänomene miteinander zu verknüpfen. Das "Streß"-Modell ist auf verschiedene chronisch degenerative Krankheiten mit beachtlichem Erfolg angewandt worden, z.B. beim Formenkreis rheumatischer Erkrankungen, bei psychischen Störungen und koronaren Herzkrankheiten (vgl. GROTJAHN 1923). Der besondere Wert des "Streß"-Modells für die Erklärung chronisch degenerativer Erkrankungen liegt zum einen in der Berücksichtigung sozialer, psychischer und somatischer Faktoren (dadurch ist die Berücksichtigung komplexerer Erkrankungsursachen möglich); zum anderen erlaubt es eine relativ umfassende und realitätsgetreue Betrachtung der Arbeits- und Lebenswelt, also des Bedingungsumfeldes von Gesundheit und Krankheit. Unberücksichtigt hingegen bleiben jedoch auch hier, wie übrigens bei allen bisher diskutierten Ansätzen, sozialökologische Krankheitsfaktoren und darauf abgestimmte weitreichende präventivmedizinische Interventionskonzepte.

6. ERKENNTNISGEWINN AUS FORSCHUNGSTRADITION UND FORSCHUNGSINNOVATION

Unsere Untersuchung geht von der Hypothese aus, daß ein Zusammenhang zwischen Notfallgeschehen und Wohnumfeldqualität besteht. Das Ziel der vorliegenden Arbeit ist es, diese Hypothese zu prüfen.

Da eine sinnvolle Weiterentwicklung der Forschung nur dann möglich erscheint, wenn die Aussagen der bisherigen Forschungsbemühungen ein wesentliches Fundament im gesamten Untersuchungsdesign bilden, wurde bei der Gestaltung der vorliegenden Arbeit jene Linie weiterverfolgt, die der Grazer

Wohnbausoziologie Kurt FREISITZER seit über drei Jahrzehnten vorgibt. Seine Untersuchungen auf den Gebieten "Stadt und Lebensqualität unter besonderer Berücksichtigung der Bewohnerurteile" finden ungeteilte internationale Beachtung (vgl. FREISITZER/GLÜCK 1979; EIBL-EIBELSFELD/HASS/FREISITZER/GEHMACHER/GLÜCK 1985; FREISITZER/MAURER 1985).

Ernst GEHMACHER bemerkt zur Lage der Soziologie in Österreich, daß die Arbeiten von Kurt FREISITZER "... vielleicht einem neuen Paradigma der soziologischen Wohnungswirkung den Weg geöffnet hat - der nunmehr so umstrittenen Auffassung des VOLLWERTIGEN WOHNENS, wie es in einem Primäransatz der ebenfalls äußerst innovatorische Wohnbauer Harry GLÜCK verfolgt ..." und weiter "Hier beginnt die internationale Wohnungsforschung auf Österreich zu horchen. Professor FREISITZER zählt sicher zu jenen eigenwilligen Wissenschaftern, die eine Idee so hartnäckig um- und umdrehen, bis sie Löcher in die bestehenden Dogmen bohren kann ..." (GEHMACHER o.J.:78).

Ergänzend zu der bisherigen Dokumentation des "subjektiven Wohlbefindens" der Großstadtbewohner ist der Schwerpunkt in der vorliegenden Arbeit dem Erfassen sogenannter "objektiver Befindlichkeitsindikatoren", Umweltbelastungsfaktoren (Verbauungsdichte, Wohndichte, Verkehrsfrequenz) gewidmet. Weiters werden Frequenzpanoramen dringlicher Rettungs- und Notarzteinsätze bei akuten Erkrankungen (umweltinduzierte Krankheitssensationen) unter Berücksichtigung der Wohnumfeldqualität erstellt. Übereinstimmung mit den Bewohnerurteilen lassen sich mit den Ergebnissen der sozialepidemiologisch-statistischen Methode, wie sie dieser Studie zugrunde liegen, wichtige neue Möglichkeiten der Präventivmedizin erschließen.

Wenn in dieser Arbeit von statistischen Korrelationen die Rede ist, so ist damit noch nichts über eine etwaige kausale Beziehung zwischen den einzelnen Faktoren gesagt. Nur in den wenigsten aller Fälle wird sich eine Isolation eines Agens als Krankheits- bzw. Wohlbefindlichkeitsstörungsursache ausmachen lassen (vgl. FREUDENBERG 1954). Um einen pathologischen Zustand hervorzurufen, bedarf es meistens eines "Ursachengeflechtes", wobei die Wertigkeit der Teilursachen äußerst schwierig zu konstatieren ist (vgl. BROCHER 1957). Dieses konditionale, polyätiologische Gedankengut muß in Erinnerung gerufen werden und wenn in den nachfolgenden Abschnitten von Beziehungen zwischen sozialökologischen Faktoren und bestimmten Krankheitssensationen die Rede ist, so muß nochmals darauf hingewiesen werden, daß diese Beziehungen sehr vielfältiger Natur sein können und nichts darüber aussagen, wieviele andere, vielleicht wesentliche Faktoren noch beteiligt sind. Trotzdem ist der Wert der gegenständlichen Untersuchung für eine Vielzahl an gesundheitspolitischen Dispositionen beträchtlich. So besteht z.B. aufgrund der vorliegenden Untersuchungsergebnisse die Möglichkeit, die präklinische Versorgung von Notfallpatienten mehr als es bisher der Fall war, den lokalspezifischen Erfordernissen anzupassen. Auch die Installation von Nachsorgeinstitutionen (Hauskrankenpflege, mobile Sozialdienste) kann zielgerichteter, weil patientenorientierter, erfolgen. Schließlich wären hier noch die Impulse für eine neue Stadtentwicklungspolitik anzuführen, die aufgrund der vorliegenden Ergebnisse nun die Möglichkeit hat, mit Umweltsanierungsprogrammen die Belastungen für die besonders exponierte Bevölkerung gezielt zurückzunehmen.

Die in der Studie angesprochenen Ebenen und Brennpunkte sozialökologischer Krankheitsfaktoren und ihre möglichen Auswirkungen auf das Morbiditäts- und Mortalitätspanorama von Großstadtbewohnern werden einer empirischen Überprüfung unterzogen. In Anlehnung an die Schemata der Soziosomatik und der sozialmedizinischen Ökologie fand im Untersuchungsdesign vor allem der technosomatische und der soziosomatische Wirkungskomplex besondere Berücksichtigung (vgl. DENEKE 1957). Die Wechselwirkung zwischen Mensch und Umwelt und die daraus resultierenden Gesundheitsdefizite bilden das Schwerpunktthema dieser empirischen Untersuchung. Obwohl die Quantität der Umweltliteratur in den letzten Jahren schon fast unüberschaubare Ausmaße angenommen hat, fehlt es derzeit noch immer an qualifizierten empirischen Befunden über den Umfang umweltinduzierter Gesundheitsbeeinträchtigungen (vgl. SCHAEFER 1970).

Die Untersuchung geht von der Grundhypothese aus, daß ein Zusammenhang zwischen Wohnumfeldqualität und Krankheit besteht. Diese Grundhypothese gilt es zu prüfen. Konkret wird nun der Frage nachgegangen, ob sich auf statistischem Weg Korrelationen zwischen sozialökologischen und medizinischen Daten nachweisen lassen und welcher Aussagewert ihnen für die Konzeption innovativer präventivmedizinischer Konzepte beigemessen werden kann.

6.1. Die Relevanz medizinstatistischer Daten für sozialepidemiologische Fragestellungen

Der schwächste Punkt bei epidemiologischen Untersuchungen ist die Datengewinnung stellte LIPPROSS fest und warnte davor, medizinstatistische Daten kritiklos als Interpretationsgrundlage zu verwenden (vgl. LIPPROSS 1956).

Ein grundsätzliches Problem bei dieser Studie bestand auch darin, möglichst homogene medizinstatistische Daten zu erhalten. Da stellt sich nun einmal das Problem der Datengewinnung. Man kann davon ausgehen, daß mit zunehmender Anzahl von Personen, die an der Erstellung von diagnostischen Daten mitarbeiten, die Vergleichbarkeit der erhobenen Daten geringer wird. In der Diagnose spiegelt sich nicht nur Objektivmedizinisches wider, sondern vor allem die subjektive Einschätzung des diagnostizierenden Arztes (vgl. WORLD HEALTH ORGANIZATION 1960).

Demzufolge lassen sich jedenfalls vier "Diagnosegewohnheiten" erkennen:

1. Es besteht die Gefahr der "Überdiagnosen", also der "Falschpositiven", d.h. es ist für einen Arzt sehr oft schwieriger eine Krankheit auszuschließen, als sie als vorhanden zu konstatieren.
2. Der Sicherheitsgrad einer Diagnose: Einen objektiven Maßstab für die richtige oder falsche Entscheidung für eine Diagnose gibt es in der Medizin oft nicht. Gerade Diagnosen wie Arteriosklerose, Neurose, etc. unterliegen u.U. einem sehr hohen Unsicherheitsgrad und lassen sich demzufolge schwer bestätigen.
3. In der Regel werden dem Patienten mehrere Diagnosen zukommen. Die Differenzierung zwischen Haupt- und Nebendiagnosen ist schwer zu bewerkstelligen.
4. Bereits bei somatischen Beschwerdebildern erscheint es oft sehr schwierig, eine klare Diagnose zu stellen. HOCH hat in diesem Zusammenhang festgestellt, daß der Übereinstimmungsgrad bei der Diagnose "Schizophrenie" bei verschiedenen Psychiatern sich in einer Bandbreite zwischen 30 und 60% bewegte (vgl. HOCH 1957).

Der Mangel an durchgehender Objektivität bei der Fallidentifikation wirft beträchtliche methodische Probleme auf und LEWIS merkte dazu an, "daß das diagnostische Vorgehen und die Einzelheiten der klinischen Untersuchung nicht mit Sicherheit vergleichbar sind" (LEWIS 1967:1). Ein weiteres Problem bei medizinstatistischen Daten stellt sich bei der Symptominterpretation der Patienten. Recht eindrucksvoll wurde dies bei einer Untersuchung zum Thema "Schichtzugehörigkeit und die Reaktion auf Krankheitssymptome" belegt (KOOS 1970:304). Dabei hat sich herausgestellt, daß die Notwendigkeit, beim Auftreten eines bestimmten Symptoms den Arzt zu konsultieren, sehr stark von der Schichtzugehörigkeit des Patienten abhängt. Somit gibt es eine weitere Gefahr der Verzerrung (vgl. BAUMERT 1954).

Auch die in der Epidemiologie häufig verwendeten Datenquellen bergen für die Fragestellung der vorliegenden Arbeit eine Fülle von Problemen, die nachfolgend kurz diskutiert werden:

6.1.1 Statistik der Mortalitätsraten

Diese Art der Dokumentation ist insofern als problematisch zu bezeichnen, da sie erstens mit einem sehr hohen Unsicherheitsfaktor in der Feststellung der Todesursachen behaftet sind und, daß zweitens aufgrund der legistischen Vorgaben für die Erstellung von Mortalitätsstatistiken nur eine Hauptdiagnose aufzuführen ist. Weiters ist das Defizit an soziologisch interessierenden Daten der Verstorbenen zu bemängeln, sodaß dieser Art der Medizinstatistik wenig medizinsoziologische Bedeutung zukommt.

6.1.2 Krankenhausstatistiken

Diese Form der Erfassung bietet zwar den Vorteil der optimalen diagnostischen Möglichkeiten in Krankenhäusern, aber diese wird bei weitem durch folgende Nachteile aufgewogen:

a) Da die jeweiligen Selektionsverfahren in den verschiedenen Krankenhäusern weitestgehend unbekannt sind, muß vor der Benutzung von Krankenhausstatistiken für die sozialepidemiologische Forschung gewarnt werden (vgl. BERKSON 1946; KRAUS 1954).

b) Dadurch, daß in Großstädten mehrere gleichwertige Krankenhäuser existieren, müßten die Diagnoseverfahren akkordiert werden, was praktisch undurchführbar erscheint, weil schon Unterschiede in der Personal- und Apparateausstattung und bei den verschiedenen Aufnahmeverfahren einen Direktvergleich unmöglich machen.

Auch das Recherchieren von Primärdiagnosen wird durch den Umstand der "Transferierung in spezielle Fachabteilungen" äußerst schwierig. So wird z.B. ein Patient mit einer Extremitätenfraktur, die durch ein Anfallgeschehen ausgelöst wurde, mindestens zweimal in der Krankenhausstatistik aufscheinen, einmal in einer chirurgischen und einmal in einer internen oder neurologischen Abteilung; bei etwaigen Komplikationen erhöht sich dementsprechend auch die Anzahl der zur Abklärung des Anfallgeschehens benötigten Konsiliarbefunde (Zentralröntgen - Neurologische Abteilung - HNO - Augenklinik - etc.)

Die hier aufgezeigten möglichen Fehlerquellen lassen sich statistisch nur sehr schwer kontrollieren bzw. eliminieren.

6.1.3 Datensammlung der Ärzte und Krankenhäuser in einer Gemeinde

Diese so oft als "ausgezeichnete Methode" deklarierte Verfahrensweise stellt so ziemlich das ungeeignetste Instrument zur Datensammlung dar, weil so gut wie überhaupt keine Vergleichbarkeit der medizinstatistischen Daten von Ärzten und Krankenhäusern besteht, da schon die völlig divergierenden Erhebungsmodalitäten, die aufgrund der institutionellen Besonderheiten gegeben sind, eine gänzlich verschiedene Datengrundlage bieten.

In diesem Zusammenhang soll nochmals auf die "Diagnosegewohnheiten" der niedergelassenen Ärzte verwiesen und die Problematik der Diagnose-Binnenvergleiche aller in einer Gemeinde praktizierenden Ärzte in Erinnerung gerufen werden (vgl. FREIDSON 1970). Auch die Gefahr der "Mehrfachnennung" eines Patienten, hervorgerufen durch die Konsultation mehrerer Ärzte bzw. Krankenhausabteilungen, stellt ein beachtliches Verzerrmoment dar (die Identifikation der Patienten in den jeweiligen Patientenjournalen ist faktisch nicht realisierbar).

6.1.4 Meldung der Krankheitsfälle durch Ärzte auf freiwilliger Basis

Die ohnehin schon außerordentliche bürokratische Belastung der Ärzte läßt diese Methode von vornherein als unzumutbar erscheinen. Eine weitere Barriere findet sich im Unvermögen, eine "diagnostische Gleichschaltung" der beteiligten Ärzte zu erzielen. An soziologisch verwertbaren Daten würde man durch dieses Verfahren nichts gewinnen, was in irgendeiner Weise interessant wäre (vgl. GROSS 1973).

6.1.5 Longitudinalstudie zur Aussagekraft

Bei den retrospektiven Studien wird die Häufigkeit einer Krankheit zu einem bestimmten Zeitpunkt mit der Häufigkeit zu einem früheren Zeitpunkt verglichen. Die engen Grenzen solcher Untersuchungsverfahren finden sich einerseits in den sich immer rascher verändernden diagnostischen Standards in der Medizin, somit sind Vergleiche von Prävalenz- und Inzidenzraten bestimmter Krankheiten nur mehr teilweise zuverlässig; andererseits erfahren Krankheiten im Laufe der Zeit veränderte soziale Punzierungen und unterliegen somit einem Bedeutungswandel (vgl. CIOMPI 1984).

Auch sogenannte Follow-up-Studies, also prospektive Untersuchungen, bei denen ein Kollektiv von der Kindheit an über zwanzig und mehr Jahre immer wieder medizinisch, psychologisch und soziologisch untersucht wird, sind nicht nur sehr kostspielig, sondern auch der Wegzug von Respondenten und wechselnde medizinische Anschauungen vervollständigen die Liste der Nachteile.

Die im allgemeinen zur Verfügung stehenden medizinstatistischen Daten erwiesen sich aufgrund der institutionell bedingten Erhebungsintentionen (von großer Bedeutung für die Konzeption einer Medizinstatistik ist der beabsichtigte Rezipientenkreis) für die Fragestellung der vorliegenden Untersuchung als zu heterogen.

Auf der Suche nach einem Datenmaterial, das den methodologischen Anforderungen nach größtmöglicher Reliabilität und Validität entspricht, erwiesen sich die Aufzeichnungen der Rettungs- und Notarzteinsätze als am geeignetsten. Die über jeden Einsatz zur Verfügung stehenden personen- und umweltbezogenen Daten beinhalten neben wichtigen einsatzstrategischen Informationen auch eine beachtliche soziologische Relevanz. So finden sich neben den üblichen klinischen Anmerkungen (nach dem ICO-Schema) auch Notationen über das direkte Umfeld des Patienten. Gerade diese Art der Information, nämlich die Angaben über bestimmte Sequenzen des sozialen und des ökologischen Umfeldes, waren für die Fragestellung der vorliegenden Arbeit von großem Interesse.

Die bereits erwähnten Probleme bei der Diagnoseerstellung wurden durch die Klassifizierung "vital bedrohlich" weitgehendst eleminiert. Alle in die Untersuchung einbezogenen Rettungs- und Notarzteinsätze sind als "DRINGLICHE

EINSÄTZE" ausgewiesen, d.h. das Zustandsbild aller Patienten wurde in der präklinischen Diagnose als "lebensbedrohlich" deklariert. Da die "Lebensbedrohlichkeit" an sich wenig Spielraum für subjektive Einschätzungen zuläßt, kann trotz der hohen Fluktuationsrate des diagnostizierenden Personals von einer größtmöglichen Homogenität der vorliegenden Diagnosen ausgegangen werden.

Eine Binnendifferenzierung des Diagnosematerials erfolgte nur in die gängigen Kategorien: **Interner Notfall, Chirurgischer Notfall, Suicid respektive Suicidversuch, Apoplektischer Insult, Sudden-Infant-Death-Syndrom, Klinischer Tod und Tod am Notfallort**. Zusätzlich zur Auswertung gelangten noch die Kategorien: **Unfall in versperrter Wohnung, Anfallgeschehen**, sofern es sich im Wohnbereich zutrug und **akute Psychosen** zur Auswertung.

Neben diesen primärdiagnostischen Einsatzdaten, deren Umfang 20.425 Rettungs- und Notarztdaten umfaßt, wurden auch umweltspezifische Meßdaten - im wesentlichen handelt es sich hiebei um Lärmbelastungs- und Luftverschmutzungsgradienten sowie um die Bebauungsdichte - in das Untersuchungsdesign miteingebunden.

Die Vorgangsweise der Datenerhebung für die vorliegende Untersuchung wurde mit den Empfehlungen der United Nations zur Erstellung von Erhebungsberichten weitgehend akkordiert (UNITED NATIONS STATISTICAL OFFICE 1964).

Die Empfehlungen des Statistischen Büros der Vereinten Nationen zur Erstellung von Erhebungsberichten sollen nun kurz angeführt werden.

1. Angabe und Absichten der Erhebung;
2. Deskription des Erfassungsbereiches, Population, lokale Einheiten;
3. Angabe der Datenquellen und Erhebungsmethoden;
4. Dauer der Untersuchungsverfahren;
5. Validität-Reliabilität-Objektivität des vorhandenen Datenkonvoluts;
6. Kosten der Untersuchung;
7. Einschätzungsgrad für die Zielverwirklichung;
8. Deklaration der/des Projektverantwortlichen.

Die Ermittlung der Prozeßdaten der Rettungs- und Notarzteinsätze und die Notation aktueller umweltbelastender Noxen (Lärm- und Luftbelastung, Verkehrsdichte, Wohndichte, Verbauungsgrad, klimatische Besonderheiten), sowie die soziodemographischen Eigenheiten des Untersuchungsgebietes unter Berücksichtigung detaillierter Informationen aus den Gesundheits-Surveys waren die Ausgangsbasis.

6.2. Probleme bei der Erklärung von Korrelationen zwischen soziologischen Faktoren und dem Krankheitsgeschehen

Statistische Artefakte sind im Grunde keine für die Medizinsoziologie typische Problematik, weil sie eigentlich in jeder statistisch forschenden Wissenschaft eine nicht unbedeutende Rolle spielen können. Trotz aller Vorsichtsmaßnahmen bleibt statistischen Untersuchungen ein gewisses Restrisiko erhalten, einem statistischen Artefakt "zum Opfer zu fallen". Obwohl kein wirklich wirksames Patentrezept zur Eleminierung statistischer Artefakte bekannt ist, haben sich "innere Versuchskritik" und permanente kritische Überprüfung des vorliegenden Datenmaterials und dessen Aussageüberprüfung am ehesten zur Abwendung weitreichender methodischer Fehler bewährt (vgl. ÖDEGAARD 1956).

In der vorliegenden Arbeit wurde nun versucht, durch Anpassen des Erhebungsvorganges die zu erwartenden Fehlerquellen weitestgehend auszuschließen. Mehrfach durchgeführte Voruntersuchungen führten schließlich zu der für diese Arbeit bestmöglichen Form der Datenerhebung.

6.2.1 Gefahrenmomente von statistischen Auswahlverfahren

Eine große Rolle für die Aussagekraft der Ergebnisse spielt die Selektion der zu untersuchenden Personen. MACKENROTH weist in diesem Zusammenhang darauf hin, daß der Begriff Selektion im Deutschen besser mit Siebung als mit Auslese übersetzt werden sollte (vgl. MACKENROTH 1963). Gerade bei medizinsoziologischen Untersuchungen besteht immer wieder der Verdacht, daß die sich ergebenden Korrelationen als Resultat der "unkontrollierbaren Selektion" bezeichnet werden müssen.

Ein klassisches Beispiel einer "unkontrollierbaren Selektion" oder auch "Selbstselektion" findet sich immer wieder bei der Interpretation der Tumorraten in verschiedenen Bevölkerungsgruppen. Beim Lungentumor etwa läßt sich ein einwandfreier Zusammenhang zwischen der Erkrankungsrate und der Berufsgruppe der Angestellten ermitteln, wobei aber noch keineswegs geklärt ist, ob nicht der höhere Informationsstand über die frühen Symptome einer Lungenerkrankung (bessere Aufgeklärtheit über Gesundheitsbelange) die angesprochene Berufsgruppe häufiger und früher den Arzt oder die zuständige Klinik konsultieren läßt. Das Faktum eines rechnerisch ermittelten Zusammenhanges alleine ist noch kein Garant für die Exaktheit des vorangegangenen Auswahlverfahrens.

Die grundsätzliche Frage, welche Selektionsvorgänge bei der Einweisung in verschiedene medizinische Institutionen von Bedeutung sind, erscheint weitgehend ungeklärt. Deswegen erweisen sich Krankenhausstatistiken für medizinsoziologische Untersuchungen eher als ungünstig. Ganz besonders trifft dies auf Untersuchungen zu, die sich für Aussagen über die Krankheitshäufigkeit in der

Gesamtbevölkerung auf reine Krankenhausdiagnosen stützen. Aber auch jenen soziologischen Faktoren, die einen Kranken dazu bewegen, den Arzt aufzusuchen, muß vermehrtes Augenmerk zukommen. So können sich Korrelationen ergeben, die auf der Tatsache beruhen, daß Angehörige verschiedener sozialer Schichten bei auftretenden Gesundheitsstörungen verschieden reagieren. Prinzipiell muß davon ausgegangen werden, daß in vielen Fällen der Anstoß, den Arzt zu konsultieren, eher von soziologischen und psychologischen Faktoren denn von medizinischen Faktoren ausgelöst wird. BRAUN hat mit dem modifizierten Schema von HERDER und HERDER auf recht eindrucksvolle Art und Weise demonstriert, daß nur ein verhältnismäßig geringer Prozentsatz bei gesundheitlichen Störungen den Arzt aufsucht. So kommen auf einen Todesfall ca. 1.200 eher belanglose Gesundheitsstörungen, aber von diesen 1.200 Patienten begeben sich nur 100 zum Hausarzt; von diesen wiederum suchen nur neun Patienten einen Facharzt auf. Dieses ungeheure Restpotential an Patienten scheint de facto nirgends auf und verzerrt in Wirklichkeit die tatsächlichen Prävalenzraten (vgl. BRAUN 1957). Die Gründe hiefür sind vielschichtig. Zum einen existiert keine klare Definition von "gesund" und "krank" und zum anderen ist auch die Nähe und das vorhandene Angebot an medizinischen Institutionen von großer Bedeutung für den Entschluß, sich bei einer gesundheitlichen Beeinträchtigung zur fachlichen Abklärung zu entschließen.

Aber auch die Zugehörigkeit zu einer bestimmten Sozialgruppe beeinflußt die Entscheidung, bei welcher gesundheitlichen Störung man sich zu einem Arzt begibt. Im Schrifttum wird immer wieder am Beispiel von psychischen Störungen aufgezeigt, daß Angehörige der Mittel- bzw. der Oberschicht eher einen Psychiater aufsuchen als Angehörige der Unterschicht (vgl. FREEDMANN/ HOLLINGSHEAD 1957).

Einen interessanten Einblick in die Praxis des sich Krankmeldens bietet die Untersuchung von SOPP, der die Hintergründe der Krankmeldungen von Arbeitern und Beamten in der Bundesrepublik Deutschland beleuchtet (vgl. SOPP 1960). So hat sich bei dieser Studie herausgestellt, daß z.B. gefühlsmäßige Lust- oder Unlustbetonung einer Situation, einer Rolle oder Einstellungen gegenüber bestimmten Gegebenheiten am Arbeitsplatz, die Entscheidung über die Inanspruchnahme eines Krankenstandes wesentlich mitbestimmen. Auch die Patientenlisten besonderer medizinischer Einrichtungen, wie etwa Allergieinstitute, Beratungsstellen, medizinischer Labors, etc. lassen sich maximal als Patientenfrequenznachweis verwenden, da sie erfahrungsgemäß nur von einem Teil der Bevölkerung konsultiert werden.

Eine Vielzahl von Untersuchungen kommt zu dem Schluß, daß gerade die Menschen, die sich nicht wohl fühlen und fürchten an einer ernsten Erkrankung zu leiden, sich eher selten bei prophylaktischen Reihenuntersuchungen (Röntgenuntersuchungen, Lungenuntersuchungen, Blutwerte, etc.) einfinden.

Diese Verhaltensweise verhindert oft eine rechtzeitige Intervention bei einem Karzinom oder bei der Immunschwächeerkrankung AIDS (vgl. COBB/CLARK/McGUIRE/HOWE 1954). Ein ähnliches Bild zeigt sich bei Impfaktionen; auch hier scheinen maßgeblich soziologische Gründe für oder gegen die Teilnahme an einer solchen Aktion zu sprechen.

Mit den Beispielen sollten einige Verhaltenshintergründe der Patienten aufgezeigt werden, die über "gesund" oder "krank" befinden, die aber größtenteils unentdeckt bleiben und das Bild der tatsächlichen Gegebenheiten verzerren.

6.2.2 Eine weitere Fehlerquelle: Therapeutische und diagnostische Vorurteile

Diagnosen fußen neben der Erfahrung, der Verfügbarkeit medizintechnischer Einrichtungen, der Intention und der Routine des untersuchenden Arztes auch auf Vorurteilen. Ätiologische Vorstellungen auf Seiten des Arztes werden oft durch sozialpsychologische Faktoren geprägt. Ätiologische Vorurteile spielen vor allem bei der Frage eine wichtige Rolle, ob eine Gesundheitsbeeinträchtigung durch organische, funktionelle oder neurotische Störungen ausgelöst wird.

Da diese Frage nicht nur aufgrund von objektiven Kriterien beantwortet werden kann, spielt die persönliche Einstellung des untersuchenden Arztes zur "Körper-Seele-Beziehung" für die Ausformung der Diagnose und in weiterer Folge für die Gestaltung der Therapie eine große Rolle. In den Untersuchungen von DE BOOR und BAZZI konnte der Nachweis erbracht werden, daß einer kompromißlosen Ablehnung einer seelischen Krankheitsentstehung weitreichende Konsequenzen für die Diagnosestellung zukommt (vgl. BAZZI 1953; BOOR 1958). Die Arbeiten von PASAMANICK, DINITZ und LEFTON belegen recht eindrucksvoll den Zusammenhang zwischen Psychiatern verschiedener Schulrichtungen und der Zahl der von ihnen diagnostizierten Schizophrenien im Verhältnis zur Zahl der psychoneurotischen Störungen (vgl. PASAMANICK 1957).

Die angesprochen Arbeiten zeigen also, daß die vorliegenden Korrelationen nicht unbedingt die wirkliche Häufung der beiden großen Krankheitsgruppen wiederspiegeln, vielmehr lassen sich die diagnostischen und ätiologischen Vorurteile der untersuchenden Ärzte erkennen.

Der Begriff "Diagnose" scheint also nicht immer einen objektivierbaren und registrierbaren Sachverhalt zu beinhalten. Wenn z.B. ein Patient mit einer Alkoholvergiftung in einem Krankenhaus aufgenommen wird, so ist damit keineswegs eine eindeutige "Krankheitsbestimmung" gewährleistet. Es obliegt dem aufnehmenden Arzt, ob er in das Krankenblatt "Alkoholintoxikation" oder aber "Alkoholabusus" vermerkt; wobei letzteres bereits einer subjektiven Wertung nahekommt, da mit der Diagnose "Alkoholabusus" eine mißbräuchliche Verwendung dokumentiert wird, die übrigens unweigerlich eine Zwangseinweisung in eine Psychiatrie zur Folge hat.

Die Diagnose dient also als Kommunikationsmittel zwischen dem Arzt und verschiedenen Ansprechpartnern der Gesellschaft (Behörden, Militär, Polizei, etc.) und verfolgt offensichtlich einen bestimmten Zweck (Bestrafung, Warnung, Information). So meint z.B. SZASZ, daß die Diagnose in manchen Fällen mehr über den Arzt als über den Patienten aussagt (vgl. SZASZ 1958).

Ein Beispiel für die Verschiedenartigkeit einer Diagnose soll den Definitionsspielraum des niedergelassenen Arztes illustrieren. Für die mitgebrachte Patientenselbstdiagnose "ALLGEMEINE DEPRESSION" kann der niedergelassene Arzt bei seiner Diagnoseerstellung zwischen nachstehenden Möglichkeiten wählen:

- Erschöpfungszustand,
- körperlich nervöser Erschöpfungszustand,
- psychosomatische Erschöpfung,
- psychophysische Erschöpfung,
- psychophysischer Versagenszustand,
- psychovegetativer Erschöpfungszustand,
- Erschöpfung bei vegetativer Dystonie,
- vegetativer Erschöpfungszustand (vgl. EGGSTEIN 1973).

Nicht unerwähnt sollen in diesem Zusammenhang die sozialpsychologischen Vorgänge bleiben, die ebenfalls bei der Diagnoseerstellung eine beträchtliche Rolle spielen. Die anamnestischen Angaben eines Patienten beeinflussen den Arzt schon bei der Diagnoseerstellung.

So existiert eine vielbeachtete Grundregel, wonach eine Differenzierung in organische und funktionelle Störungen danach vorzunehmen ist, ob die Beschwerdebilder mit wenigen, klaren Worten oder bildreich und umständlich von den Patienten geschildert werden (vgl. FERBER 1968). Da man aber von der Annahme ausgehen muß, daß die Schilderung der Beschwerdemuster von der Sprachgewandtheit der Patienten abhängig ist, kann dadurch bereits die geringere Häufigkeit funktioneller Störungen bei Angehörigen der Unterschicht erklärt werden. Wenn nun die Diagnose von sozialpsychologischen Faktoren offensichtlich wesentlich mitbestimmt wird, erhebt sich zwangsläufig die Frage, wieweit also medizinstatistische Daten die wirklichen Krankheitsverteilungen wiedergeben. Die Anforderungen der Patienten an die Medizin, durch Medikamente oder andere Therapien möglichst schnell gesund zu werden, bringt die Ärzte in Zugzwang (vgl. LAIN ENTRALGO 1949; MITSCHERLICH/MIELKE 1949).

PARSONS hat auf das Phänomen des "unaufschiebbaren Eingreifens" in der Chirurgie hingewiesen, wobei ihn hier auch das Problem der "unnötigen Operation" beschäftigt hat (vgl. PARSONS 1958).

Der "therapeutische Imperativ" des Arztes wird nicht zuletzt von den Erwartungen der Gesellschaft an die "medizinische Kultur" geprägt. Recht interessante Befunde über die Bedeutung soziologischer Faktoren bei Diagnose und Therapie wurden von HOLLINGSHEAD und REDLICH beigebracht. So konnte nachgewiesen werden, daß bei Patienten die einer höheren sozialen Schicht angehören, häufiger Psychotherapien stattfanden, als dies bei Angehörigen niederer sozialer Schichten der Fall war (vgl. SCHAFFER/MAYERS 1954). Weitere Ergebnisse unterstreichen die bereits erwähnten Befunde. Auch die Anzahl und die Dauer der Behandlungseinheiten, die gewählte Therapieform und der Ausbildungsstandard des Therapeuten variieren je nach Schichtzugehörigkeit der Patienten (vgl. FRIED 1958). In einer in Deutschland durchgeführten Untersuchung konnte MITSCHERLICH sehr deutlich auf das Problem der "angewandten Psychotherapie" hinweisen. Er kam zu dem Schluß, daß die Anwendbarkeit der Psychotherapie auf breite Bevölkerungskreise durch das mangelnde Verständnis zwischen den Therapeuten und den Menschen mit einer "Primitivpersönlichkeit" ernstlich gefährdet sei (vgl. MITSCHERLICH 1955).

Aus diesen angeführten Beispielen läßt sich erkennen, daß eine Diagnose weniger auf pathogenetische Zusammenhänge hinweist, sondern in manchen Fällen besonders sozialpsychologische Faktoren in Diagnostik und Therapie eine vordergründige Bedeutung haben. Nicht zu vergessen ist allerdings, daß sich eben gerade diese Phänomene in den Medizinstatistiken wiederfinden, ohne daß aber die Ausgangsbedingungen Berücksichtigung gefunden hätten.

Mit diesem Überblick möglicher Störfaktoren in der Gesundheitsstatistik, soll die Diskussion über die zu erwartenden Artefakte beendet werden.

6.3. Zur Ermittlung der Risken aus Prävalenzen und Inzidenzen

Für die Risikoermittlung einer bestimmten Population hinsichtlich des Auftretens einer Krankheit eignen sich grundsätzlich zwei Methodenansätze. Da wäre einmal die Querschnittuntersuchung anzuführen. Mit ihr besteht die Möglichkeit, das Vorhandensein einer Krankheit und die Koinzidenzen dieser Krankheit zu anderen ätiologisch wirksamen Faktoren zu prüfen. Die Ermittlung von Prävalenzraten erscheint deshalb schwierig, weil es in vielen Fällen unmöglich erscheint, zuverlässige Krankheitsindikatoren zu isolieren. Die zweite Methode, die Ermittlung von Inzidenzen, die jedoch nur in Längsschnittuntersuchungen bestimmt werden können und die Häufigkeit des Auftretens eines definierten Ereignisses in einem abgegrenzten Zeitraum erlauben, erweist sich für spezielle Fragestellungen als vorteilhafter (vgl. SCHAEFER 1971). Da Inzidenzen einmalige Ereignisse sind und sich dazu noch zeitlich lokalisieren lassen, ist das

Miteinbeziehen simultan zum Krankheitsereignis auftretender Belastungsmomente (Lärm, Luft, Staub, witterungsbedingte Störungen wie Smog, Inversion, etc.) erhebungstechnisch möglich. Diese Art der Datenvernetzung gewährt neben den naturgemäß weiträumigen Einblicken in Zusammenhänge auch andere Zugänge für problemorientierte Interventionsstrategien.

Noch eine weitere grundsätzliche Überlegung muß in diesem Zusammenhang eingebracht werden: Immer wieder wird die Aussagekraft epidemiologischer Studien angezweifelt, weil bestimmte Faktoren nicht kontrolliert wurden. Eine beliebte Methode von Seiten der Kritiker ist die Frage nach der jeweiligen Gewichtung einzelner Belastungsfaktoren. Da die Frage derzeit noch nicht klar beantwortet werden kann, orten sie entweder gravierende Methodenfehler oder die Untersuchungen werden als nicht aussagekräftig genug abgetan. Dabei ist es unverständlich, daß z.B. die schädliche Wirkung der Luftverschmutzung deshalb angezweifelt wird, weil schlechte Arbeitsverhältnisse und Lärmbelastung gleichzeitig auftreten und die Faktoren nicht isoliert betrachtet werden können.

Es ist daher Aufgabe sozialepidemiologischer Studien, die gemeinsame schädigende Wirkung der untersuchten Faktoren solange auszuweisen, bis ihr spezielles Belastungsausmaß über den Weg anderer Untersuchungsansätze geklärt werden kann. Gerade die Fragestellung, wieweit sich ein Zusammenhang zwischen Umweltexposition und Krankheit herstellen läßt, verlangt zu ihrer Abklärung nach einem Belastungsindex, der sich aus zahlreichen Einzelbelastungen zusammensetzt. Die Erkenntnis, daß eine Vielzahl von Krankheiten, stellvertretend sei hier die Krebserkrankung angeführt, eng mit Umweltfaktoren zusammenhängen, führt auch allmählich zu einer verstärkten Kooperation zwischen der empirisch orientierten Medizinsoziologie und der Medizin.

In der Mehrzahl der epidemiologischen Untersuchungen wird der Versuch unternommen, mögliche ätiologische Faktoren von "Zivilisationskrankheiten" zu identifizieren. Aufgrund der Komplexität der Expositionsbedingungen lassen sich faktisch keine Einzelfaktoren als Krankheitsauslöser definieren, vielmehr handelt es sich dabei um einen "Belastungsmix" verschiedener, miteinander verschränkter Belastungsindikatoren. Auf dem Gebiet der epidemiologischen Methoden gewinnen vor allem in den letzten Jahren ökologische, sozialökologische und geomedizinische Forschungsansätze mehr an Bedeutung, zumal die klassische Theorie von Planung und Auswertung von Experimenten, die auf Kontrolle und systematische Variation von Einflußgrößen aufgebaut ist, zur Beantwortung des Fragenkomplexes über den Zusammenhang von Exposition und Krankheitsentstehung beim Menschen nicht zielführend angewendet werden kann. Krankheitsursachenforschung beim Menschen ist daher auf Beobachtung angewiesen. Es gilt jedenfalls diese unumgänglichen Beobachtungen zu standardisieren, mögliche Verzerrungen, wie z.B. Beobachtungsfehler, falsche Selektion, Confounding, etc., zu eleminieren oder zumindest zu reduzieren, um Hypothesen auch wirklich effizient überprüfen zu können.

Welche Bedeutung umweltepidemiologischen Studien bei der Fragestellung über die Beziehung zwischen Umweltfaktoren und Krankheitssensationen zukommt, läßt sich an dem Umstand erkennen, daß selbst Ergebnisse aus experimentellen Reihenuntersuchungen, z.B. aus Tierversuchen oder kontrollierten Experimenten an Risikogruppen, erst der Bestätigung im alltäglichen Umfeld bedürfen. Umweltepidemiologische Studien fungieren als wichtiges Bindeglied beim Nachweis eines durch toxikologische Experimente gefundenen Zusammenhanges zwischen einer spezifischen Umweltnoxe und einer Krankheit. Die Notwendigkeit medizinsoziologischer und sozialökologischer Untersuchungen für die Antwort auf Fragen nach umweltbedingten Gesundheitsrisken ist überall dort unbestritten, wo Experimente an Menschen und an Tieren im Zusammenhang mit irreversiblen Prozessen unethisch sind.

Abschließend noch einige Bemerkungen zur Feststellung der Gesundheitswirkungen von umweltspezifischen Belastungsfaktoren: Die Fülle von Störvariablen für den Zusammenhang zwischen Exposition und Gesundheit verlangt ein besonders vorsichtiges Vorgehen bei der Erstellung des Untersuchungsdesigns.

Eine unbedingte Notwendigkeit ist die Unterteilung in Altersklassen und Geschlecht. Mit den sozialen wie auch technischen Umweltbelastungsfaktoren sind Alter und Geschlecht zum einen über die mit der Berufstätigkeit zusammenhängenden unterschiedlichen Expositionsmuster verbunden und zum anderen haben ältere Menschen eine längere Exposition hinter sich. Auch die Zugehörigkeit zu einer bestimmten sozialen Schicht erscheint in diesem Zusammenhang zumindest erwähnenswert. So führt die Zugehörigkeit zu einer sozial niederen Schicht nicht automatisch zu einer höheren Exposition, da Wohnumfeldbelastungen auch in sogenannten "höherwertigen Wohnarealen" existieren (vgl. JANOWITZ 1958).

Die unterschiedlichen Angebote der Einrichtungen des Gesundheitswesens, die sehr oft mit der Qualität der Wohngebiete eng zusammenhängen, sind vor allem für ökologische Studien und bei den Analysen langfristiger Trends in Betracht zu ziehen. Diese Differenzen in der Ausstattung der regionalen Gesundheitsdienste (ärztliche Versorgung, Rettungs- und Notarztwesen, Ärztenotdienst, Hauskrankenpflege, mobile Altenpflege, etc.) können als Störvariablen in entgegengesetzte Richtungen fungieren. Wenn in einem Gebiet eine qualitativ hochwertige Ausstattung von Einrichtungen des Gesundheitswesens vorhanden ist, kann dies zu einer teilweisen Kompensation von durch Umweltbeeinträchtigungen ausgelösten Gesundheitsstörungen führen, aber es besteht damit auch die Möglichkeit, vorhandene Gesundheitsdefizite effizienter erkennen zu können. Eine scheinbar höhere Inzidenzrate zeigt sich dann als unmittelbare Folge. Auch der Umstand, daß verschiedene Prädispositionen und genetische Faktoren die individuelle Anfälligkeit für Erkrankungen nicht unwesentlich mitbestimmen, muß mitberücksichtigt werden. Vor allem, wenn Vergleiche von Bevölkerungen mit unterschiedlichen ethnischen Zusammensetzungen angestrebt werden, muß speziell auf die Bedeutung genetischer Faktoren eingegangen werden. Auch der Begriff "gesundheitsrelevantes Verhalten" subsumiert eine Reihe von Lebensgewohnheiten (z.B. Nichtrauchen, Vermeidung von Innenraumverschmutzung, Sport, gesunde Ernährung, etc.), die unter bestimmten Umständen den allgemeinen Gesundheitszustand und damit die Widerstandskraft des Organismus gegenüber schädlichen Umwelteinflüssen erhöht.

Das Miteinbeziehen klimatischer Bedingungen in sozialökologische Untersuchungen ist von besonderer Bedeutung, da durch sie nicht nur die Ausbreitung und die chemische Veränderung der Emissionen (z.B. Photosynthese) bewirkt wird, sondern auch direkte Einflüsse auf die Gesundheit des Menschen durch z.B. Witterung gegeben sind (vgl. KÜGLER 1975). Eine Vielzahl von vermuteten Wirkungen der Luftverschmutzung etwa, wie Pseudo-Krupp, treten vornehmlich in den Wintermonaten auf. Föhnwetterlagen oder plötzlich eintretende Wetterumschwünge lassen die Rettungseinsätze um ein Vielfaches steigen (vgl. GROSSMANN 1992). Die Betrachtung spezifischer Wetterlagen und ihren witterungsinduzierten Krankheitsgeschehen ist bei Zeitreihenanalysen von kurzzeitigen Effekten wichtig, während bei der Untersuchung von Langzeiteffekten das Klima nur für räumliche Vergleiche eine Rolle spielt.

Die Wirkung von Umwelteinflüssen auf den Menschen ist also eine vielschichtige und läßt sich nicht durch das Herausstreichen einzelner Indikatoren nachweisen. Wenn man der Frage nachgeht, ob z.B. für Bewohner an stark befahrenen Verkehrswegen ein erhöhtes kardiovaskuläres Risiko aufgrund der Luftverschmutzung oder des Lärmes besteht, so mag dies zumindest aus der Sicht der Betroffenen etwas spitzfindig anmuten. Vor dem Hintergrund der teilweise polemisch vorgetragenen Kontroverse, ob die Immissionseffekte echt sind oder nur durch Nichtberücksichtigung von Störgrößen zustandekommen, sollte man sich keinesfalls dazu verleiten lassen, Störgrößen, die selbst wieder Schädigungen darstellen, gegen die Schadstoffe aus der Luft auszuspielen. Verschwindet nämlich der Luftverschmutzungseffekt bei der Berücksichtigung solcher "Störgrößen" (z.B. Arbeitsplatzbelastungen), so ist dies kein Beweis für gesunde Luft, sondern vielmehr eher ein Hinweis auf die Schädlichkeit dieser nicht vermeidbaren Einwirkungen (vgl. EIMERN/FAUSKESSLER/KÖNIG/LASSER/REDISKE/SCHERB/TRITSCHLER/WEIGELT/WELZL 1982).

Die Wahrscheinlichkeit, mit einer Untersuchung möglichst aussagekräftige Resultate zu erhalten, nimmt mit der Qualität der Expositions- und medizinstatistischen Daten zu. Maßnahmen zur Sicherung eines hohen Qualitätsstandards der Expositions- und Gesundheitsdaten sind daher als vorrangig zu erachten. Für die vorliegende Arbeit bedeutete dies unter anderem, die Repräsentativität der technischen Umweltbelastungsfaktoren für das Untersuchungsgebiet zu erforschen. Um diesem Anspruch gerecht zu werden, bedarf es der Lokalisation und räumlichen Dichte der Meßstationen, da Schadstoffkonzentrationen bekanntlich auf kleinstem Raum bereits sehr unterschiedliche Ausprägungsgrade besitzen können. Meßstationen, die z.B. direkt neben einer Straße positioniert sind, weisen höhergradige Belastungsraten auf, als dies bei Stationen der Fall ist, deren Standort verkehrsfern installiert sind. Um diese Fehlerquelle auszuschalten bedarf es eines über das gesamte Untersuchungsgebiet verteilten Meßnetzes. Auch der zeitlichen Dichte und der Aggregation von Umweltbelastungsmessung kommt eine große Bedeutung zu. So können z.B. zu große Meßintervalle kaum Aussagen über kurzfristige Spitzenbelastungen liefern, obwohl dies für die Erklärung einiger biologischer Vorgänge notwendig ist. Bei der zeitlichen Aggregation von Meßwerten kommt es zu einer ähnlichen Problematik. Verschiedene Umweltbelastungsintensitäten können zu gleichen Tages- oder Monatsmittelwerten führen und es ist daher unerläßlich, den kleinstmöglichen zeitlichen Abstand zwischen den einzelnen Messungen festzustellen.

Die Feststellung der Exposition stellt ein nicht ganz einfach durchzuführendes Unterfangen dar, da sich grundsätzlich nur experimentelle bzw. arbeitsmedizinische Studien von Einzelpersonen gegenüber spezifischen Umweltbelastungsfaktoren (z.B. Luftschadstoffe) als aussagekräftig erweisen. Es wird daher in Studien, die sich ausschließlich mit den Auswirkungen der Luftschadstoffe auf den Menschen beschäftigen, nicht die Exposition selbst, sondern die Immission in Verbindung mit Gesundheitseffekten gebracht. Um dennoch eine indirekte Kontrolle der Expositionsunterschiede zu bewerkstelligen, ist das Einbringen intervenierender Variablen notwendig. Die Wohnbevölkerung einer Region ist den dort vorherrschenden Umweltbelastungseinflüssen in unterschiedlicher Weise ausgesetzt. Die individuelle Exposition ist also von der Dauer des Aufenthaltes in den jeweiligen belasteten Gebieten abhängig. So kann von der Annahme ausgegangen werden, daß Kinder und alte Menschen anderen Dosen von Umweltbelastungen ausgesetzt sind, als beispielsweise Berufstätige, die nur einen Teil des Tages im Wohngebiet verbringen. Ein Nichtberücksichtigen dieses Umstandes bietet eine Fülle von möglichen Fehlinterpretationen. Aber auch Zu- und Abwanderbewegungen von Personen in Wohngebieten sollte Aufmerksamkeit gezollt werden, da es durchaus denkbar wäre, daß unbelastete Wohngebiete vornehmlich von jenen bevorzugt werden, die nach einem längeren Aufenthalt in stark belasteten Gebieten bereits an ernstzunehmenden gesundheitlichen Schäden laborieren.

Um das Auftreten solcher Fehler auf ein Minimum zu beschränken, muß bei der Konzeption interdisziplinär angelegter Studien vor allem auf die Güte des verwendeten Datenmaterials besonderes Augenmerk gelegt werden. Bei der

"Medizinsoziologischen Ökologiestudie" wurde nun aufgrund des relativ großen Anteils an technischen Umweltdaten ein mehrstufiges Auswahlverfahren zur Ermittlung der relevanten Umweltdaten angestrengt. Da es erklärtes Ziel der Untersuchung ist, eine möglichst umfassende Analyse des akuten Notfallaufkommens unter spezieller Berücksichtigung sozialökologischer Bedingungen zu erstellen, war es notwendig, den technosomatischen Wirkungskomplex (Auswirkungen von Lärm, Luftverschmutzung, Wohnqualität, Lichtverhältnisse, klimatischen Bedingungen, etc.) mit in die Untersuchungsanordnung einzubeziehen.

Im folgenden wird ein Überblick über die bei der "Medizinsoziologischen Ökologiestudie" verwendeten Daten gegeben.

Stufe	Messung	Intervenierende Variablen	Störvariablen
Emission	Messung lt. Meßplan der Stmk. Landesregierung	Schadstoffverfrachtung durch meteorologische und topographische Besonderheiten	
Lärm	Messung lt. Meßplan der Stmk. Landesregierung	meteorologische und topographische sowie bauliche Verhältnisse	
Klima	Klimamessungen im Stadtgebiet	Infrastrukturelle Gegebenheiten Verbauungsdichte Grünflächenanteil	
Wohnsituation	Erhebungsergebnisse des Stadtplanungsamtes Graz		
Gesundheitseffekt	Notfallaufkommen standardisiert nach dem International Code of Diseasses (ICD)	Alter, Geschlecht genetische Faktoren	Soziale Schicht Ärztliche Versorgung Effekte durch andere Umwelteinflüsse

Für die vorliegende Fragestellung waren besonders die Durchschnittswerte der verschiedenen Umweltbelastungen von Bedeutung, die wiedergeben, wie sich über einen längeren Zeitraum (der Untersuchungszeitraum erstreckte sich auf sechs Jahre) Differenzen in der Belastungssituation auf die Notfallhäufigkeit auswirken. Neben der Notfallhäufigkeitsverteilung ist insbesonders auch das jeweilige Diagnosespektrum gerade für präventivmedizinische Interventionen von großem Interesse. Die Ergebnisse dieser Untersuchungen verstehen sich daher nicht als bloßes Mengengerüst von sozialepidemiologischen Daten zur Abschätzung gesundheitlicher Schäden, sondern sie stellen die Grundlage für die Konzeption eines gesellschaftlichen und gesundheitspolitischen Prioritätenkataloges zur bewohnerorientierten Stadtplanung.

7. SPEZIELLE MESSDATEN DER VORLIEGENDEN UNTERSUCHUNG

7.1. Zur Funktion des Grazer Emissionskatasters

Die der Arbeit zugrundeliegenden Emissionswerte wurden dem Grazer Emissionskataster entnommen. Dieser Kataster weist drei große Verursachergruppen aus; es sind dies der Verkehr, die Betriebe und der Hausbrand. Die jeweiligen Verursachergruppen wurden noch weiter unterteilt nach deren wichtigsten Emittenten. Beim Straßenverkehr lassen sich demnach die Schadstoffanteile des PKW/LKW- und des öffentlichen Verkehrs trennen; bei den Betrieben sind von den größten Einzelemittenten die Daten der Anlage, der Betriebssparte, des Betriebsrhythmus und weitere Informationen gespeichert; beim Hausbrand wird zwischen öffentlichen und privaten Gebäuden, sowie zwischen Dienstleistungen und Kleingewerbe differenziert.

7.1.1 Das geographische Informationssystem ARC/INFO

Alle Daten des Grazer Emissionskatasters wurden mit dem geographischen Informationssystem ARC/INFO aufbereitet, das die Software-Basis des Landesumweltinformationssystems (LUIS) darstellt. In diesem geographischen Informationssystem werden die kartographischen Elemente Flächen, Linien und Punkte mit Attributdaten verbunden und als Karten, in denen auch das dreidimensionale Geländemodell berücksichtigt wird, ausgewertet. Für die vorliegende Studie bietet dieses System der Informationsverarbeitung die Möglichkeit, die Mortalitäts- und Morbiditätsdynamiken speziell für gesundheitsplanerische Zwecke unter Berücksichtigung infrastruktureller Gegebenheiten optisch aufzulösen. Damit sind die Grundbedingungen für Simulationsversuche gegeben, in denen die Auswirkungen planerischer Interventionen (z.B. Verkehrsberuhigung, Schaffen von Regenerationszonen, Reduktion von Hausbrandemissionen, Errichten sozialmedizinischer Interventionszentren, etc.) nachvollziehbar werden.

7.1.2 Datengrundlage des Grazer Emissionskatasters

Der räumliche Erfassungsbereich erstreckt sich geringfügig über die Stadtgrenze von Graz; für die Untersuchung wurden aber nur die Meßwerte der Untersuchungsregion "Graz-Stadt" für die weitere Bearbeitung herangezogen.

Die verwendete Rasterfeldgröße beträgt 250 m x 250 m.

Als Schadstoffe wurden erfaßt:

- Kohlenmonoxid CO
- Kohlenwasserstoffe CxHy
- Stickoxide NOx (als NO_2 berechnet)
- Schwefeldioxid SO_2
- Staub und Ruß St/Ru

Die Jahresemissionen werden in kg/ha/a (Kilogramm/Hektar/Jahr) ausgewiesen.

Der zeitliche Verlauf der Emissionen liegt für den Verkehr in Einstundenmittelwerten vor; für den Hausbrand werden die Jahresgesamtemissionen über die Heizgradtage und die Temperatur für einen Tag errechnet und mit einem Tagesverlauf auf Stundenmittelwerte umgerechnet.

Bei der Berechnung der Betriebsemissionen wurde ähnlich wie beim Hausbrand vorgegangen.

7.1.3 Immissionen und Grenzwerte

Im Bundesgesetzblatt 443 und im Smogalarmplan wurden folgende Grenzwerte festgesetzt:

Grenzwerte in mg/m^3

	BGBL 443				Smogalarmplan		
	0/5h	1h	8h	24h	Vorwarnst.	Stufe I	Stufe II
CO	-	40	10[1]	-	20	30	40
NO_2	0,2	-	-	-	0,35	0,6	0,8
SO_2	0,5[2]	-	-	0,2	0,4	0,6	0,8
Staub	-	-	-	-	0,6[3]	0,8[3]	1[3]

gleitender 8 Stundenmittelwert

1) Halbstundenmittelwerte pro Tag
2) Summe SO_2 und Staub bei Staubwerten größer als 0,2mg/m^3

Quelle: Emissionskataster der Landeshauptstadt Graz, Graz 1989, S. 7

Unter Immissionen werden all jene Schadstoffe gereiht, die Auswirkungen auf den Menschen und seine Umwelt zeigen. Der Weg von den Emissionen zu den Immissionen führt über den Transport in der Luft und die Schadstoffumwandlung. Die Schadstoffe werden abhängig von der jeweilig vorherrschenden Witterungslage verdünnt und in weiterer Folge in der Umwelt verteilt. Zum Schutz der Gesundheit des Menschen, aber auch aus Überlegungen zum Umweltschutz,

Abbildung 1: Funktionsweisen des Grazer Emissionskatasters

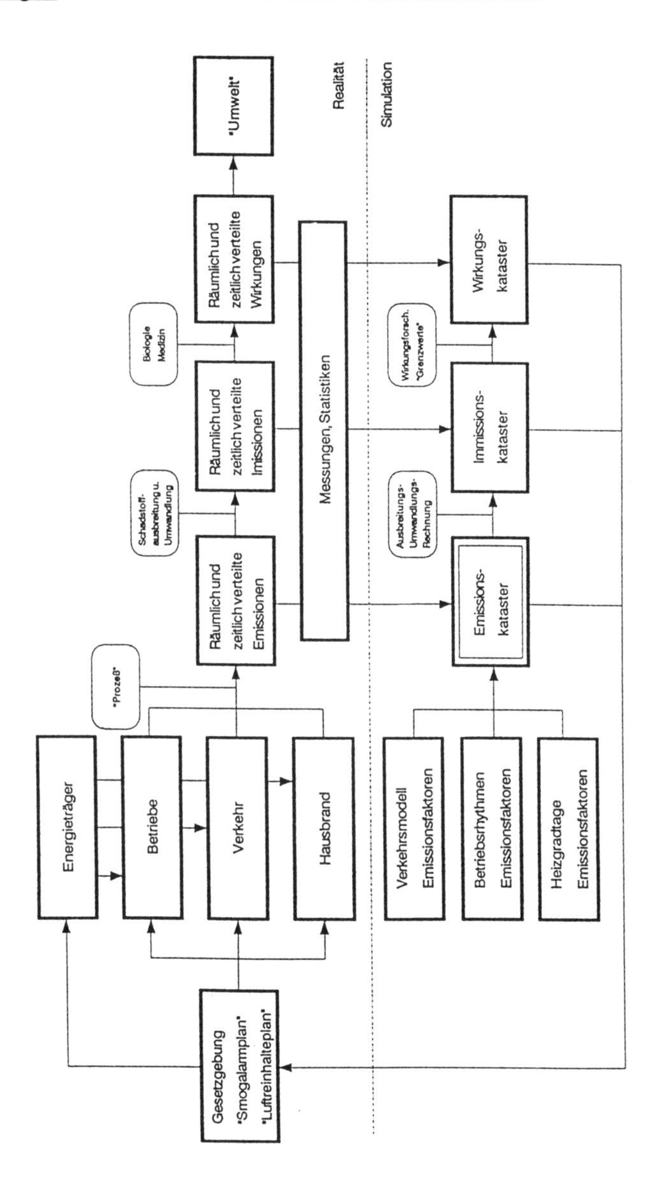

Quelle: Emissionskataster der Landeshauptstadt Graz, Graz 1989, S. 3

wurden Immissionsgrenzwerte festgelegt. Diese Grenzwerte dienen dazu, um jene Schadstoffkonzentrationen festzulegen, bis zu denen keine Gefährdung der Gesundheit auftritt. In Österreich beziehen sich diese Grenzwerte auf die Schadstoffe: Kohlenmonoxid (CO), Stickstoffdioxid (NO_2) und auf die Kombination von Schwefeldioxid (SO_2) und Staub.

7.1.4 Die registrierten Schadstoffe und ihre Wirkungen

Kohlenmonoxid CO

Die Entstehung von Kohlenmonoxid findet vorwiegend bei unvollständiger Verbrennung in Motoren und Feuerungsanlagen statt. Da die Verteilung in der Umwelt insbesondere von der Emissionshöhe abhängig ist, kommt den Kraftfahrzeugen als Emittenten große Bedeutung zu. Die Schadstoffwirkung des Kohlenmonoxid liegt in seiner, den Sauerstoff verdrängenden Affinität zum Hämoglobin des Blutes, wodurch bereits durch geringe Konzentrationen der Sauerstofftransport durch das Blut beeinträchtigt wird (vgl. JOHNSON/DVORETZKY/HELLER 1968).

Kohlenwasserstoffe CxHy

Diese Schadstoffgruppe setzt sich aus einer Vielzahl von Einzelbindungen zusammen. Emissionen treten sowohl produktionsgebunden, also in Form von Putzmitteln und Lacken, als auch anlagengebunden, z.B. bei mangelhafter Verbrennung und Produktionsprozessen, auf. Die Schädlichkeit der Gesamtemissionen an CxHy kann ohne weitere Aufteilung nicht bestimmt werden, da zu dieser Gruppe so verschiedene Stoffe wie z.B. Methan (mitverantwortlich für den Treibhauseffekt), polyzyklische aromatische Kohlenwasserstoffe (kanzerogen), Formaldehyd (Innenraumbelastung) und viele mehr gehören. Für den Verkehr hingegen ist die Aufteilung der Kohlenwasserstoffe gut erforscht. Die Kohlenwasserstoffe sind mit den NOx-Emissionen die wichtigste Ursache für den photochemischen Smog, der infolge der Sonneneinstrahlung zur Ozon- und NO_2-Bildung und Speicherung führt (vgl. FORTAK 1970).

Stickstoffoxide NOx

Bei Verbrennungsprozessen in Motoren, Feuerungsanlagen der Industrie und der Heizkraftwerke werden ca. 95% der Stickstoffoxide freigesetzt. Die Stickoxide werden hauptsächlich als Stickstoffmonoxid emittiert und erst in der Atmosphäre größtenteils zu Stickstoffdioxid umgewandelt. Schon geringe Konzentrationen des Reizgases Stickstoffdioxid können aufgrund seiner Löslichkeit bzw. Reaktion mit Wasser in der Lunge zu Störungen führen. Besonders die Schleimhäute des Atemtraktes werden angegriffen. Stickstoffoxide führen im Verbund mit bestimmten Kohlenwasserstoffen und der Sonneneinstrahlung zum photochemischen Smog (vgl. NIEDLING/KREKELER/SMIDT/MUYSERS 1970).

Schwefeldioxid SO_2

Bei der Verbrennung fossiler, schwefelhaltiger Energieträger (Kohle, Öl) entsteht als unerwünschtes Nebenprodukt Schwefeldioxid. Aber auch bei industriellen Prozessen, wie etwa bei der Eisen- und Stahlerzeugung oder bei der Zellstoffproduktion, wird Schwefeldioxid freigesetzt. Schwefeldioxid wirkt als leicht wasserlösliches Reizgas vor allem auf die Schleimhäute der Augen und der oberen Atemwege.

Staub und Ruß

Der atmosphärische Schwebstaub setzt sich aus verschiedenen chemischen Substanzen zusammen. Zu den bedeutendsten Inhaltsstoffen des Staubes zählen Metalle, saure Aerosole, Asbest und Zigarettenrauch. Schwebstaub entsteht ebenfalls als unerwünschtes Nebenprodukt einer Vielzahl von Verbrennungs-, Produktions- und Verarbeitungsprozessen (vgl. WINKELSTEIN/KANTOR 1969). Als Nebenprodukt unvollständiger Verbrennung in Dieselmotoren und in Feuerungsanlagen entsteht Ruß. Staub und Ruß können zur Veränderung der Lungenfunktion und zu einer höheren Empfindlichkeit gegenüber Infektionen führen. Sogenannte Staub- und Rußpartikelchen gelangen je nach Form und Größe in die Lunge, wo sie sich absetzen und mit Hilfe der Bronchialschleimhaut wieder ausgeschieden werden müssen (vgl. MARTIN/BRADLEY 1980; MÖRTH 1986; SPITZER 1988).

8. KONZEPT UND DATENGRUNDLAGE DER UNTERSUCHUNG

8.1. Untersuchungskonzept

Die Datenauswertung verfolgt zunächst das Ziel, das im Untersuchungsgebiet vorhandene Notfallgeschehen in seinen soziodemographischen und räumlichen Ausprägungen zu dokumentieren. Erste Hinweise auf mögliche Zusammenhänge zwischen den einzelnen Variablen werden in einem weiteren Arbeitsschritt mittels mathematisch-statistischer Analyseverfahren erfolgen. Die Arbeitshypothese ist die Annahme, daß Bevölkerungsgruppen, die in belasteten Regionen wohnen, einem größeren Erkrankungsrisiko ausgesetzt sind, als vergleichsweise Bewohner in mittel bis wenig belasteten Stadtregionen. Die Überprüfung der Arbeitshypothesen erfolgt unter Zuhilfenahme epidemiologischer Rechenverfahren, die in einem späteren Abschnitt noch detailliert besprochen werden.

Im folgenden wird festgestellt, welche Datensätze im einzelnen Verwendung finden und unter welchen Voraussetzungen sie eine Aussage über die Bedeutung der Umweltbelastungsintensität für das Notfallgeschehen im betrachteten Untersuchungsraum zulassen (vgl. MARBURGER 1986).

In der gegenständlichen Untersuchung fanden nachstehende Variablentypen Berücksichtigung:
(1) Zielvariablen:
Sie müssen sich naturgemäß eng an der vorliegenden Fragestellung orientieren. Als Zielvariable wurde daher "das lokalisierte Notfallgeschehen im Beobachtungszeitraum" definiert.

(2) Einflußvariablen:
In der Arbeitshypothese wird davon ausgegangen, daß in Belastungsgebieten mit einem erhöhten Notfallaufkommen zu rechnen ist. Obwohl die im Untersuchungsgebiet erhobenen Meßwerte für Lärmaufkommen, Luftverschmutzungsgrad, Klima, Wohn- und Bebauungsdichte nach den gleichen Meßkriterien zustandegekommen sind, werden sie nicht direkt in die statistische Aufarbeitung aufgenommen. Es erscheint sinnvoller, nur zwischen "stark" und "wenig" belasteten Gebieten zu differenzieren. Um die jeweiligen Gebietsabgrenzungen zu den Vergleichsregionen zu erhalten, erfolgt eine genaue Deskription der regionalen Morphologien. Erst dann erfolgt die Ausweisung in "stark" und "wenig" belastete Gebiete, wobei sich im Laufe der Untersuchung gezeigt hat, daß sich die Untersuchungskategorie "Stadtbezirke" aufgrund ihrer räumlichen Größe als zu inhomogen erwies. Erst die nächst kleineren Untersuchungseinheiten, nämlich die Zählsprengel, erlaubten schließlich eine Klassifizierung in "stark" und "wenig" belastete Regionen.

Als Einflußvariablen wurden in die Untersuchung eingebracht:

Indikatoren der Luftbelastung:
- CO-Emissionen aus Verkehr und Hausbrand in kg/ha/a.
- CO-Betriebsemissionen in kg/ha/a.
- Kohlenwasserstoffe (CxHy) aus Verkehr-Hausbrand-Betrieben in kg/ha/a.
- Stickstoffoxide (NOx) aus Verkehr-Hausbrand-Betrieben in kg/ha/a.
- Schwefeldioxid (SO_2) aus Verkehr-Hausbrand-Betrieben in kg/ha/a.
- Staub/Rußemissionen aus Verkehr-Hausbrand-Betrieben in kg/ha/a.

Weiters wurden in die Untersuchung die Ausprägungsgrade der Verkehrslärmimmissionen, gemessen in dB, die Klimagrößen und die Indikatoren der räumlich-funktionellen Gliederung (z.B. Bebauungsdichten, Grüngürtelausdehnungen, etc.) eingebracht.

(3) Weitere Berücksichtigung fanden die Stör- und Ausschlußvariablen:
Hier interessieren vor allem persönliche Merkmale wie Alter und Geschlecht, denen große Bedeutung für die Erkrankungsanfälligkeit und die Erkrankungshäufigkeit sowie der Erkrankungsart beigemessen werden muß. Da erwartet werden kann, daß Risikogruppen, wie beispielsweise Kinder oder ältere Menschen grundsätzlich sensibler auf Umweltbelastungen reagieren, ist die Altersklasseneinteilung so zu wählen, daß die Intervalle zwischen den einzelnen Al-

tersgruppen möglichst klein gehalten werden. In der vorliegenden Untersuchung konnte dieser Anspruch deswegen nicht voll erfüllt werden, weil die zur Verfügung stehenden Einwohnerdaten (die als Grundlage für die epidemiologischen Berechnungen dienten) in relativ große Altersgruppen zusammengefaßt waren. Hingegen üben andere soziodemographische Variablen, wie etwa Schulbildung, Einkommen oder berufliche Stellung keinen direkten Einfluß auf die Erkrankungssituation des Individuums aus. Es scheint nicht zwingend zu sein, daß Personen mit niedrigem Einkommen eine größere Anfälligkeit gegenüber Erkrankungen aufweisen, als Personen mit höherem Einkommen. Dennoch zeigen zahlreiche Mortalitätsstudien Zusammenhänge zwischen dem Risiko, an bestimmten Erkrankungen vorzeitig zu sterben und der Zugehörigkeit zu einer niederen sozialen Schicht auf (vgl. JENKINS 1971). Für die vorliegende Untersuchung war es zwar aus erhebungstechnischen Gründen unmöglich, die Berufszugehörigkeit der Notfallpatienten zu eruieren, doch werden dadurch die Ergebnisse nicht beeinträchtigt, da die Auswirkungen von Umweltnoxen am deutlichsten bei vorgeschädigten, geschwächten oder sich noch in Entwicklung befindlichen Menschen nachweisen lassen, ungeachtet ihrer sozialen Herkunft bzw. ihrer beruflichen Exposition.

Auch das Rauchverhalten, übrigens einer der wichtigsten Einflußfaktoren für die Entstehung von Lungenkrebs (ca. 90% aller Lungenkrebserkrankten zählten zu den starken Rauchern) muß noch Erwähnung finden (vgl. BECKER/FRENTZELT-BEYME/WAGNER 1984). Da es sehr wahrscheinlich ist, daß ein Großteil der Atemwegserkrankungen, aber auch der Herz- und Kreislauferkrankungen durch das Rauchen zumindest begünstigt wird, stellt sich die Frage, wie diese Störvariable zumindest indirekt Berücksichtigung erfahren kann, zumal die Rettungs- und Notarztdaten keine diesbezüglichen Angaben beinhalten. Ausgehend von der Modellvoraussetzung für statistische Datenauswertung, die auf der Annahme basiert, daß sich die Belastungs- und Vergleichsgebiete hinsichtlich der nicht erfaßbaren Störgrößen nicht voneinander unterscheiden, muß eine indirekte Berücksichtigung des Rauchverhaltens erfolgen. Die Ermittlung des Rauchverhaltens kann indirekt über Störgrößen erfaßt werden. Alter und Geschlecht weisen eine zentrale Bedeutung für die Rauchgewohnheiten auf (vgl. STÄCKER/BARTMANN 1974). Es erscheint daher möglich, über die in der vorliegenden Studie verwendeten soziodemographischen Variablen zumindest einen Zusammenhang über das Rauchverhalten herstellen zu können. In einer Vielzahl von Untersuchungen werden neben den bislang diskutierten Größen wiederholt regionale Unterschiede, wie z.B. Stadt-Land- oder auch Nord-Süd-Gefälle als das Rauchverhalten beeinflussende Faktoren eingebracht (vgl. ULMER 1982). Diesem Problem kann wirksam entgegengetreten werden, indem die untersuchten Gebietseinheiten eng beieinander liegen. Auch der Gemeindegröße kommt bei der Bewertung des Rauchverhaltens Bedeutung zu; so lassen sich deutliche Unterschiede in Gemeinden bis ca. 20.000 Einwohnern und in Gemeinden mit ca. 100.000 Einwohnern erkennen (vgl. INSTITUT FÜR DEMOSKOPIE ALLENSBACH 1983). Auch dieser Einflußfaktor läßt sich problemlos relativieren, da bei der "Medizinsoziologischen Ökologiestudie" ein gesamtes Stadtgebiet untersucht wurde. Resümierend läßt sich festhalten, daß sich das Rauchverhalten verhältnismäßig gut durch die demographischen und soziodemographischen Variablen widerspiegeln läßt.

Eine ähnliche Situation ergibt sich bei der Berücksichtigung des Ernährungsverhaltens und der Streßbelastung als mögliche Krankheitsauslöser. Da sich hier starke Ähnlichkeiten wie beim Rauchverhalten ergeben, weisen vermutlich auch diese beiden Parameter eine hohe Korrelation mit den demographischen und soziographischen Größen auf, sodaß sie zumindest teilweise durch das Modell erfaßt werden können.

Auch der Innenraumbelastung durch Schadstoffe kommt wesentliche Bedeutung zu, zumal der Mensch 70-90% seiner Lebenszeit in Wohn- und Arbeitsräumen verbringt. Neben Schwefeldioxid können sämtliche Schadstoffe in Innenräumen erhöhte Werte aufweisen. Auch weitere Innenraumbelastungen sind anzutreffen, so beispielsweise Formaldehyd und Halogenkohlenwasserstoffe, deren Bedeutung in der Außenluft allgemein gering ist.

Zur beruflichen Exposition ist anzumerken, daß in bestimmten Berufszweigen die unterschiedlichsten Belastungen vorzufinden sind und dementsprechend auch die verschiedensten Wirkungen auf die Gesundheit des Menschen angenommen werden müssen. Da diese Gesundheitsrisken nur über eine Vielzahl von Variablen festgestellt werden können, wird im Rahmen dieser Untersuchung auf die Betrachtung von Personen, die berufsbedingt als exponiert gelten, verzichtet.

8.2. Erhebung und Aufbereitung des Datenmaterials

Die Untersuchung geht von der Grundhypothese aus, daß ein Zusammenhang zwischen ökologischer Belastung und der Häufigkeit von Krankheit ("vital bedrohender" Notfälle) besteht. Das Ziel der vorliegenden Arbeit ist es, diese Annahme zu prüfen. Die konkrete Frage lautet daher, ob sich auf statistischem Wege Korrelationen zwischen ökologischen, soziologischen und medizinischen Daten nachweisen lassen. Die Datenanforderungen wurden zunächst präzisiert, indem die interessierenden Variablen ausgewählt, der Untersuchungsraum abgegrenzt und der Beobachtungszeitraum festgelegt wurden. Als Untersuchungszeitraum wurden die Jahre 1986 bis 1991 zugrundegelegt, wodurch sich auch eine Längsschnittanalyse bewerkstelligen läßt. Die Beschränkung auf die genannten Jahrgänge erfolgte deshalb, weil für die vorangehenden Jahre keine für die Studie verwertbaren Daten vorlagen.

Weiters galt es, aus den Journaldienstprotokollen der Grazer Rettung jene untersuchungsrelevanten Diagnosen anhand des ICD-Schlüssels (International-Code-Diseases) zu selektieren, die in der präklinischen Versorgungsphase als "vital bedrohlich" eingestuft wurden. Dies geschah in Absprache mit den medizinischen Sachverständigen Univ.-Prof. Dr. Rainer PASSL und Chefarzt Primar Dr. Manfred KLIMA. In der folgenden Tabelle sind die erfaßten Krankheitsarten, ergänzt durch spezielle, nur im Rettungs- und Notarztdienst verwendeten Einsatzbegriffe angeführt. Zur besseren Erfassung des Notfallgeschehens wurden bei den Multimorbiditätsfällen (eine Person leidet unter mehreren gesundheitlichen Beeinträchtigungen) auch alle weiteren Diagnosen berücksichtigt, sofern sie als "vital bedrohlich" notiert wurden.

Insgesamt gelangten 20.425 Rettungs- und Notarzteinsätze zur Auswertung.

8.3. Untersuchungsrelevante Diagnosen bzw. Diagnosegruppen in Anlehnung an die ICD-Systematik (9. Revision - ungekürzt)

Tabelle 1: Internationaler Diagnoseschlüssel

ICD-Nr.	Diagnosegruppen bzw. Diagnose
	ERKRANKUNGEN DER ATMUNGSORGANE
	Bösartige Neubildungen der Atmungs- und intrathorakalen Organe davon:
162	Bösartige Neubildungen der Luftröhre, Bronchien und Lunge
460-466	**Akute Infektionen der Atmungsorgane** davon:
460	Akute Rhinopharyngitis (Erkältung)
461	Akute Nebenhöhlenentzündung
462	Aktue Rachenentzündung
463	Akute Mandelentzündung
464	Akute Laryngitis und Tracheitis
465	Akute Infektion der oberen Luftwege an mehreren oder nicht näher bez. Stellen
466	Akute Bronchitis und Bronchiolitis

470-478	**Sonstige Krankheiten der oberen Luftwege** davon:
472	Chronische Pharyngitis und Rhinopharyngitis
473	Chronische Nebenhöhlenentzündung
474	Chronische Affektionen der Tonsillen und des adenoiden Gewebes
475	Peritonsillarabszeß
476	Chronische Laryngitis und Laryngotracheitis
480-487	**Pneumonie und Grippe** davon:
480	Viruspneumonie
481	Pneumokokkenpneumonie
482	sonstige bakterielle Pneumonien
483	Pneumonie durch n.n bez. Erreger
484	Pneumonie bei anderweitig klassifizierten infektiösen Krankheiten
485	Bronchopneumonie durch n.n. bez.Erreger
486	Pneumonie durch n.n. bez. Erreger
487	Grippe
490-496	**Chronische obstruktive Lungenkrankheiten und verwandte Affektionen** davon:
490	Bronchitis, nicht als akut oder chronisch bezeichnet
491	Chronische Bronchitis
493	Asthma
496	Chronischer Verschluß der Atemwege, anderweitig nicht klassifiziert
	HERZ- UND KREISLAUFERKRANKUNGEN
401-405	**Hypertonie und Hochdruckkrankheiten** davon:
401	Essentielle Hypertonie
402	Hypertensive Herzkrankheit
403	Renale Hypertonie
404	Hypertonie mit Herz- und Nierenkrankheiten
405	Sekundäre Hypertonie
410-414	**Ischämische Herzkrankheiten** davon:
410	Akuter Myokardinfarkt

411	Sonstige akute und subakute Formen von chronischen ischämischen Herzkrankheiten
412	Alter Myokardinfarkt
413	Angina pectoris
414	Sonstige Formen von chronischen ischämischen Herzerkrankungen
415-417	**Krankheiten des Lungenkreislaufs** davon:
415	Akute pulmonale Herzkrankheit
416	Chronische pulmonale Herzkrankheit
430-438	**Krankheiten des cerebrovaskulären Systems** davon:
435	Zelebrale ischämische Attacken
436	Akute oder mangelhaft bezeichnete Hirngefäßkrankheiten
451-459	**Krankheiten der Venen und Lymphgefäße sowie sonstige Krankheiten des Kreislaufsystems** davon:
458	Hypertonie

Quelle: Krankheitsartenstatistik 1983, AOK-Bundesverband, Mai 1985

In der Untersuchung verwendete Notfalldiagnosegruppen:

BD-NAW-Einsätze: Dringliche Einsätze mit Notarztbegleitung bzw. mit Sondersignal (Blaulicht - Doppelton)

Kardiovaskuläre Notfälle und Erkrankungen:
Herz-Kreislauf-Stillstand
Myokardinfarkt
Lungenödem
hypertensiver Notfall
Synkope
Angina pectoris
paroxysmale supraventrikuläre Tachykardie
Kammertachykardie
ventrikuläre Extrasystole
arteriovenöse Blockierungen
Bradykardie
peripherer Artierenverschluß
Phlebothrombose

Lungenembolie
ischämischer Insult

Pulmonale Notfälle und Erkrankungen:
Asthma bronchiale
Bronchitis
Pneumonie
respiratorische Insuffizienz
Lungenemphysem

Neurologische Erkrankungen:
Neuralgien
Migräne
unspezifische Kopfschmerzen
epileptische Anfälle
Meningitis
Lumbago
Apoplexie

Suizid bzw. Suizidversuch

Pseudokrupp

SIDS (plötzlicher Kindestod)

Spezielles Einsatzgeschehen:
Unfall in versperrter Wohnung

8.4. Prozeßdaten - Notfallort

8.4.1 Datensatz Notfallort - personenbezogene Angaben

Das Untersuchungsgebiet erstreckt sich auf das primäre Einsatzgebiet der Grazer Rettung und umfaßt somit das gesamte Stadtgebiet von Graz. Um die Gebietseinheiten möglichst klein zu halten, wurde das Stadtgebiet in 705 Zählsprengel aufgeteilt. Dadurch konnte auch verschiedenen regionalen Gegebenheiten Rechnung getragen werden, da sich bei Voruntersuchungen immer wieder zeigte, daß eine Unterteilung des Untersuchungsgebietes in Stadtbezirke spezielle kleinräumig ausgeprägte Charakteristika (z.B. infrastrukturelle und klimatische Besonderheiten) unberücksichtigt ließ.

An demographischen Parametern wurden Alter und Geschlecht der Notfallpatienten erhoben. Die Stellung im Beruf und die Berufsklasse (berufliche Exposition), sowie Angaben zur beruflichen Ausbildung konnten aufgrund der Erhebungsmodalitäten bei Rettungs- respektive Notarzteinsätzen (die Patienten sind größtenteils nicht ansprechbar bzw. zeitlich und örtlich desorientiert) nicht genau festgestellt werden. Daher wurde in der vorliegenden Arbeit nur zwischen Beamten, Angestellten, Arbeitern, Pensionisten und Sonstigen (Schüler,

Studenten, Selbständige, Hausfrauen und Arbeitslose) differenziert. Da aber auch von Versicherungsfachleuten bezweifelt wird, ob einmal eingetragene Berufsbezeichnungen fortgeschrieben werden, wurde von einer weiteren Berufsrecherche in den Aufzeichnungen der Versicherungsträger Abstand genommen.

Für jeden Notfallpatienten wurde das umfangreiche Datenmaterial anonymisiert und zu einem Datensatz mit folgenden Informationen zusammengefügt:

Persönliche Daten:

- Wohnort
- Notfallort
- Alter
- Geschlecht
- Beruf
- Notfalldiagnose (lt. Notfalldiagnoseraster)
- Notfallort
- Notfallzeit
- Notfalltag
- Monat
- Jahr

Dieser Datensatz, der für jeden Notfallpatienten angelegt wurde, stammt aus den Rettungs- und Notarztprotokollen der Grazer Rettung. Diesen Arbeitsgang bewerkstelligte ein eigenes Team, dessen Tätigkeit darin bestand, aus ungefähr 1,2 Millionen Rettungs- und Notarzteinsätzen jenes Datenmaterial sicherzustellen, das für die Fragestellung der vorliegenden Untersuchung von Bedeutung war. In mühevoller Kleinarbeit wurde jeder einzelne dieser 1,2 Millionen Einsätze auf die für die Untersuchung interessierenden Angaben überprüft. Nachdem die bereits ausgewählten Einsatzdaten numeriert und codiert worden waren, konnten sie EDV-mäßig erfaßt werden.

Neben den "persönlichen Daten der Notfallpatienten" wurde auch ein umfangreicher Datensatz über den Notfallort selbst angefertigt.

8.4.2 Datensatz Notfallort - Wohnumfeldqualität

Hiebei fanden nachstehende Indikatoren Berücksichtigung:

- Wohnqualität (sechs Kategorien)
  Stadtzentrum (max. Bebauungsdichte BD 1,2 und dichter)
  mittlere Bebauungsdichte (max. BD 0,6/0,8)
  Grüngürtel (Wald, Freiland, Baugebiete im Grünland)
  geringe Bebauungsdichte (max. 0,3/0,4)
  Industriegebiet (Industrie- und Gewerbegebiete)
  Sonstige Flächen (Sonderflächen)

- Klimatische Bedingungen (24 Kategorien)
  Wärmeinseln, nachts
  Wärmeinseln, nachts Kaltluftabfluß
  gute Durchlüftung
  nachts Kaltluftabfluß
  wenig inversionsgefährdet
  Funktion als Kaltluftproduzent
  geringe Durchlüftung
  mäßige Durchlüftung
  Seitentalbereich mit Kaltluftabfluß
  zunehmende Nebelhäufigkeit
  zunehmende Inversionshäufigkeit
  Hanglagen in östl. Seitentälern, Kaltluftproduzent
  Hanglage entlang des Plabutsches, schlechte Durchlüftung
  hohe Inversionsbereitschaft
  starke Nebelhäufigkeit
  stagnierende Kaltluft in Seitentälern
  Seitentalbereich, sehr kalt
  Hanglage im Grüngürtel
  Bergrücken über 550 m, über erster Inversionsschicht
  Talbeckenlage, wenig durchlüftet
  Riedelrücken im Grüngürtel, Naherholung
  starke Aufheizung am Tag
  schwache Durchlüftung, starke Nebelhäufigkeit

An dieser Stelle sei Herrn Univ.-Prof. Dr. Larzar vom Institut für Meterologie an der Karl-Franzens-Universität Graz für die Bereitstellung seiner Arbeiten sehr herzlich gedankt.

- Lärmbelastung (zweistufig)
  niedrige Lärmbelastung (50-59 dB)
  hohe Lärmbelastung (70-79 dB)

- Luftbelastung (zweistufig, kg/ha/a)
  Kohlenmonoxid, s=stark, sch=schwach
  Kohlenwasserstoffe s, sch
  Stickstoffoxid s, sch
  Schwefeldioxid s, sch
  Staub/Ruß s, sch

Eine eingehende Analyse der Emissionen im Untersuchungsgebiet, die unter anderem als Grundlage für eine Auswahl von "stark" gegenüber "wenig" belasteten Gebieten dienen könnte, ist aufgrund der Vielzahl an emittierten Stoffen und den wenigen tatsächlich gemessenen nur zum Teil möglich. Dieses Manko konnte zum Teil dadurch ausgeglichen werden, als für die Untersuchung jene anthropogenen Schadstoffe aus dem Emissionskataster der Stadt Graz ausgewählt wurden, die das größte Belastungskontingent stellen. Alle Daten des Grazer Emissionskatasters wurden mit dem geographischen Informationssystem ARC/INFO aufbereitet, das die Software-Basis für das Landesumweltinformationssystem (LUIS) darstellt (AMT DER STMK. LANDESREGIERUNG, FACHABTEILUNG 1A, 1989).

8.5. Die räumliche Differenzierung des Untersuchungsgebietes

Die räumliche Festlegung des Untersuchungsgebietes richtete sich in erster Linie nach dem verfolgten Untersuchungszweck. Da es darum ging, die Notfalldynamik im urbanen Raum unter Berücksichtigung infrastruktureller und sozialökologischer Besonderheiten genau zu analysieren, bot sich die Landeshauptstadt der Steiermark, Graz, als idealer Untersuchungsraum an. Dies nicht nur deshalb, weil die räumliche Nähe des Untersuchungsgebietes mit der Karl-Franzens-Universität Graz für Forschungsvorhaben dieser Größe eine erhebliche Senkung der Untersuchungskosten bedeutet, sondern Graz auch eine Großstadt im Sinne der Definition des "Institut international Statistique von 1877" (als Großstädte werden Städte ab 100.000 Einwohner bezeichnet) darstellt.

Einschränkungen bei der Festlegung der Grenzen des Untersuchungsgebietes ergaben sich einmal daraus, daß flächenbezogene Daten in unterschiedlicher räumlicher Aggregation vorliegen (z.B. Belastungsraster) und zum anderen aus der Forderung, daß Gebiete, über die eine Gesamtaussage getroffen werden soll, eine relativ homogene Struktur aufweisen müssen. Da diese Anforderungen für ein gesamtes Stadtgebiet nur teilweise erfüllt werden können, wurde eine Aufteilung des gesamten Stadtgebietes in Stadtbezirke und in weiterer Folge in Zählsprengel vorgenommen.

Die Gewinnung von Abwägungsmaterial für den konkreten, räumlich begrenzten Konfliktfall, z.B. zwischen der Sicherung der Wohnumgebungsqualität und der von industriellen und steuertechnischen Intentionen geprägten Stadtplanung, verlangt nach einer klaren Abgrenzung des zu untersuchenden Gebietes, die aber durch die Ausbreitungsweite (Transmission) der das Wohnen beeinträchtigenden störenden Umweltfaktoren vorgegeben wird. Als Entscheidungsgrundlage für die Festlegung des Untersuchungsgebietes dienen vorerst gemessene und zuzuordnende Immissionskonzentrationen im Konfliktbereich. Wichtig ist in jedem Falle, daß das gesamte, von der Störquelle (Industrie, Gewerbe, Verkehr oder aber auch ungünstige klimatische Besonderheiten) beeinträchtigte Gebiet in die Untersuchung miteinbezogen wird. Soll nun die Wohnumweltqualitätsanalyse der Isolierung und Lokalisation bestehender oder zumindest potentieller Nutzungskonflikte oder der Auffindung möglicher Defizite bei der Versorgung von Wohngebieten dienen, so ist das Untersuchungsgebiet flächendeckend für die gesamte untersuchte Raumeinheit auszulegen, z.B. Wirtschaftsgebiet, Stadtteil, spezielle Siedlungsgebiete oder die gesamte Stadt.

Die für die Analyse in Frage kommenden Basisdaten beziehen sich in der vorliegenden Untersuchung auf: administrative Einheiten, geometrische Rasterflächen und naturräumliche Einheiten.

Um eine sinnvolle Verknüpfung der verschiedenen Informationen zu gewährleisten, muß diese Information gleichen Bezugseinheiten zuzuordnen sein. Es war daher erforderlich, eine einheitliche Flächenstruktur zu definieren, deren Elemente als Bezugsflächen für die zu verarbeitenden Informationen und die Ergebnisse der Informationsverarbeitung dienen können.

An die Bezugseinheiten wurden daher folgende Anforderungen gestellt:

Sie müssen

- das Untersuchungsgebiet flächendeckend überziehen;
- ihre Abgrenzung muß eindeutig festgelegt sein;
- eine möglichst große Homogenität aller Informationen in den Bezugseinheiten sicherstellen;
- geeignet sein zur Erfassung der erforderlichen Informationen;
- geeignet sein für planungsrelevante Aussagen;
- den Aufwand für Datenerfassung, Aggregation und Darstellung der Ergebnisse in realistischen Größenordnungen halten.

Da beim Transferieren von Daten aus einer Flächenstruktur in eine andere unter Umständen erhebliche Informationsverluste auftreten können, war es notwendig, die Bezugseinheiten so zu wählen, daß alle vorkommenden Flächenstrukturen durch bloße Addition aus diesen Bezugseinheiten abgeleitet werden können. Die vorhin angeführten Bedingungen für die Wahl eines Bezugeinheitensystems erfüllt am wirksamsten ein geometrischer Raster, dessen Rasterflächen klein genug gewählt werden. Für die Immissionsmessungen wurden Rasterflächen in der Größenordnung 250 m x 250 m herangezogen.

Trotz der unbestreitbaren Vorteile, die ein geometrischer Raster bietet, erwies sich bei der Lokalisation des Notfallgeschehens die administrative Einheit "Zählsprengel" letztendlich doch als praktikabelste Bezugsgröße.

Die Vorteile dieser Bezugseinheit sind:

- ein Großteil der in den Statistiken vorhandenen Gebäude-, Einwohner- und Strukturdaten beziehen sich auf den Zählsprengel als kleinste statistische Einheit;
- die Zuordnung des Notfallgeschehens auf die Ebene des Zählsprengels läßt erst die umweltspezifische Belastungsintensität (Luft, Lärm, etc.) des jeweiligen Notfallortes erfassen, da die statistische Einheit "Stadtbezirk", wie sich in Voruntersuchungen herausgestellt hat, in ihrer infrastrukturellen, demographischen und klimatischen Struktur als zu heterogen erwies;

- die Bezugseinheit Zählsprengel bietet eine genügende Homogenität in Bebauung, Nutzung und Einwohnerstruktur.

Aufgrund der Zählsprengelanalyse können die verschiedenen infrastrukturellen Gegebenheiten in einem Stadtbezirk berücksichtigt werden.

Die Verwendung des Zählsprengels als Bezugseinheit bedeutet jedoch keinesfalls, daß die zu erhebenden Basisinformationen auf Zählsprengelebene durchgeführt werden müssen. Die Datenerhebung, kartographische Darstellung der Daten und die Präsentation von Zwischenergebnissen erfolgt jeweils in derjenigen räumlichen Strukturierung, auf die sich die jeweiligen Urdaten beziehen. Eine Transferierung der Daten auf Zählsprengelbasis erfolgt erst im Schritt der Bewertung und bei der Maßnahmenzuordnung.

Abbildung 2: Überlagerung von flächenbezogenen Daten unterschiedlicher räumlicher Aggregation

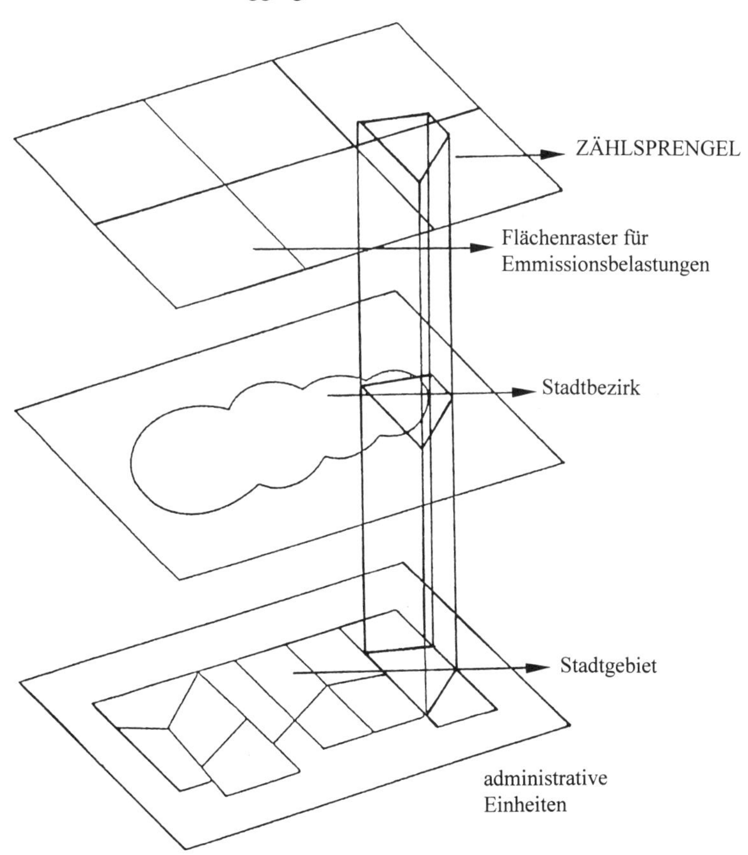

Es wurde demnach bei der vorliegenden Studie, je nach Bearbeitungs- und Aggregationsstand, zwischen folgenden Kategorien differenziert:

(1) Die Erhebungsstruktur entspricht der nach Merkmalsbereich und Information unterschiedlichen Bezugsstruktur der verwendeten Datenbasis (medizinstatistische Daten, Meßergebnisse, soziographische Merkmale, Baudichte, Klimadaten, etc.).

(2) Die Verarbeitungsstruktur. Hier werden schon die Ergebnisse von der Bezirks- auf die Zählsprengelebene zugeordnet.

(3) Die Aussagestruktur ist die Strukturierung nach Zählsprengeln, auf deren Grundlage die Entscheidungsträger Maßnahmen treffen und für die sie entsprechend aufbereitetes Untersuchungsmaterial benötigen.

Die einzelnen Arbeitsabschnitte zur Ermittlung der Wohnumfeldqualität sind anhand der folgenden Arbeitsschritte dargestellt.

8.6. Morphologie des Untersuchungsgebietes

Graz, die Landeshauptstadt des Bundeslandes Steiermark, ist mit seinen 237.000 Einwohnern die zweitgrößte Stadt Österreichs, in die täglich noch ca. 60.000 Berufstätige einpendeln. Graz-Stadt stellt 20,5% der steirischen Bevölkerung. Die Bevölkerungsdichte (Einwohner pro Quadratkilometer) beträgt umgelegt auf die Gesamtfläche 1.907 Einwohner, die Arealitätszahl (Quadratmeter pro Einwohner) beläuft sich auf 524 Einwohner. Ein etwas anderes Bild ergibt sich bei der Betrachtung des Dauersiedlungsraumes. Hier erhöht sich die Bevölkerungsdichte auf 2.551 Einwohner pro Quadratkilometer, die Arealitätszahl hingegen reduziert sich, sodaß sich auf einen Einwohner rechnerisch nur mehr 392 Quadratmeter ergeben.

Als Zentrum im Südosten Österreichs ist Graz zentraler Ort mit Einfluß in die Nachbarbundesländer und wirkt wirtschaftlich und kulturell bis in die Nachbarstaaten (vgl. KUBINZKY 1966, 1970). Die flächenmäßige Ausdehnung des Grazer Stadtgebietes erstreckt sich auf 146 km^2, wobei die größte Ausdehnung in die Nord-Süd-Richtung 13,6 km, jene von Ost nach West 14,1 km beträgt. Im gesamten Stadtgebiet befinden sich 30.000 Wohnhäuser mit 111.000 Haushalten. Graz ist eine typische Verwaltungs- und Hochschulstadt mit rund 40.000 Studenten. Konventionelle Schwerindustrieanlagen sind, abgesehen von einer größeren Eisengießerei im Westen der Stadt und den weltbekannten Puchwerken (Autoindustrie: VW-Syncro, Cheep, Chrysler) im Süden, faktisch nicht vorhanden.

Tabelle 2: Wohnbevölkerung nach Bezirken - 1991

Bezirke	männlich	weiblich	insgesamt
1. Innere Stadt	1.936	2.235	4.171
2. Leonhard	6.241	8.581	14.822
3. Geidorf	9.595	12.813	22.398
4. Lend	11.571	14.443	26.014
5. Gries	12.139	12.469	24.608
6. Jakomini	11.624	16.021	27.645
7. Liebenau	6.013	6.463	12.476
8. St. Peter	4.700	5.346	10.046
9. Waltendorf	4.887	5.915	10.802
10. Ries	2.635	3.281	5.916
11. Mariatrost	3.200	3.697	6.897
12. Andritz	6.620	7.708	14.328
13. Gösting	4.654	5.285	9.939
14. Eggenberg	7.106	8.704	15.810
15. Wetzelsdorf	5.517	6.453	11.970
16. Straßgang	5.428	6.921	12.349
17. Puntigam	3.558	3.779	7.337
Stadt Graz	107.414	130.114	237.528

Quelle: Magistrat Graz, Amt für Statistik, Wahlen und Einwohnerwesen, 1991

Am Stadtrand etablierten sich in den letzten Jahren größere Wohnanlagen, wobei sich in diesen Wohnarealen eine relativ hohe Anzahl an mehrgeschossigen Gebäuden finden (172 Gebäude weisen eine Bauhöhe von 22 bis 75 m auf).

Die Luftverschmutzung und der Verunreinigungsgrad der fließenden und stehenden Gewässer in Graz hat bereits ein sehr bedenkliches Stadium erreicht. Die Gründe hiefür sind mannigfacher Art und teilweise auch außerhalb der Stadt zu suchen (Luftverfrachtung). Dem Straßenverkehr kann zweifelsohne eine starke Umweltbelastungskomponente zugesprochen werden. Neben dem starken Individualverkehrsaufkommen kommt noch die Abgasmenge des Transitverkehrs; Graz liegt an der Nord-Süd-Transitroute von Westeuropa nach Jugoslawien - Griechenland - Türkei usw. Der Kraftfahrzeugbestand von Graz betrug mit Stichtag 13. Dezember 1989 offiziell 98.148 gemeldete Fahrzeuge.

Die vorstehenden Basisdaten des Untersuchungsgebietes sollen einen Einblick in die Stadtstruktur und Stadtflächennutzung gewähren.

Tabelle 3: Struktur der Häuser und Wohnungen zur anwesenden Bevölkerung (Stand 4/88)

Bezirke	Häuser	dav. unbewohnt	Wohnungen Bezirk	Wohnungen je Haus	anwesende	Bevölkerung je Haus	Bevölkerung je Wohnung
Innere Stadt	573	127	2.728	4,8	5.663	9,9	2,1
Leonhard	1.316	170	2.825	6,7	19.759	15,0	2,2
Geidorf	2.209	314	12.721	5,8	30.300	13,7	2,4
Lend	1.895	405	14.079	7,4	29.744	15,7	2,1
Gries	2.309	434	13.016	5,6	28.121	12,2	2,2
Jakomini	2.368	386	16.500	7,0	35.326	14,9	2,1
Liebenau	2.452	261	5.310	2,2	13.511	5,5	2,5
St.Peter	2.161	310	4.200	1,9	10.999	5,1	2,6
Waltendorf	1.950	285	5.548	2,8	13.400	6,9	2,4
Ries	1.307	236	2.980	2,3	7.027	5,4	2,4
Mariatrost	1.837	351	3.209	1,7	8.635	4,7	2,7
Andritz	3.364	483	6.433	1,9	16.532	4,9	2,6
Gösting	1.451	231	4.383	3,0	10.995	7,6	2,5
Eggenberg	2.209	352	8.466	3,8	18.267	8,3	2,2
Wetzelsdorf	1.944	208	5.364	2,8	13.171	6,8	2,5
Straßgang	2.829	290	5.704	2,0	14.048	5,0	2,5
Puntigam	1.792	197	2.780	1,6	7.332	4,0	2,6
Insgesamt:	33.966	5.040	122.246	3,6	282.830	8,3	2,3

Quelle: Statistisches Jahrbuch der Stadt Graz, Berichtsjahr 1992

Tabelle 4: Stadtstruktur (Häuser- und Wohnungszählung 1981 - Volkszählung 1981)

Bez.	Fläche in ha	dav. Baufläche	Betriebe	darin beschäftigt	Gebäude	Wohnungen	Haushalte	Wohnbev.
1.	116,05	38,91	1.831	25.143	571	2.515	2.380	4.721
2.	183,17	55,89	1.163	10.349	1.218	8.195	7.422	15.486
3.	555,37	93,66	1.024	16.117	2.034	11.734	10.691	23.707
4.	370,22	100,73	1.329	20.311	1.720	13.390	12.793	28.297
5.	555,38	120,24	1.777	20.168	2.544	12.790	12.257	27.348
6.	406,16	94,69	1.758	18.296	2.151	14.776	13.798	29.827
7.	798,92	52,82	328	6.374	2.243	4.810	4.676	12.523
8.	885,75	31,95	236	2.070	1.755	3.458	3.241	8.537
9.	447,83	24,89	269	1.309	1.547	4.858	4.432	11.167
10.	1.015,80	22,80	111	736	1.031	2.414	2.222	5.686
11.	1.398,55	38,91	216	1.007	1.419	2.725	2.586	6.619
12.	1.846,51	88,84	369	4.578	2.757	5.507	5.375	14.244
13.	1.082,97	80,64	295	3.655	1.286	4.015	3.890	9.809
14.	778,92	80,28	530	5.323	1.960	7.362	7.089	15.970
15.	577,25	129,53	298	3.279	1.753	4.963	4.815	12.419
16.	1.742,73	229,97	612	10.563	3.890	6.472	6.358	16.806
GRAZ	12.752,58	1.284,75	12.146	149.278	29.879	109.984	104.025	243.166

Quelle: Statistisches Jahrbuch der Stadt Graz, Berichtsjahr 1992

Tabelle 5: Wohnbevölkerung in bewohnten Wohnungen

Stadt	Wohnqualität schlecht	Wohnqualität mittel	Wohnqualität gut	Wohnstandortqualität schlecht	Wohnstandortqualität mittel	Wohnstandortqualität gut
Wien	873.811	522.531	191.087	76.579	547.317	963.533
	55,1%	32,9%	12,0%	4,9%	34,4%	60,7%
Graz	90.656	89.108	58.533	17.687	58.185	162.425
	30,0%	37,4%	24,6%	7,4%	24,4%	68,2%
Linz	39.116	101.936	50.438	14.781	57.797	118.912
	20,4%	53,3%	26,3%	7,7%	30,2%	62,1%
Salzburg	14.202	49.552	59.271	7.932	25.398	89.695
	11,5%	40,3%	48,2%	6,5%	20,6%	72,9%
Innsbruck	11.290	36.719	60.699	9.466	27.565	71.677
	10,4%	33,8%	55,8%	8,7%	25,4%	65,9%
Klagenfurt	10.721	36.047	23.841	6.670	11.438	52.501
	15,2%	51,0%	33,8%	9,5%	16,2%	74,3%

Tabelle 6: Wohnungen (mit Wohnbevölkerung)

Stadt	Wohnqualität schlecht	Wohnqualität mittel	Wohnqualität gut	Wohnstandortqualität schlecht	Wohnstandortqualität mittel	Wohnstandortqualität gut
Wien	416.548	220.506	75.416	33.769	255.601	423.100
	58,5%	30,9%	10,6%	4,7%	35,9%	59,4%
Graz	36.613	32.390	19.062	7.077	22.854	58.134
	41,6%	36,8	21,6%	8,0%	26,0%	66,0%
Linz	16.394	38.385	16.753	6.062	22.843	42.627
	22,9%	53,6%	23,5%	8,5%	31,9%	59,6%
Salzburg	6.211	20.268	20.637	3.545	10.262	33.309
	13,2%	43,0%	43,8%	7,5%	21,7%	70,8%
Innsbruck	4.502	13.268	20.182	3.368	10.015	24.569
	11,8%	35,0%	53,2%	8,9%	26,4%	64,7%
Klagenfurt	4.406	13.556	8.765	2.768	4.394	19.565
	16,5%	50,7%	32,8%	10,4%	16,4%	73,2%

Quelle: Institut für Stadtforschung. Räumliche Strukturanalyse, Baulandreserven und Wohnqualität, 1987

8.6.1 Die Struktur des Grazer Gesundheitswesens

Im Durchschnitt sind in Graz 163 praktische Ärzte, 453 Fachärzte und 113 Zahnärzte tätig. Die Ärztedichte für praktische Ärzte im Bezirk Graz-Stadt beläuft sich auf 1:1492, d.h., daß der Bundesrichtwert mit ca. 1.800 Einwohner pro praktischen Arzt recht deutlich unterschritten wird. Im Stadtgebiet von Graz befinden sich 55% aller in der Steiermark ansässigen Fachärzte, daraus resultiert natürlich eine äußerst günstige Versorgungsrate, so kommen auf einen Facharzt nur 537 Patienten. Zum Vergleich sei hier das Umland von Graz angeführt (politischer Bezirk Graz-Umgebung), hier kommen auf einen Facharzt 3.949 Patienten. Übrigens liegt Graz-Stadt mit ca. 20,5% der steirischen Bevölkerung und einem Anteil von 40,4% der steirischen Ärzteschaft deutlich vor allen übrigen Bezirken in der Steiermark. Weiters befinden sich in Graz 50 Apotheken und vierzehn Krankenanstalten (Landeskrankenhaus, Landessonderkrankenhaus, Allgemeines Unfallkrankenhaus, zehn private Sanatorien und das städtische geriatrische Krankenhaus am Griesplatz).

Tabelle 7: Einsatzspektrum Rettung Graz 1991

Gesamtausfahrten	135.400	
Tageseinsätze	68.814	
Nachteinsätze	14.780	
Verkehrsunfälle	706	schwere Verletzungen
Betriebsunfälle	353	schwere Verletzungen
Vergiftungen	568	schwere Intoxikationen
Sportunfälle	117	
Erstickungsunfälle	307	
Haushaltsunfälle	422	
Suizid-Tote	28	
Interne Notfälle (Herz/Kreislauf usw.)	13.040	
Geburten	18	
Exitus letalis (Tote am Unfallsort) oder im Rettungsfahrzeug	248	
chirurgische Notfälle	14.399	
Alkoholvergiftungen	245	
Dichotomisierung der Notfallpatienten:		
männliche Patienten	39.089	
weibliche Patienten	39.996	
Kinder	5.715	
Ambulanz- und Sekundärtransporte	50.600	

Quelle: Jahresbericht des Österreichischen Roten Kreuzes, LV-Steiermark, Einsatzzentrum Graz, 1992

Insgesamt stehen der Grazer Bevölkerung und der Umlandbevölkerung 6.245 Spitalsbetten zur Verfügung. Die Bettenausnutzung betrug unter Berücksichtigung aller ortsansässigen Krankenanstalten ca. 84%.

Um die ärztliche Versorgung der Bevölkerung auch bei Nacht sowie an Sonn- und Feiertagen zu gewährleisten, wurde in Graz im Jahre 1979 ein "funkärztlicher Bereitschaftsdienst" kurz "Ärztenotdienst" installiert. Dieser ärztliche Bereitschaftsdienst absolviert im Jahr ca. 15-16.000 Interventionen. Die Epidemiologie der Interventionen zeigt, daß der Ärztenotdienst bei plötzlich auftretenden Schmerzen, fieberhaften Zuständen, organischen, funktionellen oder psychischen Alterationen, neurovegetativen Störungen, Angstzuständen, Blutungen, Beeinträchtigungen des Herz- und Kreislaufsystems sowie bei akut auftretenden medizinischen Ereignissen im Zuge eines länger dauernden Krankheitsgeschehens angefordert wird.

Der Rettungs- und Notarztdienst wird in Graz ausschließlich vom Österreichischen Roten Kreuz durchgeführt, wobei sich die jährliche Einsatzbilanz auf etwa 135.000 Einsätze beläuft. Die Einsatzkapazität des Rettungs- und Notarztdienstes umfaßt 50 Einsatzfahrzeuge, zwei Notarztrettungsfahrzeuge (NARW) und zwei Notarztzubringerfahrzeuge (NAW) sowie einen vollausgestatteten Rettungshubschrauber.

Tabelle 8: Speziell ausgewählte demographische Daten des Untersuchungsgebietes - Graz

Sterblichkeitsziffer pro 1.000 Einwohner	11,32
Geburtenziffer Lebendgeborene pro 1000 Einwohner:	8,39
Morbiditätsraten anzeigepflichtiger Krankheiten pro 1.000 Einwohner:	
Scharlach	0,36
Keuchhusten	0,09
Tuberkulose der Atmungsorgane	0,11
Bakterielle Lebensmittelvergiftung	0,44
Gonorrhoe (soweit Anzeige erfolgte)	0,26

Quelle: Eigene Berechnungen auf der Grundlage der Statist. Jahrbücher der Stadt Graz 1982/83/84/85/86

Neben dem Einsatzspektrum der Grazer Rettung bietet auch die amtliche Mortalitätsstatistik der Gesundheitsbehörde recht interessante Details.

Tabelle 9: Krebssterblichkeit der Grazer Wohnbevölkerung in den Jahren 1982 - 1986

Diagnose B.N. (bösartige Neubildung)	Sterblichkeitsrate auf 1.000 Einw.
B.N. Lippe, Mundhöhle, Rachen	0,12
B.N. des Magens	1,35
B.N. des Darmes	1,04
B.N. des Mastdarmes	0,82
B.N. sonst. Verdauungsorgane	1,56
B.N. des Kehlkopfes	0,13
B.N. Luftröhre, Bronchien	1,96
B.N. der Knochen u. d. Bindegewebes	0,13
B.N. der Haut	0,17
B.N. der Brustdrüsen	1,20
B.N. des Gebärmutterhalses	0,17
B.N. sonst. nicht näher def. Teile der Gebärmutter	0,43
B.N. des Ovariums	0,42
B.N. sonst. weibl. Geschlechtsorgane	0,21
B.N. Prostata	0,56
B.N. männl. Geschlechtsorgane	0,14
B.N. der Harnorgane	0,76
Leukämien	0,57

Quelle: Eigene Berechnungen auf der Grundlage der Statist. Jahrbücher der Stadt Graz 1982/83/84/85/86

Einige Bemerkungen zur Krebssterblichkeit der Grazer Wohnbevölkerung: Obwohl in vielen Fällen eine direkte Zuordnung von Umweltnoxen und die sich daraus ergebenden Krebserkrankungen nicht möglich ist, beinhaltet die nachstehende Auflistung der Krebssterblichkeit der Grazer Wohnbevölkerung doch einige, für die vorliegende Untersuchung interessante Aspekte. Die Weltgesundheitsorganisation (WHO) hat bereits im Jahre 1964 aufgrund von umfangreichen Untersuchungen festgestellt, daß über 75% aller menschlichen Tumore durch Umwelteinflüsse ausgelöst oder zumindest wesentlich in ihrem Wachstum beeinflußt werden (vgl. SAID 1983).

Wenn also den Umwelteinflüssen eine nicht unbedeutende Rolle bei der Krebsentstehung eingeräumt werden muß, so kann aufgrund der dokumentierten Krebssterblichkeit der Grazer Wohnbevölkerung ein doch recht eindrucksvolles Mortalitätspanorama gewonnen werden, das natürlich auch als Grundlage für einen gezielten, nach präventivmedizinischen Aspekten ausgerichteten, stadtplanerischen Forderungskatalog herangezogen werden müßte.

Diese Betrachtung der speziellen Mortalitätsraten verschiedener Krebserkrankungen würde nahezu ideale Bedingungen zur Erstellung eines umfassenden präventivmedizinischen Konzeptes bieten, wenn da nicht ein eklatanter Mangel an regionalspezifischen Umweltbelastungsdaten (Stadtbezirke-Zählsprengel) zu beklagen wäre. Dieser Umstand läßt außer einer reinen Bestandsaufnahme keine weiteren Aussagen zu, z.B. über das Vorhandensein bestimmter Umweltnoxen und der Prävalenz von Krebserkrankungen.

8.6.2 Klimatische und bioklimatische Verhältnisse des Untersuchungsgebietes

Graz weist eine Talausgangslage am Fuß des Randgebirges zum südöstlichen Alpenvorland auf. Eine wichtige Rolle in Hinblick auf die Durchlüftung spielt die trichterförmige Erweiterung des Murdurchbruchtales in das Grazer Feld, das im Westen vom Plabutsch-Buchkogelzug und im Osten asymmetrisch mit einigen einmündenden Seitentälern vom teriären Riedland flankiert wird.

Aus der geschützten Lage südlich der Alpen resultiert im wesentlichen eine markante Abschwächung der Störungseinflüsse bei Strömungslagen aus dem nördlichen bis westlichen Sektor, wodurch eine kontinentale Tönung des Klimas eintritt. Aus stadtklimatischer Sicht sind die extreme Windarmut im Winterhalbjahr und die erhöhte Bereitschaft zu Inversionslagen und Talnebel hervorzuheben. Der Anteil der Strahlungswetterlagen, windschwachen, bewölkungsarmen Wetterlagen ist höher als vergleichsweise im nördlichen Alpenvorland und erreicht im Herbst sein Maximum mit ca. 60-70% aller Tage (das Minimum liegt im Frühjahr bei etwa 40-50%). Im Sommer finden sich häufig gestörte Bedingungen durch Gewitter, im Winter lassen sich lang anhaltende Hochnebelperioden feststellen. Zu den stadtklimatischen Besonderheiten zählen die nächtlichen Lokalwindsysteme (der Murtalwind - er spielt für die Abgasströme der großen Emittenten eine sehr bedeutende Rolle -, die Seitentalwinde, die Hangabwinde und die Flurwinde), die lokalen Hang- und Talaufwindsysteme am Tag und die Wärmeinselstrukturen.

Die Häufigkeit von Inversionen im Winterhalbjahr liegt entsprechend der windgeschützten und abgeschirmten Lage des Grazer Feldes mit 75-90% relativ hoch. Im Sommerhalbjahr kommen, von wenigen Ausnahmen abgesehen, nur Bodeninversionen vor, die in der Verteilung der Inversionsobergrenzen ein deutliches Maximum bei ca. 550 - 700 m aufweisen (vgl. LAZAR 1991).

Den klimatischen bzw. bioklimatischen Besonderheiten des Untersuchungsgebietes wird deswegen Interesse beigemessen, weil auch Meteoropathien als mögliche Auslöser schwerer Wohlbefindlichkeitsbeeinträchtigungen oder auch bedrohlicher Erkrankungen unter Berücksichtigung umwelthygienischer Bedingungen große Bedeutung zukommt (vgl. KÜGLER 1975). So z.B. lassen sich Häufungen von Herz- und Kreislaufnotfällen bei großer Wärmebelastung, hervorgerufen durch Schwüle und hohe Sommertemperaturen statistisch einwandfrei nachweisen. Aber auch Meningitis und Enceophalopathien sowie akute arterielle Embolien oder Hirndruckerscheinungen bei Kopfverletzten zeigen eine eindeutige Abhängigkeit des Schweregrades von der bioklimatischen Situation (vgl. RANSCHT/FROEMSDORFF 1976).

Tabelle 10: Klimaprofil/Lufttemperatur

Monate	Lufttemperatur in C°		
	höchste	tiefste	mittlere
1986	31,0	- 16,6	+ 8,8
1987	30,4	- 19,3	+ 8,9
Jänner	7,9	- 19,2	- 4,2
Februar	11,0	- 19,3	- 0,6
März	15,2	- 17,2	- 0,2
April	23,2	- 0,1	+ 10,3
Mai	25,8	+ 3,2	+ 13,0
Juni	29,5	+ 5,9	+ 17,6
Juli	30,4	+ 6,3	+ 20,5
August	26,0	+ 6,2	+ 17,5
September	28,9	+ 4,6	+ 17,5
Oktober	23,9	+ 1,4	+ 10,4
November	12,2	- 1,8	+ 4,2
Dezember	15,9	- 9,9	+ 1,0

In der Bioklimatologie werden die klimatischen Bedingungen eines Raumes in Hinblick auf das Wohlbefinden und die Gesundheit eines Individuums in den sogenannten bioklimatischen Belastungs-, Schon- und Reizstufen bewertet. Das Hervortreten von Reizfaktoren kennzeichnet reizstarke bzw. reizarme Regionen. Das Untersuchungsgebiet gehört zum klimatischen Sonderbereich "belasteter Verdichtungsraum" mit den entsprechenden zusätzlichen anthropogenen Belastungsmomenten (wie etwa erhöhte Luftverunreinigung, starkes Lärmaufkommen, wenig Grünflächen, hohe Baudichte, etc.).

Im Bereich der Luftverschmutzung zählen zu den wichtigsten klimatisch bedingten Belastungsfaktoren:

(1) hohe Wärmebelastungen, hervorgerufen durch Schwüle und hohe Sommertemperaturen, aber auch durch hohe Wärmeabstrahltemperaturen,
(2) verminderter Strahlungsgenuß infolge von "Industriedunst",
(3) erhöhte Luftverschmutzungswerte, die sich besonders bei austauscharmen Wetterlagen beobachten lassen.

Gemessen an der möglichen Variationsbreite der klimatischen und bioklimatischen Belastungen nehmen sich die Unterschiede zwischen den jeweiligen Stadtregionen als eher gering aus, sodaß eine Aggregation vertretbar scheint.

9. DIE UNTERSUCHUNG UND IHRE ERGEBNISSE

9.1. Methodische Aspekte

Die Ergebnisse empirischer Untersuchungen in der medizinsoziologischen Umweltforschung finden mehr und mehr Eingang in das Interesse einer breiten Öffentlichkeit, weil damit eine Reihe von gesundheitspolitischen und wirtschaftlichen Aspekten verknüpft ist. Die originäre Aufgabe der vorliegenden Arbeit ist es, den Amtssachverständigen, den PolitikerInnen und nicht zuletzt den betroffenen BürgerInnen statistisch gesicherte Entscheidungsgrundlagen für gesundheitspolitische und stadtplanerische Belange anzubieten. Um diesem Anspruch gerecht zu werden, bedarf es einer klaren und allgemein verständlichen Interpretation der Ergebnisse. Gerade weil die Komplexität umweltepidemiologischer Zusammenhänge in vielen Fällen mehr Verwirrung als Klarheit schafft, ist es notwendig, einfache und transparente Modelle zu finden, die eine einprägsame Abschätzung von Auswirkungen erlauben und so dazu beitragen, Umwelteinflüsse auf die Gesundheit und das Wohlbefinden des Menschen zu quantifizieren und bei künftigen Planungsvorhaben auch zu berücksichtigen.

Da es aus technischen und vor allem ethisch-moralischen Gründen in der Umweltforschung faktisch unmöglich ist, Experimente zur Untersuchung des Zusammenhanges zwischen Umweltbeeinflussungen und den daraus folgenden medizinischen, biologischen und sozialen Auswirkungen durchzuführen, muß auf Beobachtungswerte zurückgegriffen werden. Diese Daten sind zwar in der Regel "realistischer" als experimentell gewonnene, sie bergen aber natürlich auch eine Fülle von Fehlerquellen, sogenannten Störvariablen (wie etwa saisonale Schwankungen der Umweltbelastungen, Alter der anwesenden Bevölkerung, kleinräumige klimatische Besonderheiten, Unter- bzw. Überrepräsentation bestimmter Bevölkerungsschichten, etc.). Die Hauptaufgabe besteht also in der zuverlässigen Ermittlung der Belastungsintensität der untersuchten Region sowie der akribischen Registrierung der konstatierbaren Krankheitssensationen. Aus diesem Grunde wurde gerade bei Sichtung der in Frage kommenden Notfälle für die vorliegende Studie besonderes Augenmerk auf die Ausbildung der

Arbeitsgruppe "Notfallerhebung" gelegt. Neben einer Einführung des Personals mit dem Umgang der ICD-Liste (International-Code-Deases-Liste), mit der die Notfalldiagnosen aus den Rettungs- und Notarzteinsätzen in das EDV-Protokoll übertragen wurden, gab es eine permanente Kontrollinstanz, deren Aufgabe in der retrograden Codierungsüberprüfung bestand. Damit konnten immerhin 2,4% Fehlcodierungen erkannt und korrigiert werden. Auch die EDV-mäßige Verarbeitung der erhobenen Datensätze wurde einer laufenden Kontrolle unterzogen, um damit eine fehlerlose Transformation der Daten vom EDV-Protokoll auf elektronische Datenträger zu gewährleisten. Diese zugegebenermaßen umfangreichen Kontroll- und Sicherungsinstanzen sind gerade bei großen Datensätzen notwendig, obwohl die dadurch entstandenen Personalkosten (ca. 14% der gesamten finanziellen Personalaufwendungen) nicht unbedingt dem Grundsatz der "Ökonomie der Kräfte" entsprachen. Hingegen gestaltete sich die Notation der von den Umweltbehörden (Bund, Land, Gemeinde) ermittelten Belastungswerte (Lärmbelastung, Luftverschmutzung, Bebauungsdichte, etc.) als wesentlich einfacher, da nur mehr mittels bereits vorgefertigter Übertragungslisten die Transformation auf die elektronische Recheneinheit vorgenommen werden mußte.

Der inhaltliche Schwerpunkt der "Medizinsoziologischen Ökologiestudie" ist auf die Fragestellung hin ausgerichtet, unter welchen umweltspezifischen Belastungsmomenten eine erhöhte Erkrankungsrate der anwesenden Bevölkerung gegeben ist. Diese Themenstellung verlangte nach einem speziellen Auswertungsmodus der erhobenen Daten. Aufgrund der enormen Mengen von Einzeldaten - insgesamt gelangten 20.425 Rettungs- und Notarzteinsätze zur Auswertung - mußte nach einem Arbeitsverfahren gesucht werden, das in jeder Arbeitsetappe die größtmögliche Transparenz der Zusammenhänge zwischen Notfallgeschehen und Umweltbelastung bot. Um diese Anforderungen auch tatsächlich einhalten zu können, war es notwendig, eine einheitliche Berechnung und Präsentation der interessierenden sozialepidemiologischen Maßzahlen zu entwerfen.

Der Ausgangspunkt der Untersuchung findet sich also in der Fragestellung, inwieweit sich ein Zusammenhang zwischen dem Vorhandensein einer Einflußgröße (E) und dem Auftreten einer Krankheit (D) in einer Population nachweisen läßt.

Wie bereits erwähnt, wurden die wesentlichen methodischen Probleme der umweltepidemiologischen Untersuchungen berücksichtigt:

- die Repräsentativität der Stichprobe (die vorliegende Untersuchung wurde als Totalerhebung konzipiert);
- die Reliabilität (Zuverlässigkeit) der erhobenen Daten;
- die Kontrolle und Berücksichtigung von Störvariablen (gerade umweltepidemiologische Untersuchungsergebnisse werden immer wieder durch

Außerachtlassen sogenannter Confounder (Verzerrmomente) in ihrer Aussagekraft reduziert);
- Vergleichbarkeit der untersuchten Gruppen;
- Berücksichtigung regionaler Unterschiede in bezug auf geographische und infrastrukturelle Besonderheiten (Industrie, Verkehr, Klima, etc.).

Die Auswertung der erhobenen Daten wurde methodisch so angelegt, daß durch die Unterteilung des gesamten Analyseverfahrens in kleine bis kleinste Arbeitsschritte jedem sich ergebenden Trend sofort weiter nachgegangen werden konnte. Der Vorteil dieser Datenanalyse liegt eigentlich im ständigen "Monitoring" des Rechenvorgangs; damit läßt sich eine permanente Transparenz der aktuell anlaufenden Ergebnisse sicherstellen. Dies bedeutete einen standardisierten Analyseablauf, der sich aus den nachstehenden Komponenten zusammensetzte.

9.2. Datenanalyseverfahren

1. Komponente:

Hier erfolgte die regionale Zuteilung (allgemeine Prävalenzrate) der Gesamtinterventionen der Rettungs- bzw. Notarzteinsätze über das gesamte Untersuchungsgebiet. Diese "Topographie des Notfallgeschehens" ermöglicht damit erstmalig im bisherigen Untersuchungsablauf eine räumliche und damit auch visuelle Zuordnung.

2. Komponente:

Additiv zur räumlichen Verteilung des Notfallgeschehens wurden in diesem Arbeitsabschnitt die Prävalenzraten (alters- und geschlechtsspezifische Ermittlung der Prävalenzraten) spezieller Krankheitssensationen berechnet und ausgewiesen. Mit der Berechnung der Punktprävalenz (Prävalenzraten zu einem bestimmten Zeitpunkt) lassen sich bereits saisonale Notfalldynamiken unter Berücksichtigung bestimmter Belastungsfaktoren erkennen. Diese Punktprävalenzraten ermöglichen somit den jahreszeitlichen Gang der Notfallinterventionen zu verfolgen.

3. Komponente:

In einem weiteren Arbeitsschritt wurde das "Relative Risiko" (RR) berechnet. Hiebei handelt es sich um einen Rechenvorgang, der das Ausmaß der Gefährdung durch einen Risikofaktor oder Risikoindikator ermöglicht. Das Ausmaß läßt sich in einem Wahrscheinlichkeitsmaß ausdrücken, das auf der beobachteten mittleren Erkrankung bzw. Sterblichkeit einer Population mit und ohne dem in Frage kommenden Risiko beruht.

Die Berechnung erfolgt unter Zuhilfenahme einer 4-Felder-Tafel, aus der die benötigten Beobachtungswerte entnommen werden.

Die Formel lautet daher:

RR = n = (1,1) . n(+,2) / n(1,2) . n(+,1) = P (D/E) / P (D/nE)

E = Einflußgröße (Belastungsfaktor)
nE = Einflußgröße nicht vorhanden
D = Zielvariable, Krankheit bzw. Symptom
nD = Zielvariable nicht vorhanden
n(I,j) = absolute Häufigkeiten
P(D/E) = n(1,1)/n(+,1) Wahrscheinlichkeit der Erkrankten (E) in der Gruppe der Exponierten (D)
P(D/nE) = n(1,2)/n(+,2) Wahrscheinlichkeit der Erkrankten (E) in der Gruppe der nicht Exponierten (nE).

Nachdem das "Relative Risiko" für bestimmte Expositionsformen rechnerisch bestimmt wurde, konnte die ätiologische Fraktion (L) - darunter wird der prozentuelle Anteil an Erkrankungen, die auf bestimmte Expositionen zurückzuführen sind, verstanden - eruiert werden.
Die Berechnung erfolgte nach der Formel:

L = N.p(D/E)-N.p(d/nE)/N.p(D/E)
= n(D/E)-p(D/nE)/p(D/E)
= p(E).(RR-1)/p(E).(RR-1)+1

N = Umfang der Gesamtpopulation
p(E) = Wahrscheinlichkeit exponiert zu sein
RR = Relatives Risiko

Wenn man einen bestimmten Anteil an exponierten Personen p(E) die ätiologische Fraktion (L in %) bei einem gegebenen Relativen Risiko (RR) feststellen möchte, so läßt sich dies am einfachsten, wie folgt, bewerkstelligen (PFEIFFER/KÖCK/PICHLER-SEMMELROCK 1988).

Die praktische Anwendbarkeit der ätiologischen Fraktion soll anhand einer Übersicht illustriert werden.

		RR	
p(E)	1.5	2.0	5.0
0.05	2	5	17
0.10	5	9	29
0.25	11	20	50
0.50	20	33	67

Speziell für Vorhaben auf dem Gebiet der präventivmedizinisch orientierten Stadt- und Raumplanung sind solche Richtwerttabellen eine geradezu ideale Möglichkeit, die Folgen bestimmter stadtplanerischer Entscheidungen nicht erst abzuwarten, sondern schon als aktives planerisches Element in die Entscheidungsfindung einzubringen.

4. Komponente:

Die Berechnung des Relativen Risikos weist den Mangel auf, daß es sich hiebei um eine Verhältniszahl handelt, die eigentlich nichts über die absolute Höhe des Risikos aussagt. Es kann also der Fall eintreten, daß zwar der Wert des Relativen Risikos sehr hoch erscheint und doch kann das Risiko, das der Risikofaktor, der zur Rede steht, verursacht, sehr klein sein, wenn nämlich die Absolutwerte aller Risken klein sind.

Um dieser möglichen Verzerrung der tatsächlichen Risikoverhältnisse wirksam begegnen zu können, bietet sich die Ermittlung des "Attributablen Risikos" (AR/Überschußrisiko) an. Mit diesem wird jener Anteil definiert, der zusätzlich zur normalen Erkrankungshäufigkeit (= 1,0) aufgrund eines Risikofaktors beziehungsweise einer Komplexgröße auftritt. Es errechnet sich aus dem Quotienten Überschußrisiko bei der exponierten Bevölkerung zum normalen Risiko bei der nichtexponierten Bevölkerung.

$$AR = \frac{RR - 1}{RR \times 100} = \%$$

Das Ergebnis (in %) dieses Rechenganges ermöglicht nun die Quantifizierung des vermeidbaren Krankheitsaufkommens, wenn der bzw. die als ursächlich wirkenden Risikofaktoren eleminiert werden können.

5. Komponente:

Hier erfolgt nun die Bildung der Differenz-Maße; es handelt sich also um die Differenz der Häufigkeitsmaße der zwei zu vergleichenden Gruppen (exponiert/nicht exponiert). Zur Interpretation der Differenz-Maße sei angemerkt, daß ein Wert Null geringe Assoziationen, hingegen große negative wie auch positive Werte starke Assoziationen ausweisen.

Die dafür notwendige Formel lautet:

$$PD = \frac{n(2,2)}{n(2,+)} - \frac{n(1,2)}{n(1,+)}$$

Die Berechnung der Prävalenz-Differenz (PD) eröffnet somit eine weitere Möglichkeit der Assoziationsüberprüfung in exponierten bzw. nicht exponierten Bevölkerungsgruppen.

6. Komponente:

Der Berechnung der Inzidenz kommt insofern Bedeutung zu, als daß sie vor allem bei Längsschnittstudien dazu geeignet ist, Risiken eines Umweltfaktors bzw. von Umweltfaktoren zu identifizieren. Grundsätzlich wird zwischen zwei Maßen differenziert, mit denen Inzidenz quantifiziert werden kann. Der sogenannten Inzidenzrate, sie stellt das Charakteristikum für eine gesamte Population dar und dem Risiko, also der Wahrscheinlichkeit, daß eine Person eine spezifische Krankheit innerhalb einer definierten Periode entwickelt.

Risiko ist also eine dimensionslose Größe und mathematisch die bedingte Wahrscheinlichkeit (=Rto,t), daß ein Individuum aus der Zielpopulation, das zu einem Zeitpunkt (t=Null) ohne die spezifische Krankheit ist, diese innerhalb der Zeitspanne tNull=t (oder to=t) entwickeln wird. Eine sehr oft benutzte Abschätzung für Rto,t ist die Kumulative Inzidenzrate, die sich wie folgt ermittelt.

$$Rto,t = \frac{Ito,t}{D(to)}$$

Ito,t bezeichnet die Anzahl der neuen Fälle innerhalb einer definierten Periode, mit D(to) wird die Anzahl der zum Zeitpunkt to nicht erkrankten Personen chiffriert.

Die Berechnung der Kumulativen Inzidenzrate erfolgt in der vorliegenden Arbeit nicht automatisch, sondern sie wird nur für spezielle Fragestellungen ausgewiesen.

7. Komponente:

Bei epidemiologischen Untersuchungen liegt eines der zentralen Probleme bei der Isolation krankheitsinduzierender Umweltfaktoren. Die Suche nach krankheitsauslösenden Belastungsmomenten gestaltet sich außerordentlich schwierig, da einfädige Kausalketten für die Erklärung sogenannter "Umwelterkrankungen" sich als nicht brauchbar erwiesen. Die Vielfalt der Wirkungsflüsse der Umwelt auf den Menschen bedingt auch die Polyäthiologie verschiedener Krankheitsmuster.

Für die Untersuchung, ob das Zusammenwirken von z.B. zwei Einflußfaktoren E und F den additiven Effekt der Wirkung eines Faktors allein übertrifft, muß der Synergismus-Index berechnet werden.

Die Berechnung des Synergismus-Index kann am einfachsten durch nachstehenden Rechenvorgang erfolgen.

$$SYN = \frac{(P(D/EF) - P(D/nEnF)}{(P(D/EnF) - P(D/nEnF) + (P(D/nEF) - P(D/nEnF)}$$

Unter P(D/EF) wird die Wahrscheinlichkeit für ein Krankheitsgeschehen D, wenn E und F vorhanden sind, verstanden. Unter P(D/nEnF) hingegen wird die

Wahrscheinlichkeit für das Auftreten eines Krankheitsgeschehens D, wenn die Einflußfaktoren E und F nicht vorhanden sind, ausgewiesen. Wenn nun nach oben angeführter Berechnung der Synergismus-Index SYN größer als 1 ist, so deutet dies auf eine synergistische Wirkung von E und F hin.

8. Komponente:

Den Schwerpunkt dieses Arbeitsabschnittes stellt die ökonomische Bewertung der Notfallhäufigkeiten bei der exponierten Bevölkerung dar. Den Erkenntnissen der statistischen Datenauswertung zufolge sind für bestimmte Bevölkerungsgruppen Notfallhäufigkeiten in belasteten Gebieten höher, als in weniger belasteten Wohnregionen. Obwohl es sich hierbei nicht um eindeutige kausale Wirkungsbeziehungen handelt, kann dennoch von einem statistisch gesicherten Zusammenhang zwischen Krankheitsgeschehen und der Belastungssituation ausgegangen werden. Es war daher naheliegend, die Krankheitsfolgekosten in belasteten Gebieten genauer zu analysieren, um auch die anfallenden finanziellen Belastungen als Ausgangspunkt für präventivmedizinisch orientierte Planungsvorhaben zur Verfügung zu haben.

Die Schätzgrößen für zusätzliche Krankheitsfolgekosten in Belastungsgebieten lassen sich wie folgt ermitteln:

$$zKFK = P/Exp\ (Tgs \times d + Nik)\ -\ P/nExp\ (Tgs \times d + Nik)$$

zKFK	zusätzliche Krankheitsfolgekosten
Dg	Diagnosegruppe
Dg/Kard	Diagnosegruppe der kardiovaskulären Erkrankungen
Dg/Pul	Diagnosegruppe der pulmonalen Erkrankungen
Dg/Neuro	Diagnosegruppe der neurologischen Erkrankungen
r	soziodemographische Merkmale, r = i,k, für die Altersgruppe k, das Geschlecht i
Exp/P	Patienten/Exponierte Bevölkerung
nExp/P	Patienten/Nichtexponierte Bevölkerung
Tgs	Durchschnittlicher Krankenhaustagsatz: öS 2.400,- (hier handelt es sich lediglich um einen Durchschnittswert der Krankenhausaufenthaltskosten pro Tag, ohne Berücksichtigung spezieller Therapien oder sonstiger Aufwendungen) für die öffentlichen Krankenanstalten der Steiermark
d	Durchschnittliche Krankenhausaufenthaltsdauer (als Berechnungsgrundlage wurde der "Bericht über das Gesundheitswesen in Österreich im Jahre 1991" der Republik Österreich aus dem Jahre 1993 herangezogen)
Nik	Durchschnittliche rettungsdienstliche Interventionskosten pro Einsatz: öS 1.500,-

Abbildung 3: Ablaufdiagramm der "Medizinsoziologischen Ökologiestudie"

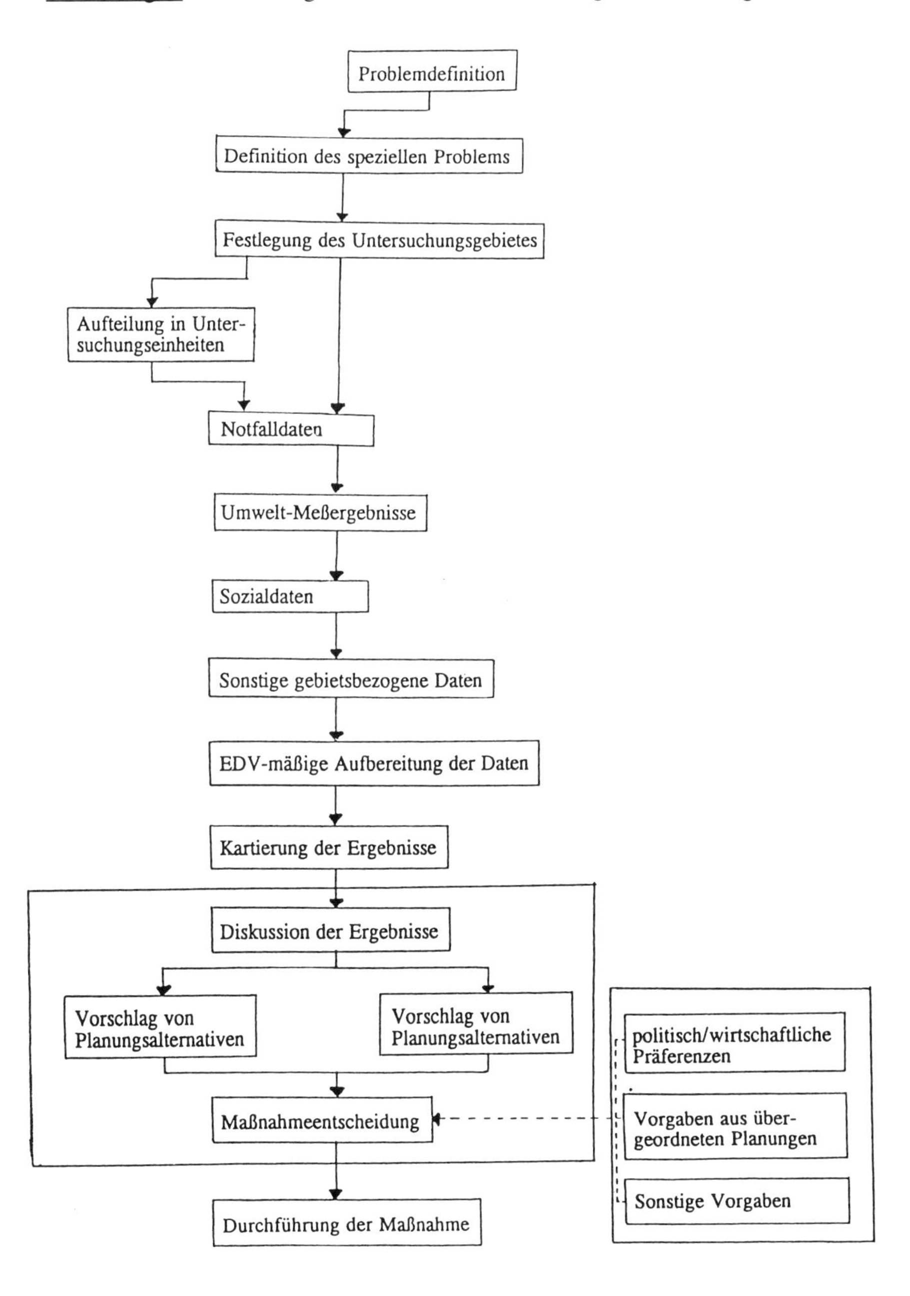

Als Grundlage für die ökonomische Bewertung fungieren die Schätzgrößen: Relative Notfallhäufigkeiten in belasteten und unbelasteten Gebieten sowie die mittlere Erkrankungsdauer (Krankenhausaufenthalt) bestimmter Krankheitssensationen. Die Unterscheidung zwischen den Diagnosegruppen "kardiovaskuläre Notfälle" und "pulmonale Notfälle" sowie die Berücksichtigung der soziodemographischen Merkmale "Lebensalter", "Geschlecht" und "Stellung im Beruf" ergänzen die Datengrundlage zur Berechnung der Krankheitsfolgekosten.

Mit der Berechnung der Notfallsfolgekosten (Krankheitsfolgekosten) lassen sich zumindest die direkt im Gesundheitswesen anfallenden Kostenkategorien erkennen, wobei aber die volkswirtschaftlichen Verluste durch verlorengegangene Arbeitstage (Arbeitsausfallskosten) nicht berücksichtigt wurden.

Die Komplexität umweltepidemiologischer Zusammenhänge bestimmte die Analyseschritte der vorliegenden Studie. Nur so konnte gewährleistet werden, daß die Datenmenge die Abschätzung von Auswirkungen erlaubt und damit auch die Möglichkeit bietet, die Ausprägungsgrade von Umwelteinflüssen zu quantifizieren.

9.3. Differenzierung des Untersuchungsgebietes unter besonderer Berücksichtigung der Umweltbelastung

Für das Erstellen einer Belastungsmatrix war es notwendig, von der üblichen Untersuchungseinheit "Stadtbezirk" abzurücken, da die Verteilung der jeweiligen Belastungsintensitäten innerhalb der Bezirke teilweise so stark differierte, sodaß ein interregionaler Vergleich der Notfallfrequenzen auf Bezirksebene kaum verwertbare Ergebnisse versprach.

Um nun eine größtmögliche Feinauflösung des lokalen Notfallgeschehens unter Bedachtnahme der regionalspezifischen Luft- und Lärmbelastung, der Wohnqualität, als auch der Altersverteilung der anwesenden Bevölkerung zu erhalten, diente als Grundlage für die weiteren Untersuchungsschritte die derzeit kleinste verfügbare Verwaltungseinheit, der "Zählsprengel". Das gesamte Untersuchungsgebiet (Stadtgebiet von Graz) ist in 705 Zählsprengel aufgeteilt.

Damit ist die Möglichkeit gegeben, diese kleinsten regionalen Einheiten in zwei große Gruppen zusammenzufassen, nämlich in "stark" und "wenig" belastete Zählsprengel.

Vordergründig interessiert, wie sich der Indikator "Wohnqualität" in seinen einzelnen Abstufungen über das Untersuchungsgebiet verteilt.

Wenn man den Indikator "Wohnqualität" von der Zählsprengelebene auf die Bezirksebene überträgt, wird man mit einem sehr aussagekräftigen Belastungsprofil der einzelnen Stadtbezirke konfrontiert. Das leistet wiederum eine sehr wesentliche Hilfestellung für eine problemorientierte Intervention, z.B. von

Seiten der Stadtpolitik zur Verbesserung der Umweltqualität. Dieses Belastungsprofil läßt auch sehr deutlich die heterogene Ausstattung innerhalb der Bezirke erkennen.

Tabelle 11: Wohnbevölkerung in "wenig" bzw. "stark" belasteten Wohnregionen unter Berücksichtigung der Wohnqualität

Bezirk	Wohnbevölkerung wenig belastet	stark belastet*	Gesamtbevölk./ Bezirk
Innere Stadt	14	4402	4416
St. Leonhard	1431	13814	15245
Geidorf	6605	16021	22626
Lend	3639	23355	26994
Gries	9495	15837	25332
Jakomini	13346	15566	28912
Liebenau	12047	507	12554
St. Peter	11006	690	11696
Waltendorf	11418	369	11787
Ries	6162	-	6162
Mariatrost	7481	-	7481
Andritz	15010	94	15104
Gösting	4697	5222	9919
Eggenberg	8325	8697	17022
Wetzelsdorf	11544	276	11820
Straßgang	11211	2087	13298
Puntigam	5389	1303	6692

*Wohnqualität: wenig belastet = Bebauungsdichte 0,3 - 0,4
stark belastet = Bebauungsdichte 0,6 - 1,2 u.m.

Quelle: Eigene Berechnungen auf der Grundlage amtlicher Statistiken

Vor dem Hintergrund der Fragestellung der Untersuchung kommt gerade dieser feinen Ausdifferenzierung auf Bezirksebene besondere Bedeutung zu, weil erst damit eine regionale Abgrenzung innerhalb des jeweiligen Stadtbezirkes sehr präzise Aussagen über die vorherrschende Notfallprävalenz zuläßt, wobei auf die besonderen Belastungsmomente dieser kleinsten regionalen Einheit Rücksicht genommen werden kann.

Aufgrund der Zählsprengelzuordnung (auf der Bezirksebene) können die Bewohner in den einzelnen Belastungsstufen pro Bezirk ermittelt werden. Durch dieses Verfahren ist es nicht nur möglich, ein sehr präzises Bild über die flächenmäßige Ausdehnung der verschiedenen Belastungsintensitäten (Wohnqualität, Lärm- und Luftbelastung) zu bekommen, sondern auch die Erfassung der in den "wenig" bzw. "stark" belasteten Stadtregionen wohnenden Bevölkerung.

Da aber die Zählsprengel unterschiedlich starke Bevölkerungsgruppen aufweisen (die geographische wie auch demographische Größe der 705 Zählsprengel differiert sehr stark), werden die Notfallinterventionen unter Berücksichtigung des Alters, des Geschlechts und fallweise des Berufes der Notfallpatienten immer auf 1.000 Einwohner der jeweiligen Bezugsklasse berechnet.

9.3.1 Zu den unterschiedlichen Lärmbelastungen

Die Verteilung der Lärmbelastung und die vom Lärm direkt betroffene Wohnbevölkerung wurde ebenfalls mittels des Zählsprengelanalyseverfahrens ermittelt.

Wenn man die Tabellen "Wohnqualität" und "Lärmbelastung" miteinander vergleicht, lassen sich auffallende Unterschiede innerhalb der einzelnen Stadtbezirke erkennen. Während z.B. im 12. Bezirk (Andritz) laut Zählsprengelanalyse 94 Personen in einer Region mit hoher Bebauungsdichte ("stark" belastete Wohnqualität) leben, sind im gleichen Bezirk 3.722 Personen einer hohen Lärmexposition ausgesetzt. Ähnliche Gegebenheiten finden sich auch in anderen Stadtbezirken, wie etwa in Liebenau, St. Peter, Waltendorf, etc. Es zeigt sich deutlich, daß die Differenzierung zwischen den verschiedenen Umweltbelastungskomponenten (Wohnqualität/Lärm/Luftbelastung) sehr verschiedene Belastungsprofile vermittelt.

Die nachfolgende Tabelle teilt wiederum die Wohnbevölkerung in "wenig" bzw. "stark" lärmbelastete Stadtregionen ein.

Tabelle 12: Wohnbevölkerung in "wenig" bzw. "stark" belasteten Wohnregionen unter Berücksichtigung der Lärmbelastung

Bezirk	Wohnbevölkerung wenig belastet	stark belastet*	Gesamtbevölk./ Bezirk
Innere Stadt	291	4125	4416
St.Leonhard	2249	12996	15245
Geidorf	12119	10507	22626
Lend	5378	21616	26994
Gries	9122	16210	25332
Jakomini	6061	22851	28912
Liebenau	8434	4120	12554
St. Peter	7662	4034	11696
Waltendorf	9156	2631	11787
Ries	3639	2523	6162
Mariatrost	6340	1141	7481
Andritz	11382	3722	15104
Gösting	3827	6092	9919
Eggenberg	8947	8075	17022
Wetzelsdorf	7398	4422	11820
Straßgang	5078	8220	13298
Puntigam	3586	3106	6692

*Lärm: wenig belastet = 40 - 59 dB(A)
stark belastet = 60 und mehr dB(A)

Quelle: Eigene Berechnungen auf der Grundlage amtlicher Statistiken

9.3.2 Schadstoffbelastung der Luft

Von den insgesamt 705 Zählsprengeln weisen immerhin 61% eine starke Belastung durch Luftschadstoffe aus. In absoluten Zahlen ausgedrückt bedeutet dies, daß 126.616 Personen (das entspricht 51% der Gesamtbevölkerung) der anwesenden Grazer Wohnbevölkerung als schadstoffexponiert einzustufen sind.

Tabelle 13: Wohnbevölkerung in "wenig" bzw. "stark" belasteten Wohnregionen unter Berücksichtigung der Luftbelastung

Bezirk	Wohnbevölkerung wenig belastet	stark belastet*	Gesamtbevölk./ Bezirk
Innere Stadt	-	4416	4416
St.Leonhard	752	14493	15245
Geidorf	3617	19009	22626
Lend	-	26994	26994
Gries	293	25039	25332
Jakomini	3689	25223	28912
Liebenau	11791	763	12554
St. Peter	11151	545	11696
Waltendorf	10614	1173	11787
Ries	6162	-	6162
Mariatrost	6131	1350	7481
Andritz	12066	3038	15104
Gösting	4985	4934	9919
Eggenberg	4442	12580	17022
Wetzelsdorf	6375	5445	11820
Straßgang	7630	5668	13298
Puntigam	5524	1168	6692

*Luftbelastung: wenig belastet = bis 50 kg/ha/a
stark belastet = von 50 - über 100 kg/ha/a

Der Indikator Luftbelastung wurde aus den fünf Schadstoffen Kohlenmonoxid (CO), Kohlenwasserstoffe (CxHy), Stickoxid (NOx), Schwefeldioxid (SO2) und Staub/Ruß (St/Ru) ermittelt, wobei als Berechnungsgrundlage die gemittelten Jahresgesamtwerte der Emittentengruppe Verkehr, Hausbrand und Betriebe herangezogen wurden.

Quelle: Eigene Berechnungen a. d. Grundlage amtl. Statistiken

Bei der genauen Betrachtung der detaillierten Bezirksanalyse fällt auf, daß der 1. Bezirk (Innere Stadt) und der 4. Bezirk (Lend) überhaupt keine "wenig" belasteten Wohnregionen erkennen läßt. Im 10. Bezirk hingegen (Ries, ein Stadtrandbezirk) findet sich keine luftschadstoffexponierte Bevölkerung.

Unter Zuhilfenahme der Zählsprengelanalyse konnte aber ein sehr genaues Belastungsprofil erstellt werden, mit dem es möglich ist, gezielte und vor allem auf die jeweilige Infrastruktur abgestimmte, stadt- und gesundheitsplanerische Aktivitäten zu ermöglichen.

9.4. Zur Interpretation der verschiedenen Einflußgrößen

Bei der Beurteilung der Auftrittswahrscheinlichkeit bestimmter Erkrankungssituationen mit vitaler Bedrohung, unter Berücksichtigung der lokalspezifischen Umweltbelastung, muß darauf hingewiesen werden, daß bei epidemiologischen Untersuchungen immer nur ein signifikanter Wirkungsunterschied bei stärkerer Umweltbelastung gegenüber schwächerer geprüft werden kann. Eine signifikante Prüfung geringster Wirkung einer bestimmten Belastungsexposition gegenüber einer Null-Exposition, kann nur in Form von toxikologischen Untersuchungen erfolgen (vgl. STEINEBACH 1987).

Wenn sich bei epidemiologischen Untersuchungen keine oder nur schwach signifikante Wirkungszusammenhänge nachweisen lassen, so können fehlende Signifikanzen keinesfalls zwangsläufig mit Wirkungslosigkeit gleichgesetzt werden. Die Ursachen einer fehlenden Signifikanz umweltepidemiologischer Untersuchungen können vielschichtig sein, wie etwa eine zu geringe Differenz zwischen der Umweltbelastung vor und nach einer Meßreihe oder die untersuchte Gruppe erweist sich als statistisch zu klein, um etwas über den Effekt aussagen zu können.

Will man bei bestimmten Umweltnoxen einen statistisch gesicherten Wirkungsnachweis erzielen, so wäre es unumgänglich, das exponierte Individuum einer hohen Belastungsdosis auszusetzen. Da solche Belastungen bei Mensch und Tier weder ethisch noch moralisch vertretbar sind, muß in diesen speziellen Fällen von der statistisch nicht signifikanten Wirkungsbeobachtung her in einen niedrigeren, unbekannten Belastungs- bzw. Wirkungsbereich extrapoliert werden. Weiters ist erwähnenswert, daß es eigentlich keine wirkliche Erkennbarkeitsschwelle von Wirkungen gibt.

Eine präzise Grenzziehung zwischen einem "no effect level" bei einer bestimmten Umweltbelastung und einer nachteiligen Umwelteinwirkung ist de facto unmöglich. Diesem Umstand wurde in der vorliegenden Untersuchung insofern Rechnung getragen, als daß nur eine Unterscheidung von "wenig" und "stark" belasteten Untersuchungsregionen vorgenommen wurde.

Wenn bei umweltepidemiologischen Studien nicht immer eine Dosis-Wirkungsbeziehung im klassischen Sinne nachgewiesen werden können, so muß doch mit einem fließenden Übergang von der Gesundheit zur Krankheit oder der Verschlimmerung einer Krankheit bei einer konstatierten Umweltbelastung gerechnet werden.

Graphik 1: Erkrankungsrisiko und Belastung

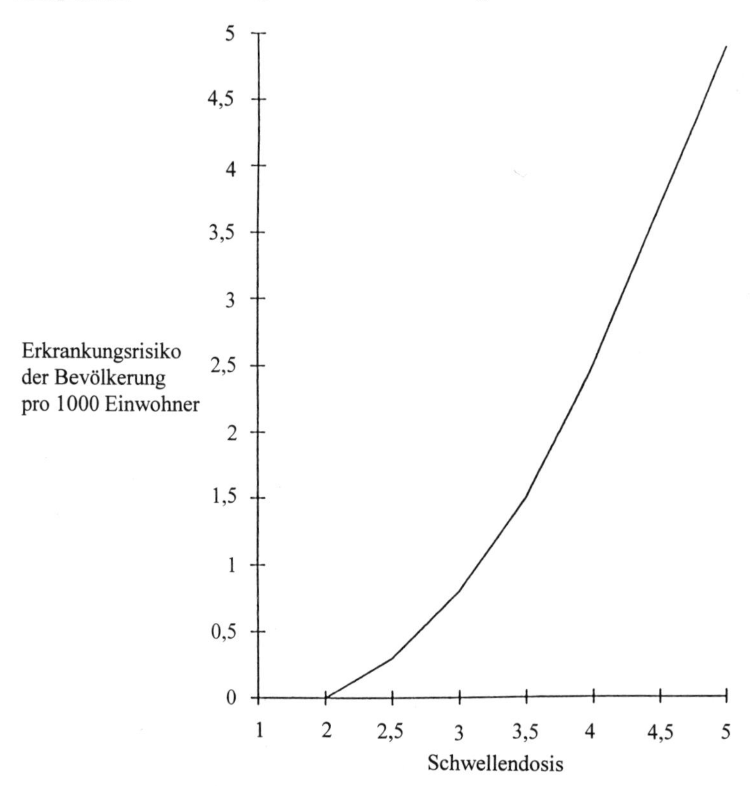

Die Graphik verdeutlicht den Umstand des "fließenden Übergangs", da bei einer Änderung der Dosis keine Stufen ersichtlich werden. Die Abhängigkeit der Auftrittswahrscheinlichkeit einer Krankheit bei einem bestimmten Belastungsgrad läßt sich nicht exakt definieren. Die prozentuale Eintrittswahrscheinlichkeit einer Schädigung in direkter Abhängigkeit von der Dosis kann, wenn überhaupt, nur mittels einer sehr breit gehaltenen "Schwellendosis" eruiert werden.

Wenn man nun aus den Ergebnissen umweltepidemiologischer Untersuchungen Belastungsgrenzwerte feststellen will, so sollte man sich auf jeden Fall in Richtung "Null-Risiko" bewegen, um nicht Gefahr zu laufen, die Bedeutung der

Schwellendosis auf die Auftrittswahrscheinlichkeit einer gesundheitlichen Störung zu unterschätzen, weil eben die Wirkungsuntersuchung nur für einen bestimmten Personenkreis angelegt wurde. Im allgemeinen rekrutieren sich die Probanden für Wirkungsuntersuchungen aus dem "gesunden mittleren Lebensalter": Altersgruppe 30-50Jährige.

Wie aber z.B. Risikogruppen, wie etwa Kleinkinder, Schwangere, chronisch kranke, alte und pflegebedürftige Personen auf Umweltbelastungsmomente reagieren, bleibt dennoch fraglich, auch wenn bei der Festsetzung von Grenzwerten eine gewisse Toleranz mitberücksichtigt wird.

9.5. Zum Nachweis des Synergismuseffektes

Epidemiologische Studien verfolgen vorrangig das Ziel, Risikofaktoren ausfindig zu machen und nach Möglichkeit diese Risikofaktoren quantitativ abzuschätzen. Bei umweltepidemiologischen Untersuchungen hingegen lassen sich die Auswirkungen verschiedenster pathogener Faktoren auf die belebte Umwelt nicht voneinander abgrenzen. Wenn z.B. ein Gebiet eine starke Luftverschmutzung aufweist, so handelt es sich im Regelfall um eine Vielzahl pathogener Wirkungsstoffe, sodaß die Wirkung eines einzigen Belastungsfaktors auf die belebte Umwelt, zumindest in Feldstudien, kaum statistisch gesichert nachgewiesen werden kann. Die Überprüfung konventioneller Risikohypothesen verlangt nach "Laborbedingungen", d.h., daß alle Einflußfaktoren nicht nur konstant gehalten werden können, sondern auch deren Beeinflußbarkeit gegeben ist.

In der Feldforschung gilt es in erster Linie, die Auswirkungen vorhandener Belastungsfaktoren auf die belebte Umwelt auszuloten. Daraus ergibt sich die Notwendigkeit, die zu untersuchende Region in "stark" und "wenig" belastete Gebiete zu unterteilen. Für die "Medizinsoziologische Ökologiestudie" konnte durch die Feinauflösung des gesamten Untersuchungsgebietes (Zählsprengel) in die kleinste verfügbare Einheit eine sehr genaue Zuweisung in "stark" und "wenig" belastete Regionen vorgenommen werden.

Als besonders schwierig erweist sich in der epidemiologischen Forschung die Identifikation der Auswirkungen einzelner Belastungsfaktoren auf den Gesundheitszustand der Bewohner in belasteten Gebieten, weil die Koinzidenz mehrerer Belastungsmomente vorliegt. Aus dieser Tatsache ergibt sich die Notwendigkeit, in einem Prüfverfahren unter Zuhilfenahme einer Synergismus-Indexberechnung die Interaktion der verschiedenen Einflußgrößen nachzuweisen. Gerade bei der vorliegenden Studie erwies sich der Nachweis einer synergetischen Wirkung deshalb unumgänglich, weil ja eine Vielzahl von Einflußgrößen auf ihr pathogenes Wirkungsspektrum hin untersucht wurden.

Der erste Abschnitt des Prüfverfahrens erstreckte sich auf die Berechnung der Interventionswahrscheinlichkeit in "stark" und "wenig" belastete Wohnregionen unter besonderer Berücksichtigung des Vorhandenseins bestimmter Belastungsfaktoren. Diese Berechnungsergebnisse bilden dann die Basis für den Nachweis der synergetischen Wirkung. So hat z.B. die Berechnung der rettungsdienstlichen Interventionswahrscheinlichkeit (IP) bei kardiovaskulären Notfällen in "stark" mit Kohlenmonoxid belastete Wohnregionen einen Wert von IP/exponiert 0.021 (exponierte Bevölkerung) ergeben, hingegen für "wenig" mit Kohlenmonoxid belasteten Regionen ergab sich ein Rechenwert von IP/nicht exponiert 0.008 (nicht exponierte Bevölkerung). Wenn nun neben den mit Kohlenmonoxid belasteten Regionen auch durch Staub/Ruß belastete Regionen hin auf die rettungsdienstliche Interventionswahrscheinlichkeit bei kardiovaskulären Notfällen untersucht werden, so ergibt sich für die mit Staub/Ruß "stark" belasteten Regionen ein Wert von IP/exponiert von 0.024, für die "wenig" belasteten Regionen hingegen ein Wert von P(D/nE) 0.011.

In der Folge könnte man für jede einzelne Belastungskomponente die Interventionswahrscheinlichkeit eruieren und hätte dann eine Fülle von Einzelergebnissen, die aber keine sinnvolle Aussage über die Auswirkungen der miteinander korrespondierenden Belastungsfaktoren bringt.

Da aber davon ausgegangen werden muß, daß die Bewohner einer bestimmten Region den verschiedensten dort vorherrschenden Belastungsfaktoren ausgesetzt sind, ist es notwendig, das jeweilige Akkordsystem an Belastungen zu ermitteln und mit den auftretenden Krankheitssensationen in Beziehung zu setzen.

Für die vorliegende Untersuchung bedeutete dies konkret, daß der errechnete Synergismus-Index dem Prüfwert gegenübergestellt werden mußte, um den Nachweis antreten zu können, daß ein Individuum in seinem Lebensraum zwangsläufig mit mehreren Belastungen konfrontiert wird. Wenn man nun oben angeführtes Rechenbeispiel zu Ende führt, so erhält man folgendes Bild.

Anhand des folgenden Beispieles lassen sich die additiven wirkungsverschiedenen Belastungsfaktoren recht deutlich erkennen. Für die vorliegende Untersuchung mußte daher ein eigener Belastungskataster erstellt werden, der auf der Ebene der Zählsprengel eine Zuweisung in "wenig" und "stark" belastete Regionen ermöglichte.

Beispiel für den Nachweis des Synergismuseffektes bei kardiovaskulären Notfällen an drei ausgewählten Belastungsfaktoren.

1) Interventionswahrscheinlichkeit:	belastet	weniger belastet
Kohlenmonoxid (CO)	IP/exponiert	IP/nicht exponiert
	0.021	0.008
Staub/Ruß (SR)	**P(D/F)**	**P(D/nF)**
	0.024	0.011
Lärm (L)	**$P(D/E_1)$**	**$P(D/nE_1)$**
	0.021	0.016

2) Errechneter Synergismus-Index für die Einflußfaktoren E (CO-Belastung), F (Staub/Ruß-Belastung) und E_1 (Lärmbelastung):

E (Kohlenmonoxid) und F (Staub/Ruß-Belastung)
3.6
Prüfwert für den Synergismus-Index: 1
Errechneter Synergismus-Index: 4.4 > Prüfwert (1)
Synergetischer Effekt nachweisbar.

F (Staub/Ruß-Belastung) und E_1 (Lärmbelastung)
1.8
Prüfwert für den Synergismus-Index: 1
Errechneter Synergismus-Index: 1.8 > Prüfwert (1)
Synergetischer Effekt nachweisbar.

9.6. Notfallinterventionen nach soziodemographischen Variablen

Es gilt nun vorerst zu klären, ob die Teilgebiete des Untersuchungsraumes in soziodemographischer Hinsicht deutliche Unterschiede aufweisen und wieweit diese für die zu untersuchenden Diagnosegruppen der kardiovaskulären, pulmonalen und neurologischen Notfälle eine Relevanz aufweisen. Da die in den einzelnen Untersuchungsgebieten lebende Bevölkerung verschiedene Alters- und Berufsstrukturen aufweist, ist es erforderlich, die jeweiligen Störvariablen im statistischen Modell zu berücksichtigen. Zu diesem Zweck wurde unter Zuhilfenahme der Volkszählungsergebnisse aus dem Jahre 1991 ein Profil der Altersstruktur für die "wenig" bzw. "stark" belasteten Untersuchungsgebiete erstellt.

Die Altersstruktur weist in den einzelnen Gebieten doch berücksichtigungswürdige Differenzen auf. In "stark" belasteten Gebieten ist gegenüber in "wenig" belasteten Gebieten die Altersgruppe der über 60Jährigen doch deutlich überrepräsentiert. Daraus ergibt sich, daß auch die Berufsstruktur eine andere ist. In den "stark" belasteten Gebieten finden sich daher zwangsläufig mehr Personen im Pensionsalter, aber in den "wenig" belasteten Vergleichsgebieten es findet sich eine höhere Arbeitslosenrate. Das Phänomen der erhöhten Arbeitslosenrate ist in diesem Zusammenhang aber auch vom Hintergrund der "eingeschränkten Wettbewerbsfähigkeit" her zu sehen, da es sich in vielen Fällen um ältere Personen mit eher niederer Ausbildung handelt bzw. um Personen, die sich früher aus dem Arbeitsprozeß zurückgezogen haben, etwa aufgrund von Sozialplänen, etc.; 74% aller als arbeitslos gemeldeten Personen rekrutieren sich aus der Wohnbevölkerung in den "stark" belasteten Wohnregionen. Dieser sehr hohe Anteil an arbeitslosen Personen in den stark umweltbelasteten Stadtregionen erfordert daher auch bei der Berechnung der Interventionshäufigkeiten, bezogen auf die Berufsstruktur, eine besondere Berücksichtigung. Um den verschiedenen Verteilungsmustern der Alters- und Berufsstruktur Rechnung zu tragen, wird beim Vergleich der Notfallinterventionshäufigkeit zwischen "wenig" und "stark" belasteten Regionen als Vergleichsbasis immer von 1.000 Personen der jeweils definierten Teilpopulation ausgegangen.

Tabelle 14: Altersstruktur der Wohnbevölkerung in "wenig" und "stark" belasteten Untersuchungsregionen

Altersgruppe	"wenig" belastete Regionen (in %)	"stark" belastete Regionen (in %)
0 - 15a	15	12
16 - 59a	64,3	62,8
60a u. m.	20,7	25,2
Insgesamt	100	100

Quelle: Eigene Berechnungen auf der Grundlage amtlicher Statistiken

Tabelle 15: Altersstruktur und Geschlecht der Wohnbevölkerung in den Untersuchungsregionen

Altersgruppe	"wenig" bel. Regionen		"stark" bel. Regionen	
	männlich %	weiblich %	männlich %	weiblich %
0 - 15a	17,4	14,8	13,5	10,7
16 - 59a	65,8	62,2	68,3	58,3
60a u.m.	16,8	23,0	18,2	31,3
Insgesamt	100	100	100	100

Quelle: Eigene Berechnungen auf der Grundlage amtlicher Statistiken

In diesem Zusammenhang sind auch die Sexualproportion (Männer auf 1.000 Frauen) und die Age-children-ration (die ACR ist das zahlenmäßige Verhältnis von Kindern bis 15 Jahre zu Alten über 60 Jahre) in den einzelnen Untersuchungsregionen von Interesse, weil sich gerade hier für zukünftige sozialdienstliche Interventionen (Hauskrankenpflege, mobile Sozialdienste, Altenfürsorge, Einkaufsdienst für Alte, rollender Essenszustelldienst, Besuchsdienste, etc.) neue Anknüpfungspunkte erschließen lassen, die wesentliche Impulse für die Ausgestaltung der urbanen Wohngebiete beinhalten, wie z.B. das Schaffen von verkehrsberuhigten Zonen in Wohnarealen oder das Durchmischen der Wohnbevölkerung mit allen Altersklassen, um der Entstehung zukünftiger Ghettos wirksam gegensteuern zu können.

Tabelle 16: Sexualproportionen in den Untersuchungsgebieten
(Sexualproportion: Männer auf 1.000 Frauen)

Altersgruppe	"wenig" belastete Regionen	"stark" belastete Regionen
0 - 15a	1057	1066
16 - 59a	961	999
60a u. m.	589	496

Age - children - ratio / ACR
(über 60Jährige auf 100 Kinder)

"wenig" belastete Regionen	"stark" belastete Regionen
ACR 138	ACR 210

Quelle: Eigene Berechnungen a. d. Grundlage amtl. Statistiken

Der Umstand, daß in "stark" belasteten Wohngebieten ein sehr unausgeglichenes Verhältnis zwischen Jugend und alten Menschen vorherrscht, führt sehr oft zu einer vermehrten Isolation alter Menschen in ihren Wohnungen und erhöht damit die Suicidgefahr (Fehlen psychosozialer Stützen), aber auch die Wahrscheinlichkeit im Krankheitsfall bzw. bei absolut vital bedrohlichen Notfällen (z.B. Herzkreislaufstillstand, akute Atemnot, schwere Sturzverletzungen mit Verblutungsgefahr, etc.) nicht bzw. zu spät entdeckt zu werden. In einem später folgenden Abschnitt wird speziell der Notfall "Unfall in versperrter Wohnung" einer detaillierten Betrachtung unterzogen.

9.7. Notfallhäufigkeit in der Altersklasse der 0-15Jährigen

Bei der Analyse der Verteilung der Interventionshäufigkeit ist eine signifikante Differenz zwischen den "wenig" und den "stark" belasteten Gebieten feststellbar. Bei näherer Betrachtung der Ergebnisse ist auffällig, daß in der Gruppe der bis 15jährigen Personen, die in "stark" belasteten Wohnregionen leben, eine relativ hohe Notfallsrate konstatierbar ist. Dieses Phänomen, daß insbesonders jüngere Personen sehr stark unter Umweltnoxen leiden wird auch im gängigen Schrifttum immer wieder zur Diskussion gestellt (vgl. LAVE/SESKIN 1977; OECD 1981; OSTRO 1983).

Für die vorliegende Untersuchung war von Interesse, wie sich die Zeitraumprävalenzraten für die Patienten in der Altersgruppe der bis 15Jährigen im gesamten Untersuchungszeitraum, unter Berücksichtigung der Umweltqualität, entwickelten.

Die Zeitraumprävalenzrate (Ztpräv-Rate = Häufigkeit des Auftretens einer bestimmten Krankheit in einem definierten Zeitraum) von 1986 bis 1991 betrug für die exponierte Bevölkerung in der Altersklasse der bis 15Jährigen:

Ztpräv-Rate/86-91/Exp 0,057;

bei der nicht exponierten Bevölkerung (hiebei handelt es sich um Kinder der gleichen Altersklasse, die in "wenig" belasteten Gebieten wohnen) hingegen wurde ein Wert von

Ztpräv-Rate/86-91/nExp 0,038 errechnet.

Auch die Betrachtung der Prävalenzraten für den gesamten Untersuchungszeitrahmen von 1986 bis 1991 liefert ein ähnliches Bild.

Tabelle 17: Spezielle Zeitraumprävalenzraten im Vergleich

1986	Ztpräv-Rate/86/Exp	0,058	(exponierte Bevölkerung)
	Ztpräv-Rate/86/nExp	0,036	(nicht exponierte Bevölkerung)
1987	Ztpräv-Rate/87/Exp	0,057	
	Ztpräv-Rate/87/nExp	0,037	
1988	Ztpräv-Rate/88/Exp	0,057	
	Ztpräv-Rate/88/nExp	0,034	
1989	Ztpräv-Rate/89/Exp	0,058	
	Ztpräv-Rate/89/nExp	0,038	
1990	Ztpräv-Rate/90/Exp	0,057	
	Ztpräv-Rate/90/nExp	0,039	
1991	Ztpräv-Rate/91/Exp	0,057	
	Ztpräv-Rate/91/nExp	0,038	

Auf Grundlage der Prävalenzraten, speziell der definierten Zeitraumprävalenzraten, lassen sich zwei weitere wesentliche epidemiologische Maßzahlen eruieren, nämlich das Relative Risiko (RR) und das aussagekräftigere Attributable Risiko (AR). Das Relative Risiko bei der Altersklasse der 0-15Jährigen beläuft sich auf RR = 1,5; d.h. die Umweltbelastungsmomente erzeugen im Mittel die 1,5fache Notfallhäufigkeit.

Graphik 2: Werte des Attributablen Risikos in der Altersklasse der 0-15Jährigen im Zeitreihenvergleich

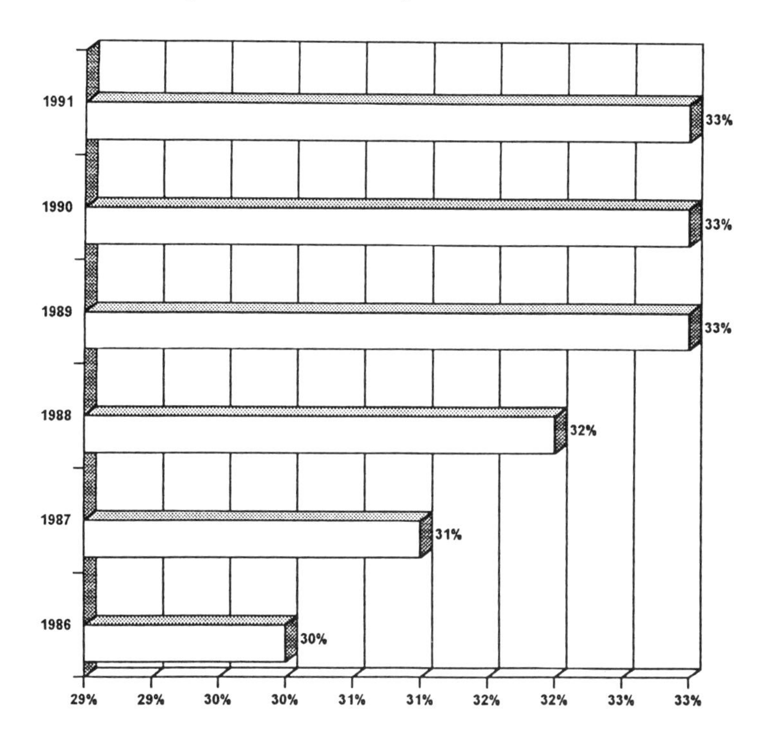

Das Relative Risiko sagt aber nichts über die absolute Höhe des Risikos aus; zur Erinnerung: das Relative Risiko kann durchaus einen hohen Wert besitzen, dennoch wäre es denkbar, daß der Risikofaktor, der zur Rede steht, sehr klein ist. Dies ist dann der Fall, wenn sich die Absolutwerte aller Risken als klein herausstellen. Demnach beträgt das Attributable Risiko AR = 33%, es könnten also 33% der registrierten Notfallinterventionen vermieden werden, wenn das als ursächlich wirkende Risikofaktorenbündel (Wohnqualität, Lärmbelastung, Luftverschmutzung) wegfiele. Das Attributable Risiko von AR = 33% vermittelt einen quantifizierbaren Eindruck von dem Ausmaß der Notfallvermeidung, das eine erfolgreiche Prävention bewirken könnte.

Wenn man nun den gesamten Untersuchungszeitraum auf die Werte des Attributablen Risikos hin untersucht, so differieren die errechneten Jahreswerte wiederum nur sehr gering.

Allgemeine Attackrate der 0-15Jährigen in	
"wenig" belasteten Regionen	"stark" belasteten Regionen
3,8%	6,9%

Geschlechtsspezifische Attackrate der 0-15Jährigen in	
"wenig" belasteten Regionen	"stark" belasteten Regionen
männlich/weiblich	männlich/weiblich
3,7% / 3,5%	5,6% / 5,5%

Ebenfalls geringe Schwankungen der Notfallinterventionshäufigkeiten finden sich zwischen männlichen und weiblichen Notfallpatienten in der Altersklasse der 0-15Jährigen. Während in den "wenig" belasteten Wohnregionen die Notfallinterventionsrate bei den 0-15jährigen weiblichen Patienten bei 39,1 Interventionen auf 1.000 Einwohner liegt, beträgt die der männlichen Patienten derselben Altersgruppe 40,0 Interventionen. Auch in den "stark" belasteten Wohngebieten finden sich ähnliche geringe Unterschiede in der Notfallinterventionshäufigkeit zwischen den männlichen und weiblichen Patienten. In den "stark" belasteten Gebieten konnten 56,0 Interventionen bei weiblichen Patienten und 58,0 Interventionen bei männlichen Patienten auf 1.000 Einwohner (Altersklasse der 0-15Jährigen) eruiert werden. Noch augenscheinlicher werden die geringen Unterschiede in der Notfallhäufigkeit zwischen den männlichen und weiblichen Notfallpatienten in den "wenig" bzw. "stark" belasteten Wohnregionen bei der Gegenüberstellung der geschlechtsspezifischen Attackrate.

Tabelle 18: Allgemeine Attackrate im Zeitreihenvergleich der 0-15Jährigen

Untersuchungsjahr	Allgem. Attackrate "wenig" belastete Regionen	Allgem. Attackrate "stark" belastete Regionen
1986	3,7%	6,7%
1987	3,8%	6,8%
1988	3,8%	6,8%
1989	3,8%	6,8%
1990	3,8%	7,1%
1991	4,9%	7,1%

Zusammenfassend kann also festgehalten werden, daß ein signifikanter Unterschied bei den Notfallinterventionshäufigkeiten zwischen den "wenig" und den "stark" belasteten Wohngebieten statistisch nachweisbar ist.

In der Folge werden nochmals die wesentlichen epidemiologischen Maßzahlen im interregionalen Vergleich für die Altersgruppe der 0-15Jährigen zusammengefaßt.

Epidemiologische Maßzahlen im interregionalen Vergleich für die Interventionshäufigkeit in der Altersklasse der 0-15Jährigen unter Berücksichtigung der Wohnumfeldqualität:

Epidemiologische Maßzahl	"wenig" belastete Regionen	"stark" belastete Regionen
Zeitraumprävalenzraten (1986-1991)	Ztpräv-Rate/ 86-91/nExp 0,038	Ztpräv-Rate/ 86-91/Exp 0,067
Attackraten		
Allgem. Attackrate	3,8%	6,9%
spez. Attackrate	männl./weibl. 3,7% / 3,5%	männl./weibl. 5,8% / 5,5%

Prävalenzdifferenz (PD, Assoziationsmaß)
zwischen "wenig" und "stark" belasteten Wohngebieten
PD=0,017

Relatives Risiko RR = 1,5 (1,5fache Notfallhäufigkeit in belasteten Wohnregionen)

Attributables Risiko AR = 33%
(Bei erfolgreicher Prävention, d.h. Senkung der Umweltbelastung, könnten 33% der Notfallinterventionen vermieden werden.)

9.8.Notfallhäufigkeit in der Altersklasse der 16-59Jährigen

Auch in dieser Altersklasse lassen sich eindeutige Unterschiede in der Notfallhäufigkeit, differenziert nach den jeweiligen Belastungsstufen, erkennen.

So beträgt die Zeitraumprävalenzrate (1986 bis 1991) für die Altersgruppe der 16-59Jährigen in den als "stark" belastet ausgewiesenen Regionen

Ztpräv-Rate/86-91/Exp 0,062

und in den "wenig" belasteten Regionen

Ztpräv-Rate/86-91/nExp 0,041.

Wiederum auffallend sind die sehr geringen Schwankungen der Prävalenzraten während des gesamten Untersuchungszeitraumes.

Tabelle 19: Spezielle Zeitraumprävalenzen im Vergleich

1986	Ztpräv-Rate/86/Exp	0,061	(exponierte Bevölkerung)
	Ztpräv-Rate/86/nExp	0,040	(nicht exponierte Bevölkerung)
1987	Ztpräv-Rate/87/Exp	0,062	
	Ztpräv-Rate/87/nExp	0,043	
1988	Ztpräv-Rate/88/Exp	0,061	
	Ztpräv-Rate/88/nExp	0,041	
1989	Ztpräv-Rate/89/Exp	0,062	
	Ztpräv-Rate/89/nExp	0,042	
1990	Ztpräv-Rate/90/Exp	0,062	
	Ztpräv-Rate/90/nExp	0,042	
1991	Ztpräv-Rate/91/Exp	0,062	
	Ztpräv-Rate/91/nExp	0,041	

Diese geringfügigen Schwankungen der Prävalenzraten zeigen wiederum sehr deutlich, daß die Auswirkungen von gesetzten Maßnahmen (wie z.B. Verkehrsberuhigung, Reduktionen der Hausbrandemissionen durch den Ausbau des Fernheiznetzes, vermehrtes Einspeisen von Stadtgas für private und betriebliche Zwecke, Ausbau des öffentlichen Verkehrsnetzes) offensichtlich erst mit einer gewissen zeitlichen Verzögerung nachweisbar werden. Denn obwohl im Stadtgebiet von Graz erhebliche Anstrengungen zur Verbesserung der gesamten Umweltsituation unternommen wurden, kann man aufgrund der Prävalenzraten keine unmittelbare Veränderung der Notfallinterventionshäufigkeit feststellen. Für gesundheitspolitisches Handeln ergibt sich daraus die Forderung, auch die zeitliche Komponente bei der Planung umweltverbessernder Maßnahmen mit in das Gesamtkonzept zu integrieren.

Ein weiterer Hinweis für die Konstanz der Notfallinterventionshäufigkeiten in "wenig" wie aber auch in "stark" belasteten Wohngebieten ist dem jährlichen Verlauf der Attackrate zu entnehmen.

Tabelle 20: Allgemeine Attackrate im Zeitreihenvergleich der 16-59Jährigen

Untersuchungs-jahr	Allgem. Attackrate "wenig" belastete Regionen	"stark" belastete Regionen
1986	4,2%	6,1%
1987	4,0%	6,3%
1988	3,9%	6,0%
1989	4,1%	6,1%
1990	4,0%	6,2%
1991	4,2%	6,3%

Die Berechnung des Relativen Risikos (RR) ergibt einen Wert von RR = 1,5, womit klar ist, daß die erfaßten Umweltbelastungsmomente im Mittel eine 1,5fache Notfallhäufigkeit nach sich ziehen.

Das Attributable Risiko AR = 34% kann wieder als Richtwert für die Reduktion der Notfallhäufigkeit bei erfolgreichen Präventivmaßnahmen dienen, d.h. es könnten 34% der Notfallinterventionen vermieden werden. Obwohl es sich hiebei keineswegs um eindeutige kausale Wirkungsbeziehungen handelt, kann dennoch von einem statistisch gesicherten Zusammenhang zwischen Notfallhäufigkeit und der Belastungssituation ausgegangen werden.

Der Zeitreihenvergleich des Verlaufes des Attributablen Risikos zeichnet sich ebenfalls durch minimale Schwankungen des jeweiligen Jahreswertes aus.

Differenziert man zwischen den Interventionshäufigkeiten bei den männlichen bzw. weiblichen Notfallpatienten der Altersklasse der 16-59Jährigen, so wurden in den als "stark" belastet definierten Wohngebieten bei den männlichen Patienten 70 Interventionen, bei den weiblichen Patienten 57 Interventionen ermittelt. In den "wenig" belasteten Regionen hingegen ist eine deutliche Reduktion der Interventionshäufigkeiten bei den männlichen wie aber auch bei den weiblichen Notfallpatienten zu erkennen. Die Interventionshäufigkeit auf 1.000 Personen der jeweiligen Altersklasse und des jeweiligen Geschlechtes beträgt bei den männlichen Patienten 45,3, bei den weiblichen Patienten 40,3 Notfalleinsätze.

Graphik 3: Werte des Attributablen Risikos in der Altersklasse der 16-59Jährigen im Zeitreihenvergleich

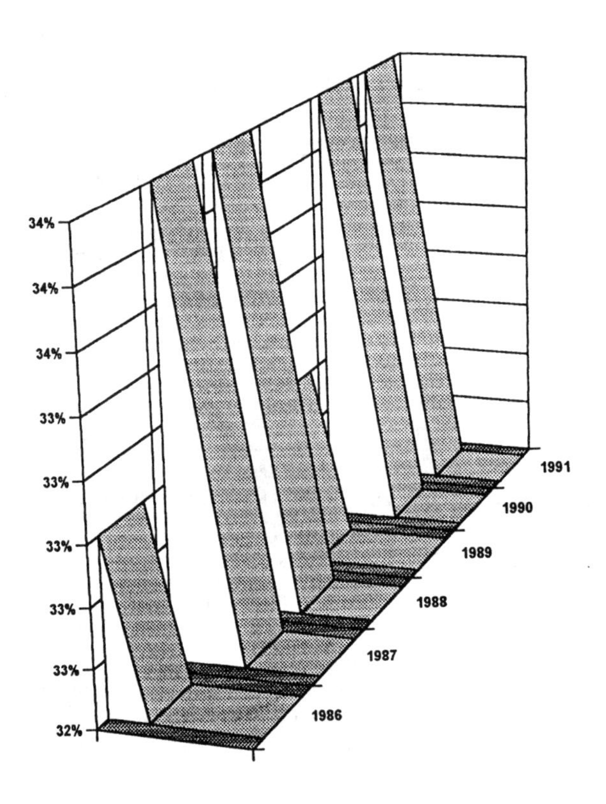

Diese signifikanten Unterschiede in der Notfallhäufigkeit zwischen "stark" und "wenig" belasteten Regionen lassen sich in der Folge auch durch die Ausweisung der "geschlechtsspezifischen Attackrate" deutlich illustrieren.

Geschlechtsspezifische Attackrate der 16-59Jährigen in

"wenig" belasteten Regionen	"stark" belasteten Regionen
männlich/weiblich	männlich/weiblich
4,4% / 4,1%	7,0% / 6,5%

Die Gegenüberstellung der wesentlichen epidemiologischen Maßzahlen der "wenig" respektive "stark" belasteten Untersuchungsregionen soll die Vergleichbarkeit der Untersuchungsergebnisse gewährleisten, weil gerade bei einer Vielzahl epidemiologischer Häufigkeitsziffern die Gefahr der Unübersichtlichkeit und damit auch zwangsläufig eine Einbuße der Aussagekraft verbunden sein kann.

Interregionaler Vergleich der epidemiologischen Maßzahlen in der Altersklasse der 16-59Jährigen unter Berücksichtigung der Wohnqualität:

Epidemiologische Maßzahl	"wenig" belastete Regionen	"stark" belastete Regionen
Zeitraumprävalenzraten (1986-1991)	Ztpräv-Rate/ 86-91/nExp 0,041	Ztpräv-Rate/ 86-91/Exp 0,062
Attackraten		
allgem. Attackrate	4,3%	6,2%
spez. Attackrate	männl./weibl. 4,4% / 4,1%	männl./weibl. 7,0% / 6,5%

Prävalenzdifferenz (PD, Assoziationsmaß)
zwischen "wenig" und "stark" belasteten Wohngebieten
PD = 0,021 (Prüfwert 0 = geringe Assoziation)

Relatives Risiko RR = 1,5 (1,5fache Notfallinterventionshäufigkeit in belasteten Regionen)

Attributables Risiko (AR) AR = 34%
(Bei wirksamer Prävention könnten 34% der Notfallinterventionen vermieden werden.)

9.9. Notfallhäufigkeit in der Altersklasse der über 60Jährigen

Diese Altersklasse erscheint für die grundlegende Fragestellung der vorliegenden Untersuchung, inwieweit sich ein Zusammenhang zwischen Umweltnoxen und dem regionalspezifischen Notfallgeschehen nachweisen läßt, insofern von großem Interesse, da davon ausgegangen werden kann, daß dieser Personenkreis sehr langen Expositionszeiten ausgesetzt war und daher in den Belastungsgebieten mit hohen Interventionshäufigkeiten zu rechnen sein müßte.

Tabelle 21: Spezifische Zeitraumprävalenzraten im Vergleich

1986	Ztpräv-Rate/86/Exp	0,022
	Ztpräv-Rate/86/nExp	0,011
1987	Ztpräv-Rate/87/Exp	0,023
	Ztpräv-Rate/87/nExp	0,012
1988	Ztpräv-Rate/88/Exp	0,021
	Ztpräv-Rate/88/nExp	0,013
1989	Ztpräv-Rate/89/Exp	0,022
	Ztpräv-Rate/89/nExp	0,013
1990	Ztpräv-Rate/90/Exp	0,022
	Ztpräv-Rate/90/nExp	0,013
1991	Ztpräv-Rate/91/Exp	0,022
	Ztpräv-Rate/91/nExp	0,013

Wenn man sich wiederum der Betrachtung der Zeitraumprävalenzraten (1986 bis 1991) zuwendet, läßt sich für die Altersklasse der über 60Jährigen in den "stark" belasteten Gebieten eine Zeitraumprävalenzrate von

Ztpräv-Rate/86-91/Exp 0,022

und in den "wenig" belasteten Gebieten eine Zeitraumprävalenzrate von

Ztpräv-Rate/86-91/nExp 0,013

ausweisen.

Die Feinauflösung der allgemeinen Zeitraumprävalenzrate in die nach Jahren differenzierten "spezifischen Zeitramprävalenzraten" unterstreicht eigentlich den bei den bisher untersuchten Altersklassen vorherrschenden Trend der "Minimalschwankungen".

Tabelle 22: Allgemeine Attackrate im Zeitreihenvergleich der über 60Jährigen

Untersuchungs-jahr	Allgemeine Attackrate "wenig" belastete Regionen	"stark" belasteten Regionen
1986	12,0%	20,2%
1987	12,0%	20,6%
1988	11,8%	20,7%
1989	12,1%	19,9%
1990	12,2%	20,5%
1991	12,7%	20,6%

Die jährliche "Attackrate" zeigt vor dem Hintergrund des Zeitreihenvergleichs minimale Veränderungen. Die Nutzung dieses Phänomens bietet sich geradezu idealerweise für die Konzeption längerfristiger Einsatzstrategien im Bereich der präklinischen Notfallmedizin an (Personaldispositionen, Planung der Akutbettenkapazitäten, Zuteilung finanzieller Ressourcen, etc.).

Der Wert des Relativen Risikos (RR) ist mit RR = 1,6 zu beziffern; dies bedeutet, daß die erfaßten Umweltbelastungsmomente im Mittel die 1,6fache Notfallhäufigkeit nach sich ziehen.

Das Relative Risiko vermittelt also im Gegensatz zur absoluten Differenz von Prozentwerten einen Eindruck von der Stärke des Zusammenhangs zwischen der Umweltbelastung und der Erkrankungsgefahr.

Das Attributable Risiko (AR) bestimmt sich aus dem Quotienten Überschußrisiko (bei der exponierten Bevölkerung) zu normalem Risiko (bei der nicht exponierten Bevölkerung) und beträgt für die hier angesprochene Altersgruppe der über 60Jährigen: AR = 37,5%.

Resümierend kann festgehalten werden, daß 37,5% der registrierten Notfallinterventionen vermieden werden könnten, wenn die als ursächlich wirkenden Umweltbelastungsfaktoren in ihrer Intensität auf das Niveau jenes umweltinduzierten Belastungsausmaßes reduziert werden könnten, das in den als "wenig" belastet ausgewiesenen Regionen konstatiert wurde.

Tabelle 23: Werte des Attributablen Risikos der über 60Jährigen im Zeitreihenvergleich

Untersuchungsjahr	Attributables Risiko
1986	37,2%
1987	37,4%
1988	37,4%
1989	37,6%
1990	37,7%
1991	37,8%

Von Interesse ist die Verteilung der geschlechtsspezifischen Notfallinterventionsraten. In den "wenig" belasteten Gebieten beläuft sich die Notfallinterventionsrate bei den Männern in der Altersklasse der über 60Jährigen auf 220 Interventionen pro 1.000 Einwohner; bei den Frauen beträgt sie in den "wenig" belasteten Gebieten 152 Interventionen.

Wesentlich höhere Interventionsraten finden sich in den "stark" belasteten Gebieten; hier wurden bei den Männern in der Altersklasse der über 60Jährigen 250 Interventionen pro 1.000 Einwohnern und bei den Frauen 175 Interventionen registriert.

Diese Unterschiede in der Interventionshäufigkeit spiegeln sich auch bei der Analyse der geschlechtsspezifischen "Attackrate" wieder.

Geschlechtsspezifische Attackrate der über 60Jährigen in

"wenig" belastete Regionen	"stark" belastete Regionen
männlich/weiblich	männlich/weiblich
14% / 17%	20,2% / 25%

Der folgende interregionale Vergleich der epidemiologischen Maßzahlen für die Altersklasse der über 60Jährigen soll einen gerafften Überblick gewähren.

Epidemiologische Maßzahl	"wenig" belastete Regionen	"stark" belastete Regionen
Zeitraumprävalenz-raten (1986-1991)	Ztpräv-Rate/ 86-91/nExp 0,013	Ztpräv-Rate/ 86-91/Exp 0,022
Attackraten		
Allgem. Attackrate	16,2%	20,2%
Spez. Attackrate	männl./weibl. 14% / 17%	männl./weibl. 20,2% / 25%

Relatives Risiko RR = 1,6 (1,6fache Notfallinterventionshäufigkeit in belasteten Regionen)

Attributables Risiko AR = 37,5%
(Überschußrisiko = Prozentrate des vermeidbaren Notfallgeschehens)

9.10. Häufigkeit und Verteilung einzelner Notfallinterventionsarten

Von besonderem Interesse bei der Beurteilung des Notfallgeschehens sind die Häufigkeiten spezieller Diagnosegruppen in den "wenig" bzw. "stark" belasteten Wohnregionen. Dabei wird von der Hypothese ausgegangen, daß in den Belastungsgebieten signifikant höhere Notfallinterventionshäufigkeiten auftreten, als in den Vergleichsgebieten mit "weniger" Belastungsintensität.

Um die direkte Vergleichsmöglichkeit zwischen Belastungs- und Vergleichsgebieten herzustellen, wurden die Interventionen für jede Diagnosegruppe immer auf 1.000 Personen der jeweiligen Altersklasse errechnet. Des weiteren war zu prüfen, ob Einzeluntersuchungen für bestimmte Diagnosen oder Diagnosegruppen erforderlich sind. Dies kann beispielsweise dann der Fall sein, wenn die Verteilung der Störgrößen sich bei den einzelnen Diagnosen stark unterscheiden.

Zu diesem Zweck wurde die Verteilung der Notfallpatienten für die Diagnosegruppen und ausgewählten Einzeldiagnosen jeweils in bezug auf die Störvariablen in Belastungs- und Vergleichsgebieten untersucht. Aus dieser Analyse ergeben sich nachstehende Resultate.

Bei den pulmonalen Erkrankungen weisen vor allem die Erkrankungen der "Bronchien und Lunge" ein anderes Abhängigkeitsmuster zu den intervenierenden Variablen auf (insbesonders Alter und Geschlecht) als die anderen Erkrankungen und sollten daher isoliert betrachtet werden. Allerdings ist dies aufgrund der relativ geringen Fallzahlen nicht möglich.

Für die übrigen Diagnosen aus dem Bereich der Atemwegserkrankungen bietet sich jedoch eine Aggregation an. Hiedurch können die extremen Häufigkeitsunterschiede zwischen den Einzeldiagnosen, die unter Umständen auf Ungenauigkeiten bei ihrer Verschlüsselung zurückzuführen sind, wirkungsvoll kompensiert werden. Die Diagnoseaggregation scheint hiemit methodisch gerechtfertigt zu sein.

Bei den Herz- und Kreislauferkrankungen muß hinzugefügt werden, daß die mangelnde Homogenität im Verhältnis zu den Störvariablen bei den einzelnen Diagnosen (wie etwa "Hypotonie", "Hypertonie" und "ischämische Herzkrankheiten") weitere Einzeluntersuchungen verlangt, dies aber den Rahmen der vorliegenden Untersuchung bei weitem sprengen würde.

Abschließend sei noch hinzugefügt, daß die Analyse der folgenden Verteilungsmuster spezieller Notfalldiagnosegruppen unter Berücksichtigung der jeweiligen Belastungsart so konzipiert wurde, daß neben dem Nachweis der Koinzidenz zwischen einer spezifischen Umweltbelastung und der Notfallinterventionshäufigkeit auch auf die synergetische Wirkung der erfaßten Umweltnoxen hingewiesen wird.

9.11. Verteilung der Notfallinterventionen bei kardiovaskulären Erkrankungen unter Berücksichtigung der Wohnqualität

Die Kennwertdarstellung für die Diagnosegruppe der "kardiovaskulären Erkrankungen" läßt einen sehr deutlichen Unterschied bei der Interventionshäufigkeit in den "wenig" bzw. "stark" belasteten Regionen erkennen.

Graphik 4: Kennwertdarstellung für die Diagnosegruppe **kardiovaskuläre Erkrankungen** unter Berücksichtigung der **Wohnqualität** (Interventionen pro 1.000 Einwohner)

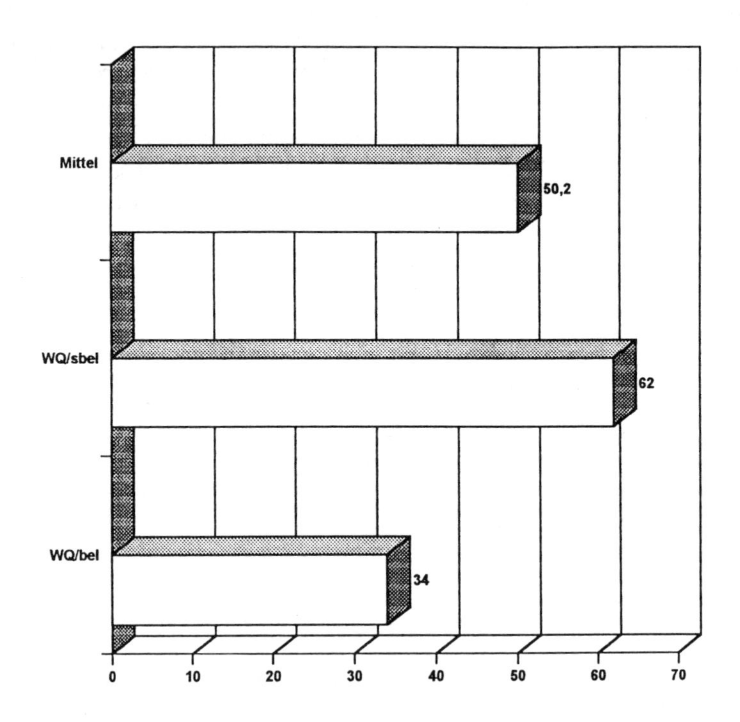

N = 11 474

Mittel .. Mittlere Notfallrate für alle Untersuchungsgebiete

WQ/sbel ... Gebiete mit niederer Wohnqualität (Gebiete mit hoher Bebauungsdichte, BD= 1,2 und dichter)

WQ/bel .. Gebiete mit höherer Wohnqualität (Gebiete mit geringer bis mittlerer Bebauungsdichte, BD= 0,3 - 0,8)

Während die Zeitraumprävalenzrate für die Gebiete mit höherer Wohnqualität ("wenig" belastet) einen Wert von Ztpräv-Rate/86-91/nExp 0,032 aufweist, beträgt die Zeitraumprävalenzrate für Gebiete mit niederer Wohnqualität ("stark" belastet) Ztpräv-Rate/86-91/Exp 0,062. Die sich daraus ergebende Prävalenzdifferenz von PD = 0,028 weist ebenfalls auf die Assoziation zwischen Wohnqualität und dem Auftreten kardiovaskulärer Erkrankungen hin.

Die Berechnung der jährlichen kumulativen Inzidenzrate zeigt ebenfalls klare Differenzen zwischen den Belastungsgebieten und den Vergleichsgebieten.

Tabelle 24: Kumulative Inzidenzrate (Rt,0) im Zeitreihenvergleich für die kardiovaskulären Erkrankungen

Untersuchungsjahr	Kumulative Inzidenzrate (Rt,0) "wenig" belastete Regionen	"stark" belastete Regionen
1986	0,032	0,064
1987	0,033	0,065
1988	0,033	0,064
1989	0,033	0,064
1990	0,032	0,065
1991	0,032	0,064

Die für den Untersuchungszeitraum (1986 bis 1991) berechnete "Attackrate" beläuft sich in den Regionen mit niedriger Wohnqualität ("stark" belastet) auf 6,4%; in Wohnregionen mit höherer Wohnqualität ("wenig" belastet) ist sie mit 3,3% ausgewiesen.

Die Betrachtung der Notfallinterventionshäufigkeiten bei kardiovaskulären Erkrankungen unter Bedachtnahme auf Alter und Geschlecht der Notfallpatienten erlaubt eine noch differenziertere Sichtweise.

9.11.1 Wohnqualität und Interventionshäufigkeit bei kardiovaskulären Erkrankungen unter Berücksichtigung von Alter und Geschlecht

Altersklasse	Notfallinterventionen auf 1.000 Einwohner "wenig" belastete Regionen männlich/weiblich	"stark" belastete Regionen männlich/weiblich
0 - 15a	16,5/ 18,2	22,4 / 23,6
16 - 59a	28,2/ 23,2	39,4 / 37,0
60a u. m.	150,2/111,0	172,4 /129,3

Die sich bereits sehr deutlich abzeichnenden Unterschiede in der Notfallinterventionshäufigkeit bei den kardiovaskulären Erkrankungen in allen Altersgruppen, werden nun durch die Gegenüberstellung der epidemiologischen Maßzahlen: Relatives Risiko (RR) und Attributables Risiko, einem weiteren Prüfverfahren unterzogen.

Altersklasse	Epidemiologische Maßzahl		männlich	weiblich
0 - 15a	Relatives Risiko	RR	1,4	1,3
	Attributables Risiko	AR	23%	28%
16 - 59a		RR	1,4	1,6
		AR	29%	41%
60a u. m.		RR	1,2	1,3
		AR	17%	22%

Es zeigen sich in allen Altersklassen die Differenzen des Notfallaufkommens zwischen den "wenig" und den "stark" belasteten Regionen, wobei gerade die Werte des Attributablen Risikos (AR/Überschußrisiko) den quantifizierbaren Eindruck von dem Ausmaß deutlich eindrucksvoll vermitteln, das eine erfolgreiche präventive Maßnahme haben könnte, nämlich die Reduktion der Umweltbelastungsintensität in "stark" belasteten Gebieten auf das Niveau des Belastungsausmaßes in "wenig" belasteten Regionen. Die Dimensionen des "Attributablen Risikos" werden erst dann ersichtlich, wenn man z.B. den Wert des AR in der Altersklasse der 16-59jährigen weiblichen Notfallpatienten (AR = 41%) relativiert.

Im speziellen Fall würde dies bedeuten, daß die Interventionsfrequenz im Untersuchungszeitraum von 1.443 Notfallinterventionen auf 851 Interventionen reduziert werden könnte, wobei noch hinzuzufügen ist, daß sich diese Zahl lediglich auf die Diagnosegruppe der kardiovaskulären Erkrankungen bezieht.

Für diese ergibt sich im interregionalen Vergleich, unter besonderer Berücksichtigung der "Wohnqualität", nachstehendes Verteilungsschema:

Epidemiologische Maßzahl	"wenig" belastete Regionen	"stark" belastete Regionen
Allg. Zeitraumprävalenzrate (1986-1991)	Ztpräv-Rate/ 86-91/nExp 0,034	Ztpräv-Rate/ 86-91/Exp 0,062
Geschlechtsspez. Zeitraum-		

prävalenzrate (1986-1991)
kategorisiert nach Altersklassen: männlich

	männlich Ztpräv-Rate/ 86-91/nExp	männlich Ztpräv-Rate/ 86-91/Exp
0 - 15a	0,018	0,022
16 - 59a	0,028	0,039
60a u. m.	0,150	0,171

Geschlechtsspez. Zeitraumprävalenzrate (1986-1991)
kategorisiert nach Altersklassen: weiblich

	weiblich Ztpräv-Rate/ 86-91/nExp	weiblich Ztpräv-Rate/ 86-91/Exp
0 - 15a	0,018	0,023
15 - 59a	0,023	0,037
60a u. m.	0,111	0,129

Kumulative Inzidenzrate (RT,0)
Durchschnittswerte für den gesamten Untesuchungszeitraum 0,032

Relatives Risiko RR = 1,4
(1,4fache Notfallinterventionshäufigkeit in belasteten Regionen)
Attributables Risiko AR = 26,6%

Die Unterschiede in der Notfallinterventionshäufigkeit in den einzelnen Untersuchungsgebieten ("wenig" respektive "stark" belastete Regionen) lassen sich bereits recht deutlich ablesen und werden vor allem durch den Wert des Attributablen Risikos AR = 26,6% (vermeidbarer Notfallinterventionen), der hier als Durchschnittswert für alle Altersklassen sowie männlichen und weiblichen Notfallpatienten angeführt ist, nochmals unterstrichen. Der Aussagekraft des Attributablen Risikos kommt insofern besondere Bedeutung zu, als damit erstmals ein Richtwert gegeben ist, an den sich die Konzeption gesundheitspolitischer aber auch stadt- und raumplanerischer Vorhaben orientieren kann. Im Sinne der Ökonomie der Kräfte (z.B. Miteinbeziehen von Umwegrentabilitätsüberlegungen bei der Erstellung von Finanzierungsplänen für stadtökologische Projekte) muß daher besonders die Effektivität gesetzter Maßnahmen überprüfbar und nachvollziehbar sein. Um die größtmögliche Optimierung stadt- und gesundheitsplanerischer Maßnahmen zu erzielen, bedarf es präziser Vorhersagemodelle, die aber von einem bestimmten Ist-Zustand auszugehen haben. Die

Werte des Attributablen Risikos sind demnach nicht nur ein essentieller Bestandteil jeder epidemiologischen Untersuchung sondern auch ein bedeutender Kontrollfaktor für präventive Maßnahmen.

9.11.2 Verteilung der Notfallinterventionen bei kardiovaskulären Erkrankungen unter Berücksichtigung der Luftqualität

Im folgenden wird geprüft, inwieweit ein Zusammenhang zwischen der Luftqualität und dem Auftreten von Notfallinterventionen im Zuge der umweltbezogenen Wirkungsforschung nachweisbar ist.

Für die vorliegende Fragestellung waren Anhaltspunkte zu definieren, die Hinweise auf zusätzlich auftretende Gesundheitseffekte in "stark" belasteten Wohnregionen geben können.

Im gängigen Schrifttum gehören Untersuchungen zur Übersterblichkeit in Smogperioden bereits zum Standardrepertoire. Sie besitzen überdies eine lange Tradition (vgl. CSICSAKY/KRÄMER 1960). Die Ergebnisse illustrieren sehr deutlich den jeweiligen statistisch gesicherten Anstieg der Mortalitätszahlen in Smoggebieten, während in den smogfreien Zonen keine auffallenden Veränderungen in der Mortalitätsdynamik feststellbar waren (vgl. LANGMANN 1975; WAGNER/LIEDERMANN 1978).

Da im urbanen Raum eine Vielzahl verschiedener Luftbelastungsfaktoren vorhanden sind, wurden in der vorliegenden Untersuchung die wesentlichsten Emissionen (Kohlenmonoxid, Schwefeldioxid, Kohlenwasserstoffe, Staub/Ruß und Stickoxide) zu einem Wirkungskomplex (Akkordsystem) zusammengefaßt.

Die Analyse der Notfallinterventionsverteilung ergab signifikante Unterschiede bezüglich der Notfallfrequenz in "wenig" beziehungsweise in "stark" belasteten Regionen (Chi-Quadrat krit 5% (Prüfwert) = 3,841; Chi-Quadrat emp = 8,41; Chi-Quadrat krit 1% = 6,635; Chi-Quadrat emp = 8,41).

Die Zeitraumprävalenzrate (Ztpräv-Rate/86-91) für die Regionen mit geringer Luftbelastung ("wenig" belastete Gebiete) beträgt Ztpräv-Rate/86-91/nExp 0,035, in Regionen mit "starker" Luftbelastung ist sie deutlich überhöht und läßt sich mit einem Wert von Ztpräv-Rate/86-91/Exp 0,063 festschreiben. Im Zeitreihenvergleich wird wiederum die auffallende Konstanz der jährlichen "Attackrate" erkennbar, ein Hinweis für den akuten Handlungsbedarf zur Senkung der Schadstoffbelastung, da trotz der bereits eingeleiteten Maßnahmen zur Luftreinhaltung keine wirklich nachweisbaren Veränderungen bei der Notfallinterventionshäufigkeit konstatierbar sind. Im Gegenteil gibt es da und dort eine Zunahme der Notfallfrequenz.

Gerade die Problematik der Luftverschmutzung im urbanen Raum wird in jüngster Zeit auch verstärkt in die Forschungsanstrengungen der US-Umweltbehörde (EPA) und der Weltgesundheitsorganisation (WHO) miteinbezogen. Eine diesbezüglich in Deutschland durchgeführte Untersuchung unterstreicht die Ergebnisse der vorliegenden Studie, indem in Gebieten mit großer Luftverunreinigung ein um ein Vielfaches erhöhtes Krebsrisiko im Vergleich zu ländlichen Wohngebieten nachgewiesen werden konnte (vgl. MARTH 1990a; SCHLIPTKÖTER 1990). Vertreter der Umweltministerien der deutschen Bun-

Graphik 5: Kennwertdarstellung für die Diagnosegruppe **kardiovaskuläre Erkrankungen** unter Berücksichtigung der **Luftqualität** (Interventionen pro 1.000 Einwohner)

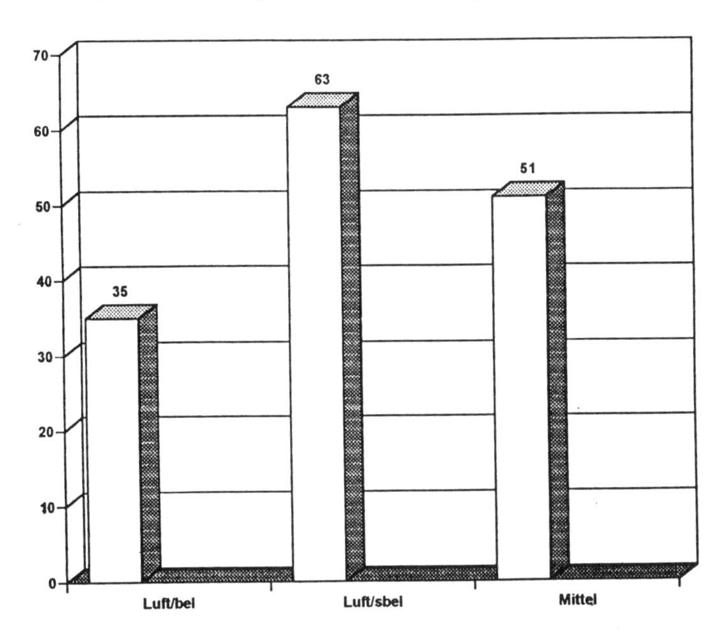

N = 11.474

Luft/bel .. Gebiete mit starker Luftbelastung
(30-2000 kg/ha Jahresemission)

Luft/sbel .. Gebiete mit geringer Luftbelastung
(0 - 30 kg/ha Jahresemission)

Mittel ... Mittlere Notfallrate für das gesamte Untersuchungsgebiet

(Errechneter Mittelwert der Schadstoffbelastung im Untersuchungszeitraum 1986 bis 1991)

Errechneter Belastungsindex aus: Staub-, Ruß-, Wasserstoff-, Kohlenmonoxid-, Stickoxid- und Schwefeldioxidbelastung

desländer weisen darauf hin, daß das Risiko im Emittentenbereich des Kraftfahrzeugverkehrs wesentlich höher ist als ursprünglich angenommen. So geht man davon aus, daß statt mit 80 Krebsfällen auf 100.000 Personen mt 199 Krebsfällen zu rechnen sei (SPATZ 1993).

Die Berechnung des Relativen Risikos ergibt einen Wert von RR = 1,8 (d.h. durch die Umweltnoxe Luftbelastung steigt im Mittel die Notfallhäufigkeit um das 1,8fache).

Unter Zuhilfenahme des Attributablen Risikos (Überschußrisiko), mit dem jener Anteil definiert wird, der zusätzlich zur normalen Notfallhäufigkeit (= 1,0) aufgrund eines Risikofaktors auftritt, können noch präzisere Aussagen getätigt werden, als dies nur mit dem Relativen Risiko allein möglich wäre.

Das Attributable Risiko beträgt für die "stark" belasteten Regionen AR = 44,4% (d.h., mögliche Reduktion des Notfallgeschehens um 44,4% bei maximaler Optimierung der Präventivmaßnahmen im Bereich der Luftschadstoffsenkung).

In absoluten Zahlen ausgedrückt bedeutet dies, daß bei einer Senkung der Schadstoffbelastung (Berechnungsgrundlage: Untersuchungszeitraum von 1986 bis 1991) insgesamt 3.443 Notfallinterventionen weniger getätigt werden müßten.

Tabelle 25: Allgemeine Attackrate im Zeitreihenvergleich unter Berücksichtigung der Luftqualität für die Diagnosegruppe der kardiovaskulären Erkrankungen

Jährliche Attackrate	"wenig" belastete Regionen	"stark" belastete Regionen
1986	3,0%	6,7%
1987	3,3	6,5
1988	3,1	6,5
1989	3,3	6,6
1990	3,0	6,3
1991	3,2	6,3

9.11.3 Verteilung der Notfallinterventionen bei kardiovaskulären Erkrankungen unter Berücksichtigung der Lärmbelastung

Weiter wird statistisch geprüft, inwieweit sich ein Zusammenhang zwischen der regionalen Lärmbelastung und dem Auftreten von Notfallinterventionen nachweisen läßt. Im gängigen Schrifttum wird immer wieder auf die Auswirkungen von Lärmbelastung auf die Gesundheit hingewiesen. Es existieren statistisch gesicherte Nachweise über den Zusammenhang von Lärmexposition und dem Auftreten von Hypertonie (erhöhter Blutdruck) und Herzinfarkt (vgl. MARTH 1990b; MARTH/GALLASCH/FUEGER/MÖSE 1988).

Graphik 6: Kennwertdarstellung für die Diagnosegruppe der **kardiovaskulären Erkrankungen** unter Berücksichtigung der **Lärmbelastung** (Interventionen pro 1000 Einwohner)

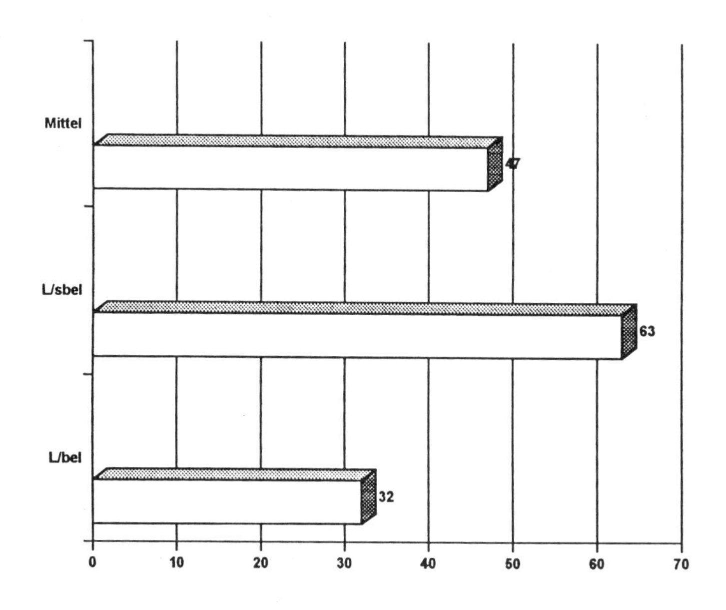

N = 11 474

Mittel ... Mittlere Notfallrate für das gesamte Untersuchungsgebiet
L/sbel ... Gebiete mit starker Lärmbelastung (über 50 dB(A) Tagesmittelwert im Untersuchungszeitraum 1986 bis 1991)
L/bel ... Gebiete mit geringer Lärmbelastung (bis 50 dB(A) Tagesmittelwert im Untersuchungszeitraum 1986 bis 1991)

Großangelegte experimentelle Untersuchungen liefern den Hinweis dafür, daß bei einer längerdauernden Lärmexposition mit gehäuften Herz- und Kreislaufbeschwerden zu rechnen ist (vgl. GRAFF/BOCKMÜHL/TITZE 1968; SCHÖNPFLUG/SCHULZ 1979; MARTH/GRUBER/MÖSE 1989). Rund 2% der Herzinfarkte sind nach Schätzungen in der Bundesrepublik Deutschland nur auf die Verkehrslärmbelastung zurückzuführen. Auch haben verschiedene Untersuchungen in England und Berlin gezeigt, daß gesundheitsrelevante Lärmeffekte bei Tagesschallimmissionspegeln von über 66-70 db(A) auftreten. Bei einem Außenschallpegel von über 70 db(A) muß mit einem um 20% erhöhten Risiko für einen akuten Myocardinfarkt und mit einer erhöhten Prävalenz von Herzinfarkten gerechnet werden (vgl. LUKASSONITZ 1992).

Das persönliche Wohlempfinden wird durch die Lärmbelastung sehr stark beeinträchtigt. Umfragen haben ergeben, daß sich ca. 40% der Österreicher durch Lärm gestört fühlen. Als besonders belastend werden Schlafstörungen, bedingt durch Verkehrslärm, empfunden. So kann z.B. ein Geräusch von wenigen Sekunden Dauer den Tiefschlaf bereits eine Viertelstunde lang unterbrechen.

Der Verkehrslärm wird von 86% der lärmexponierten Bevölkerung laut Mikrozensuserhebung als Hauptverursacher für gesundheitliche Störungen verantwortlich gemacht. Dies geht auch aus den vielen Untersuchungen vom Grazer Soziologieprofessor K. FREISITZER hervor, der schon seit den 60er Jahren immer wieder in empirischen Arbeiten festgestellt hat, daß die Lärmemission der Wohnbevölkerung am meisten zu schaffen macht.

Die Kennwertdarstellung für die Diagnosegruppe der kardiovaskulären Erkrankungen zeigt sehr deutliche Unterschiede bei der Notfallinterventionshäufigkeit zwischen den "wenig" und "stark" lärmbelasteten Wohnregionen.

Bei der Analyse der Zeitraumprävalenzraten im Zeitreihenvergleich sind wiederum die geringfügigen Schwankungen ein typisches Merkmal für diese epidemiologische Maßzahl. Diese minimalen jährlichen Schwankungen der Zeitraumprävalenzraten sind unter anderem auch dadurch zu erklären, daß sich auch die verkehrsbedingte Lärmbelastung kaum wesentlich veränderte; ein Indiz dafür sind die Werte in der oben angeführten Verkehrsfrequenzanalyse.

Tabelle 26: Jährliche Zeitraumprävalenzen (Ztpräv-Rate/nExp/Ztpräv-Rate/Exp) für die Diagnosegruppe der kardiovaskulären Erkrankungen unter Berücksichtigung der Lärmbelastung

Zeitraum	"wenig" belastete Regionen		"stark" belastete Regionen	
1986	0,032	nExp	0,063	Exp
1987	0,033		0,063	
1988	0,032		0,064	
1989	0,033		0,063	
1990	0,032		0,064	
1991	0,032		0,063	

Die Ausweisung der jährlichen "allgemeinen Attackrate" ermöglicht ebenfalls einen ungefähren Blick über die Veränderung der Notfalldynamik während des gesamten Untersuchungszeitraumes. Sie erleichtert die Quantifizierung des Interventionsgeschehens.

Tabelle 27: Allgemeine Attackrate im Zeitreihenvergleich bei der Diagnosegruppe der kardiovaskulären Erkrankungen in Gebieten mit "weniger" respektive "starker" Lärmbelastung

Jährliche Attackrate	"wenig" belastete Regionen	"stark" belastete Regionen
1986	3,3%	6,8%
1987	3,4%	6,8%
1988	3,3%	6,6%
1989	3,3%	6,7%
1990	3,4%	6,7%
1991	3,5%	6,7%

Das Relative Risiko (RR) weist einen Wert von RR = 1,96 auf, d.h. durch die Umweltschädigungen ist im Mittel eine 1,9fache Zunahme des Notfallgeschehens zu erwarten.

Die Berechnung des Attributablen Risikos (Überschußrisiko), mit dem also jener Wert definiert wird, der zusätzlich zur normalen Notfallhäufigkeit (= 1,0) aufgrund eines Risikofaktors auftritt, ergibt AR = 49% (d.h., mögliche Reduktion des Notfallgeschehens um 49% bei maximaler Optimierung der Präventivmaßnahmen zur Senkung der Lärmbelastung in Wohnregionen). Wenn man nun diesen Wert des Attributablen Risikos von AR = 49% in absolute Zahlen transferiert, so würde dies einer Verminderung von 3.776 Notfallinterventionen entsprechen. Die jährliche Senkung der Interventionshäufigkeit wäre um ca. 620 Notfalleinsätze.

9.11.4 Lärmbelastung und Interventionshäufigkeit bei kardiovaskulären Erkrankungen unter Berücksichtigung von Alter und Geschlecht

Auch hier interessiert die Verteilung der Bevölkerung nach Geschlecht und Altersklassen unter Bedachtnahme auf die jeweilige Lärmbelastung.

Insgesamt leben also 52% der Grazer Bevölkerung in Wohnregionen, die als "stark" lärmbelastet ausgewiesen sind.

In einem weiteren Arbeitsschritt werden nun die Verteilungsmuster der Notfallinterventionen in den "wenig" und "stark" lärmbelasteten Wohnregionen miteinander verglichen, wobei sich die Vergleiche immer auf 1.000 Personen aus der jeweils definierten Altersklasse und dem definierten Geschlecht beziehen.

Altersklasse	"wenig" belastete Regionen		"stark" belastete Regionen	
	männlich	weiblich	männlich	weiblich
0 - 15 Jahre	8.475	8.097	7.941	7.739
16 - 59 Jahre	35.169	36.878	39.627	39.660
60 u.m. Jahre	9.175	16.360	9.817	18.508
Insgesamt	52.819	61.335	57.385	65.907

Quelle: Eigene Berechnungen auf der Grundlage amtlicher Statistiken

Lärmbelastung und Interventionshäufigkeit bei kardiovaskulären Erkrankungen in der Bevölkerung unter Berücksichtigung der Altersklassen.

Altersklasse	Notfallinterventionen auf 1.000 Einwohner			
	"wenig" belastete Regionen		"stark" belastete Regionen	
	männlich	weiblich	männlich	weiblich
0 - 15 Jahre	14,1	16,1	24,0	24,2
16 - 59 Jahre	23,2	22,1	40,4	36,3
60 u.m. Jahre	138,2	80,4	183,1	131,7

Auch hier läßt sich eine deutliche Zunahme der Interventionshäufigkeit in der Bevölkerung in den höheren Altersklassen erkennen, die in lärmexponierten Wohngebieten lebt.

Der Umstand, daß faktisch bei allen Altersklassen in der männlichen wiewohl auch weiblichen lärmexponierten Bevölkerung signifikant höhere Notfallinterventionsraten feststellbar sind, muß als Indiz für die schädigende Wirkung des Lärms anerkannt werden.

So haben z.B. Untersuchungen von Lärmwirkungen auf den menschlichen Fötus gezeigt, daß bei lärmexponierten Föten nicht nur ein geringeres Geburtsgewicht, sondern auch eine erhöhte Fehlgeburtenrate beobachtbar ist (vgl. COMMITTEE ON HEARING, BIOACOUSTICS AND BIOMECHANICS 1982).

Der negative Einfluß des Lärms auf die menschliche Gesundheit in Form von Straßenverkehrslärm, Fluglärm oder auch Schienenverkehrslärm (in der Bundesrepublik Deutschland fühlen sich z.B. über 1 Million Personen nur durch den Schienenlärm gestört) kann als gesichert angesehen werden (vgl. SCHULZE/ULLMANN/MÖRSTET/BAUMBACH/HALLE/LIEBMANN/SCHNECKE /GLÄSER 1983).

Tabelle 28: Zeitraumprävalenzraten für die Diagnosegruppe der kardiovaskulären Erkrankungen bei der männlichen und weiblichen Bevölkerung im Zeitreihenvergleich unter Berücksichtigung der Altersklassen und der Lärmbelastung

Jährliche Zeitraumprävalenzen (Ztpräv-Rate/nExp/Ztpräv-Rate/Exp)

Zeitraum	Altersklasse	"wenig" belastete Regionen		"stark" belastete Regionen	
		männlich	weiblich	männlich	weiblich
1986	0 - 15a	0,014	0,014	0,023	0,024
1987	"	0,013	0,014	0,024	0,025
1988	"	0,014	0,013	0,023	0,025
1989	"	0,015	0,014	0,023	0,024
1990	"	0,014	0,013	0,023	0,024
1991	"	0,014	0,014	0,022	0,025
1986	16 - 59a	0,023	0,023	0,040	0,035
1987	"	0,024	0,023	0,041	0,036
1988	"	0,024	0,024	0,040	0,036
1989	"	0,023	0.024	0,040	0,036
1990	"	0,023	0,023	0,040	0,036
1991	"	0,024	0,023	0,039	0,035
1986	60a u. m.	0,135	0,080	0,190	0,130
1987	"	0,134	0,082	0,191	0,131
1988	"	0,135	0,080	0,191	0,132
1989	"	0,135	0,080	0,190	0,131
1990	"	0,134	0,081	0,191	0,131
1991	"	0,135	0,080	0,191	0,130

Legende: Die Werte der Zeitraumprävalenzraten ergeben sich durch die Anzahl der Notfallinterventionen in der Studienpopulation in einem definierten Zeitraum und in einer bestimmten Region.

In diesem Zusammenhang muß erwähnt werden, daß die Ergebnisse der vorliegenden Studie nicht durch die vielzitierten schichtspezifischen Verhaltensweisen (Lebensstile) oder durch die Berufsausübung wesentlich beeinflußt werden. Gerade für die beruflich bedingten Lärmexpositionen bestehen relativ strenge betriebliche Auflagen (Tragen von Gehörschutz, schallgedämpfte Maschinenanlagen bzw. schallisolierte Maschinenkontrollräume, etc.), die übrigens auch vom Arbeitsinspektorat turnusmäßig überprüft werden, sodaß die Berufsausübung alleine keinen wesentlichen Störfaktor für die Interpretation der Untersuchungsresultate darstellt (vgl. WELZL/REDISKE 1987).

Bedeutend ist jedoch, daß sich der Umweltbelastungsfaktor "Lärm" ähnlich verhält wie dies auch bei anderen Umweltnoxen festzustellen ist. Die Wirkung tritt zunächst dort am deutlichsten zu Tage, wo bereits vorgeschädigte, schwache, kranke, alte oder sich noch in der Entwicklung befindende Menschen leben, die einfach nicht mehr oder noch nicht die Möglichkeit besitzen, sich diesen Belastungsmomenten wirksam zu entziehen (vgl. THOMPSON 1981).

Die Analyse der Zeitraumprävalenzraten (Ztpräv-Raten/86-91), differenziert nach Wohnregion (wenig belastet bzw. stark belastet), Alter, Geschlecht und Untersuchungsjahr, vermittelt wiederum einen kursorischen Überblick über die jährliche Verlaufsdynamik.

Auch bei der Betrachtung der Zeitraumprävalenzen bei der weiblichen Bevölkerung zeigt sich, daß die Prävalenzraten der kardiovaskulären Erkrankungen in der lärmexponierten Bevölkerung signifikant höhere Werte aufweisen als bei den nicht Exponierten (Bevölkerung in "wenig" lärmbelasteten Regionen).

Die Ergebnisse der Zeitreihenanalyse der Zeitraumprävalenzraten eignen sich auch sehr gut für das Ausmaß und die Einschätzung gesetzter Maßnahmen (etwa für die Reduktion der Lärmintensität). So wäre es z.B. möglich, unter Zuhilfenahme der Zeitraumprävalenzraten ein EDV-gesteuertes Monitoring zu installieren, mit dem Veränderungen der akuten Erkrankungsdynamiken kurzfristig aufgezeigt werden können und damit auch ein spontanes Reagieren der Umweltbehörden oder der Gesundheitsinstitutionen bei etwaigen Auffälligkeiten zu gewährleisten (z.B. zusätzliche Gefährdungen exponierter Bevölkerungsteile bei prognostizierten Smogwetterlagen, bei saisonalbedingten überdurchschnittlichen Verkehrsaufkommen, etc.).

Die Werte des Relativen Risikos werden wieder unter Berücksichtigung der Altersklasse, der Geschlechtszugehörigkeit und der lokalspezifischen Belastungssituation angeführt. Somit kann die Gefährdung eines unter Risiko stehenden Kollektivs (Risikopopulation) ermittelt werden.

a) Charakterisierung der Häufigkeitsverteilung bei kardiovaskulären Erkrankungen bei der lärmexponierten männlichen Bevölkerung unter Zuhilfenahme des Relativen Risikos (RR), geschichtet nach Altersklassen:

Die Risikorate ermöglicht einen Eindruck auf die Stärke des Zusammenhangs zwischen der Lärmexposition und der Erkrankungsgefahr (Prüfwert: 1, d.h. hier wäre kein Unterschied bezüglich der Erkrankungsgefahr an einer zu definierenden Krankheitssensation zwischen exponierter und nicht exponierter Bevölkerung festzustellen).

Altersklasse	Relatives Risiko (RR)	Zunahme der Interventionen
0 - 15 Jahre	1,6	60 %
16 - 59 Jahre	1,7	70 %
60 u.m. Jahre	1,52	52 %

Der für alle Altersklassen errechnete Durchschnittswert des Relativen Risikos beträgt RR = 1,6.

b) Charakterisierung der Häufigkeitsverteilung bei kardiovaskulären Erkrankungen bei der lärmexponierten weiblichen Bevölkerung unter Zuhilfenahme des Relativen Risikos (RR) geschichtet nach Altersklassen:

Altersklasse	Relatives Risiko (RR)	Zunahme der Interventionen
0 - 15 Jahre	1,51	51 %
16 - 59 Jahre	1,52	52 %
60 u.m. Jahre	1,60	60 %

Der errechnete Durchschnittswert des Relativen Risikos (RR) für den gesamten Untersuchungszeitraum ist RR = 1,54.

Die Verteilung des Relativen Risikos bei der weiblichen Bevölkerung zeigt besonders in den Altersklassen der 16-59Jährigen und der über 60Jährigen Abweichungen vom Verteilungsmuster der männlichen Bevölkerung. Ein Erklärungsansatz für dieses Phänomen der unterschiedlichen Verteilungscharakteristik des Relativen Risikos bei Frauen und Männer findet sich unter anderem in der Tatsache, daß Männer in der Altersklasse der 16-59Jährigen ein generell erhöhtes Erkrankungsrisiko für kardiovaskuläre Krankheitssensationen aufweisen. In den Belastungsgebieten wird diese Prädisposition naturgemäß noch beträchtlich verstärkt.

Die wichtigsten epidemiologischen Maßzahlen für die Diagnosegruppe der kardiovaskulären Erkrankungen werden nun im interregionalen Vergleich

(Gebiete mit "weniger" und "starker" Lärmbelastung) einander gegenübergestellt.

In den Wohnregionen mit niedriger Lärmbelastung ("wenig" belastete Gebiete) werden wesentlich weniger Notfallinterventionen bei akuten kardiovaskulären Erkrankungen getätigt,als in Regionen mit "starker" Lärmbelastung.

Diese Unterschiede bei den Notfallinterventionsfrequenzen lassen sich in allen Altersklassen,sowie bei der männlichen wie auch bei der weiblichen Bevölkerung erkennen. Weiters zeigt sich eine deutliche Steigerung der Notfallinterventionshäufigkeiten mit zunehmendem Lebensalter; dies ist wiederum bei der männlichen als auch bei der weiblichen Bevölkerung ersichtlich.

Epidemiologischer Maßzahl	"wenig" belastete Regionen	"stark" belastete Regionen
Allg. Zeitraumprävalenzrate (1986-1991)	Ztpräv-Rate/ 86-91/nExp	Ztpräv-Rate/ 86-91/Exp
	0,032	0,063
Zeitraumprävalenzrate (1986-1991) kategorisiert nach Altersklassen:	männlich Ztpräv-Rate/ 86-91/nExp	männlich Ztpräv-Rate/ 86-91/Exp
0 - 15 Jahre	0,014	0,023
16 - 59 Jahre	0,023	0,040
60 u.m. Jahre	0,135	0,190
Zeitraumprävalenzrate (1986-1991) kategorisiert nach Altersklassen:	weiblich Ztpräv-Rate/ 86-91/nExp	weiblich Ztpräv-Rate/ 86-91/Exp
0 - 15 Jahre	0,014	0,024
16 - 59 Jahre	0,023	0,036
60 u.m. Jahre	0,080	0,131
Relatives Risiko (RR) männl. Bevölkerung	RR = 1,60	

Relatives Risiko (RR)
weibl. Bevölkerung RR = 1,54

Attributables Risiko (AR)
männliche Bevölkerung AR = 38%

Errechneter Absolutwert des Attributablen Risikos für den gesamten Untersuchungszeitraum: 1.347 Notfallinterventionen könnten bei einer Senkung der Lärmintensität auf das Niveau der Lärmbelastung in "wenig" belasteten Gebieten vermieden werden.

Attributables Risiko (AR)
weibliche Bevölkerung AR = 35%

Errechneter Absolutwert für den gesamten Untersuchungszeitraum:
1.420 vermeidbare Notfallinterventionen.

Aufgrund der vorliegenden Untersuchungsergebnisse geht der "Betroffenheitsgrad" (Notfallinterventionshäufigkeit) bei der lärmexponierten Bevölkerung hervor, auch wenn es sich vorläufig um einfache Analysen handelt.

Um die komplexen Zusammenhänge zwischen der Erkrankungshäufigkeit und den ausgewählten Umweltbelastungsfaktoren (Wohnqualität, Luftbelastung, Lärmbelastung) näher zu erfassen, wird in einem weiteren Abschnitt zum einen die Gewichtung der einzelnen Umweltfaktoren, zum anderen der Einfluß der intervenierenden Variablen (Alter, Geschlecht, Beruf) mittels mathematisch-statistischer Verfahren geprüft.

9.12. Die quantitative Darstellung der Gesundheitsschäden als Folge der Umweltbelastungsfaktoren

9.12.1 Methodenkritik

Nach der Analyse der Verteilungsmuster bei kardiovaskulären Erkrankungen unter Berücksichtigung der Umweltbelastungsfaktoren Wohnqualität, Luftbelastung und Lärmintensität geht es darum, die Interaktion aller Einflußfaktoren auf das kardiovaskuläre Krankheitsgeschehen hin zu untersuchen. Weiters gilt es auch den Einfluß der intervenierenden Variablen (Alter, Geschlecht, Beruf) auf die Erkrankungsdynamik zu erfassen, um feststellen zu können, welchen tatsächlichen Stellenwert dem Akkordsystem der Umweltbelastung (Zusammenwirken von Wohnqualität, Luft- und Lärmbelastung) beizumessen ist.

Die Ergebnisse der bisher durchgeführten deskriptiven Datenanalyse liefern eine Fülle von aufschlußreichen Hinweisen auf die Koinzidenz von Erkrankungshäufigkeit und Umweltbelastung. Allerdings bleibt zu beachten, daß es sich jeweils um mehrdimensionale, aber doch einfache Analysen handelt und diese voll dazu geeignet sind, die komplexen Zusammenhänge zwischen der Erkrankungshäufigkeit und den Umwelteinflüssen verläßlich zu erfassen.

Da in bisher veröffentlichten Arbeiten zur Thematik "umweltinduziertes Krankheitsgeschehen" faktisch immer nur die Auswirkungen eines einzigen Belastungsfaktors auf eine bestimmte exponierte Bevölkerung einer detaillierten Untersuchung unterzogen wurde, wird in der vorliegenden Studie eine Ausweitung der Fragestellung versucht, inwiefern sich die addierten Wirkungsflüsse der einzelnen Belastungsfaktoren unter Berücksichtigung der soziodemographischen Variablen (Alter, Geschlecht, Beruf) auf die Erkrankungsdynamik nachweisen lassen. Den Ausgangspunkt der Überlegungen bildet die Tatsache, daß in den als "stark" belastet deklarierten Wohnregionen nicht nur eine Umweltnoxe wirksam ist, sondern daß die vorhandenen Umweltbelastungsfaktoren in Form eines "Zusammenspiels" (Akkordsystem von Wohnqualität, Luft- und Lärmbelastung) wirksam werden.

Die Ermittlung dieser Wirkungsflüsse in den Belastungsgebieten gestaltet sich methodisch nicht einfach, da eine der probatesten mathematisch-statistischen Methode, die Regressionsanalyse, aufgrund der Nichterfüllung der Prämissen für diese Berechnungsart nicht angewendet werden kann. Obwohl im Schrifttum immer wieder auf die Bedeutung des linearen Regressionsmodells für die Untersuchung der Interaktionen mehrerer Einflußfaktoren auf die Erkrankungswahrscheinlichkeit hingewiesen wird, eignet sich dieses Modell aus folgenden Gründen nicht (vgl. PFEIFER/KÖCK/PICHLER-SEMMELROCK 1988).

9.12.2 Zur Nichtlinearität von Ergebnissen und statistischen Befunden

Gerade bei sozial- und umweltepidemiologischen Untersuchungen ist in vielen Fällen davon auszugehen, daß die Beziehung zwischen der abhängigen und der unabhängigen Variable sich am besten durch eine Kurve beschreiben läßt (Nichtlinearität).

Eine andere Facette der Nichtlinearität liegt vor, wenn bei einem „Mehr-Variablen Fall" sich die Wirkungen von unabhängigen Variablen nicht additiv verknüpfen, sondern bestimmten Variablen besonders große Bedeutung zukommt.

Obwohl es in manchen Fällen durchaus möglich erscheint, eine nichtlineare Beziehung durch spezielle Transformation der Variablen in eine lineare Beziehung überzuführen, z.B. durch Anwendung eines Probit- oder eines Logitmodells, gestaltet sich die Wahl eines geeigneten Funktionstyps als sehr schwierig (vgl. OSTRO 1983).

9.12.3 Zur Multikollinearität

Während die Nichtlinearität in manchen Fällen in eine lineare Beziehung transformiert werden kann, stellt die Multikollinearität ein methodisch unüberwindbares Hindernis dar. Bei empirischen Daten besteht zumindest theoretisch immer die Gefahr einer Multikollinearität. Zum Problem wird dies erst dann, wenn eine starke Abhängigkeit zwischen den sogenannten unabhängigen Variablen besteht. Bei einer vollständigen Multikollinearität ist die Regressionsanalyse faktisch rechnerisch nicht mehr sinnvoll. Bei der mathematisch-statistischen Aufbereitung der dieser Untersuchung zugrundeliegenden Daten wurde die Annahme bestärkt, daß zwischen den unabhängigen Variablen Luft- und Lärmbelastung, aber auch zwischen der Gruppe der unabhängigen Variablen Wohnqualität, Luft- und Lärmbelastung eine starke Abhängigkeit besteht (vgl. YANA/INABA/TAKAGI/YAMAMOTO 1979; MORAW 1948).

Dieser Umstand erforderte eine neuerliche methodische Ausrichtung der statistischen Operationen, sodaß anstatt der multiplen Regressionsanalyse die Synergismus-Indexberechnung sinnvoll erschien.

9.13. Zum Nachweis der Koinzidenz von kardiovaskulären Erkrankungen und der Existenz von umweltinduzierten Mehrfachbelastungen

Im folgenden Abschnitt wird unter Zuhilfenahme einer Synergismen-Matrix das Zusammenwirken der einzelnen Umweltbelastungsfaktoren (Wohnqualität, Luft- und Lärmbelastung) angeführt, um damit den statistischen Nachweis der Akkordwirkung der Belastungsfaktoren zu erbringen. Erst nach der Ausweisung der Synergismen erfolgt dann nochmals die Gegenüberstellung der wichtigsten epidemiologischen Maßzahlen in den "wenig" respektive "stark" belasteten Wohnregionen. Dieser methodische Schritt wurde deshalb notwendig, weil es in der Realität de facto keine Wohnregionen gibt, deren Exposition von nur einem Belastungsfaktor beeinträchtigt ist.

Die Synergismen-Indexberechnung zeigt sehr deutlich, daß die jeweiligen Belastungsfaktoren (Wohnqualität, Luft- und Lärmbelastung) als Akkordsystem wirksam werden (die Bandbreite der einzelnen Synergismen-Indizes bewegt sich von 4,3 bis zu einem Wert von 5,7; der Prüfwert für die synergetische Wirkung von zwei Faktoren ist SYN > als 1; diese Bedingung erscheint überall als erfüllt).

Dieser Nachweis der Synergismen ist nicht nur für die epidemiologische Beweisführung des Zusammenhanges zwischen Umweltbelastung und dem erhöhten Auftreten bestimmter Krankheitssensationen von Bedeutung, aufgrund der Synergismen-Matrix lassen sich auch die Koinzidenzen der einzelnen Belastungsfaktoren deutlich erkennen. Man eröffnet dadurch für die Konzeption stadtplanerischer wie aber auch gesundheitspolitischer Überlegungen neue Perspektiven. Aufgrund der Synergismen-Matrix erfolgt nun eine neuerliche Überprüfung der Prävalenz kardiovaskulärer Erkrankungen in "wenig" und in "stark" belasteten Wohnregionen, wobei nun immer vom Zusammenwirken der Belastungsfaktoren Wohnqualität, Luft- und Lärmbelastung als dem Akkordsystem der "Wohnumfeldqualität" ausgegangen wird:

Synergismen-Matrix für das Zusammenwirken von Wohnqualität, Luft- und Lärmbelastung als Akkordsystem für die Diagnosegruppe der kardiovaskulären Erkrankungen:

	Wohnqualität	Luftbelastung	Lärmbelastung
Wohnqualität		SYN = 5,1	SYN = 4,3
Luftbelastung	SYN = 5,1		SYN = 5,7
Lärmbelastung	SYN = 4,3	SYN = 5,7	

Prüfwert: SYN > 1 = Nachweis der synergetischen Wirkung der jeweiligen geprüften Belastungsfaktoren. Werte, die größer als 1 sind, weisen auf eine synergetische Wirkung hin.

9.14. Verteilungspanorama der Notfallinterventionen bei kardiovaskulären Erkrankungen unter Berücksichtigung der Wohnumfeldbelastung

Die Analyse der Zeitraumprävalenzraten bei kardiovaskulären Krankheitssensationen unter Berücksichtigung der Wohnumfeldbelastung (Zusammenwirken von Wohnqualität, Luft- und Lärmbelastung) weist ebenfalls signifikante Unterschiede bei den Notfallinterventionen zwischen den "wenig" und den "stark" belasteten Wohnregionen aus.

Während sich der Wert der Zeitraumprävalenzrate (Durchschnittswert für den gesamten Untersuchungszeitraum von 1986 bis 1991) in den "stark" belasteten Wohnregionen auf

Ztpräv-Rate/86-91/Exp 0,062

beläuft, beträgt ihr Wert in den "wenig" belasteten Regionen hingegen nur

Ztpräv-Rate/86-91/nExp 0,033.

Bildet man nun die Differenzmaße der Häufigkeiten bei den zwei zu vergleichenden Gruppen (nicht exponierte bzw. exponierte Bevölkerung), so ergibt sich eine Prävalenzdifferenz (Assoziationsausmaß) von

PD = 0,029.

Bei einem Vergleich der Verteilungsmuster der kardiovaskulären Erkrankungen, unter besonderer Berücksichtigung der einzelnen Belastungsfaktoren, läßt sich der Synergismuseffekt erkennen.

Interventionen pro 1.000 Einwohner	"wenig" belastete Regionen	"stark" belastete Regionen
Wohnqualität	34,0	62,0
Luftqualität	35,0	63,0
Lärmbelastung	33,8	62,2

Die sehr geringen Abweichungen zwischen den einzelnen Belastungsfaktoren sind als Indiz für die Koinzidenz der Belastungsfaktoren "Wohnqualität, Luft- und Lärmbelastung" zu werten.

Eine ganz wesentliche epidemiologische Maßzahl stellt das Relative Risiko (RR) dar. Der errechnete Wert des Relativen Risikos (RR) für die Diagnosegruppe der kardiovaskulären Erkrankungen unter Berücksichtigung der Wohnumfeldqualität (Akkordsystem "Wohnqualität, Luft- und Lärmbelastung") kann mit RR = 1,9 genannt werden, d. h. die Umweltbelastungsfaktoren erzeugen im Mittel die 1,9fache Notfallhäufigkeit.

Auf der Grundlage des Relativen Risikos kann auch das Attributable Risiko (AR) ausgewiesen werden: AR = 47%, d.h. 47% der registrierten Notfallinterventionen bei kardiovaskulären Erkrankungen könnten vermieden werden, wenn das als ursächlich wirkende Akkordsystem von Umweltbelastungsfaktoren (Wohnqualität, Luft- und Lärmbelastung) wegfiele. Es handelt sich also hier um einen quantifizierbaren Eindruck der Wirkung präventiver Maßnahmen.

Der interregionale Vergleich der wesentlichsten epidemiologischen Maßzahlen bei den kardiovaskulären Erkrankungen unter Berücksichtigung der Wohnumfeldqualität (Akkordsystem von "Wohnqualität, Luft- und Lärmbelastung") soll nochmals einen Einblick auf die verschiedenen Erkrankungshäufigkeiten in den Untersuchungsgebieten ("wenig" bzw. "stark" belastete Regionien) gewähren:

Epidemiologische Maßzahl	"wenig" belastete Regionen	"stark" belastete Regionen
Zeitraumprävalenzraten (1986-1991)	Ztpräv-Rate/ 86-91/nExp 0,062	Ztpräv-Rate/ 86-91/Exp 0,033

Prävalenzdifferenz (PD, Assoziationsmaß)
zwischen "wenig" und "stark" belastete Wohnregionen

PD = 0,029

Attackraten	3,3%	6,3%

Relatives Risiko RR = 1,9
(Die Zahl der Notfallinterventionen steigt um 90 %.)

Attributables Risiko AR = 47%
Bei erfolgreicher Prävention, Senkung der Umweltbelastung, könnten 47% der Notfallinterventionen vermieden werden!

9.14.1 Alters- und geschlechtsspezifische Notfallhäufigkeit bei der Diagnosegruppe der kardiovaskulären Erkrankungen

Um die Verzerrungen der vorliegenden Untersuchungsergebnisse möglichst gering zu halten, werden nun in einer Feinanalyse die Störgrößen "Alter und Geschlecht" in die statistische Auswertung miteinbezogen.

Bei der Häufigkeitsverteilung der Notfallinterventionen bei kardiovaskulären Erkrankungen, unter Berücksichtigung der Wohnumfeldqualität (Akkordsystem von "Wohnqualität, Luft- und Lärmbelastung"), des Alters und des Geschlechts der Patienten lassen sich wiederum eindeutige Unterschiede zwischen den Belastungsgebieten und den Vergleichsgebieten erkennen.

	Notfallinterventionen auf 1.000 Einwohner			
Altersklasse	"wenig" belastete Regionen		"stark" belastete Regionen	
	männlich	weiblich	männlich	weiblich
0 - 15 Jahre	13,2	18,7	21,5	23,8
16 - 59 Jahre	25,2	20,1	40,1	36,9
60 u. m. Jahre	126,8	99,5	172,1	129,6

In beiden Bevökerungsgruppen (männlich und weiblich) sind durch alle Altersklassen hindurch sehr markante Differenzen bei der Interventionshäufigkeit zwischen den "wenig" und den "stark" belasteten Wohnregionen erkennbar.

Tabelle 29: Kumulative Inzidenzraten (Rto,t) im Zeitreihenvergleich bei kardiovaskulären Erkrankungen unter Berücksichtigung der Wohnumfeldqualität (Akkordsystem von "Wohnqualität, Luft- und Lärmbelastung") und des Alters bei der männlichen bzw. weiblichen Bevölkerung

Zeitraum	Altersklasse	"wenig" belastete Regionen männlich	"wenig" belastete Regionen weiblich	"stark" belastete Regionen männlich	"stark" belastete Regionen weiblich
1986	0 - 15a	0,0021	0,0025	0,0040	0,0040
1987	"	0,0022	0,0026	0,0041	0,0041
1988	"	0,0021	0,0026	0,0043	0,0041
1989	"	0,0022	0,0026	0,0044	0,0040
1990	"	0,0021	0,0027	0,0040	0,0042
1991	"	0,0021	0,0026	0,0041	0,0042
1986	16 - 59a	0,0039	0,0036	0,0068	0,0061
1987	"	0,0040	0,0036	0,0069	0,0062
1988	"	0,0039	0,0037	0,0068	0,0062
1989	"	0,0039	0,0037	0,0069	0,0061
1990	"	0,0039	0,0037	0,0068	0.0062
1991	"	0,0039	0,0036	0,0068	0,0061
1986	60a u. m.	0,0233	0,0135	0,0312	0,0224
1987	"	0,0233	0,0135	0,0313	0,0225
1988	"	0,0232	0,0134	0,0312	0,0224
1989	"	0,0233	0,0136	0,0314	0,0226
1990	"	0,0231	0,0135	0,0312	0,0226
1991	"	0,0233	0,0135	0,0312	0,0225

Legende: Die Werte der Zeitraumprävalenzraten ergeben sich durch die Anzahl der Notfallinterventionen in der Studienpopulation in einem definierten Zeitraumund in einer bestimmten Region.

Die höchsten Notfallinterventionsraten bei den kardiovaskulären Erkrankungen, sowohl bei der weiblichen wie auch bei der männlichen Bevölkerung, finden sich in den Altersklassen der über 60Jährigen. Die sehr hohen Notfallinterventionsraten bei der über 60jährigen exponierten Bevölkerung unterstreichen einmal mehr die erhöhte Sensibilität dieser Personengruppe auf Umweltnoxen, die noch durch das teilweise vorhandene Unvermögen verstärkt wird, umweltinduzierten Belastungen durch Kompensation (z.B. mehrmaliges tägliches Verlassen der Wohnung, Ausgleichssport, Bewegung, Wohnungstausch, etc.) zu begegnen (vgl. WICHMANN/MÜLLER/ALLHOFF 1986).

Eine weitere epidemiologische Maßzahl, die sich vor allem für Längsschnittstudien eignet, ist die Inzidenz. Im allgemeinen wird bei der Inzidenz zwischen zwei Klassen von Maßen unterschieden, mit denen die Inzidenz quantifiziert werden kann. Es handelt sich hiebei um die sogenannte Rate. Sie stellt ein Charakteristikum für eine gesamte Population dar und dem Risiko, also der Wahrscheinlichkeit, daß ein Individuum eine spezifische Krankheit innerhalb einer festgelegten Periode entwickelt.

Für die vorliegende Untersuchung war es daher interessant, die bedingte Wahrscheinlich (Rto,t) zu ermitteln, daß eine Person aus der Zielpopulation (Bevölkerung in den "wenig" bzw. "stark" belasteten Regionen), welche zum Zeitpunkt (to) ohne die spezifische Erkrankung ist, diese aber innerhalb der definierten Zeitspanne (to,t) entwickelt. Das Mittel der Wahl für die Abschätzung der bedingten Wahrscheinlichkeit (Rto,t) stellt die Berechnung der kumulativen Inzidenzrate dar.

Als Charakteristika der Konfiguration der „Kumulativen Inzidenzraten" im Zeitreihenvergleich lassen sich zum einen in den eindeutigen Differenzen bei der Erkrankungswahrscheinlichkeit zwischen den "wenig" und den "stark" belasteten Wohnregionen und zum anderen in der sehr geringen jährlichen Schwankungsbreite nennen, die übrigens den "stark" wie auch "wenig" belasteten Regionen zu eigen ist. Auch der Verlauf der „Kumulativen Inzidenzraten" bei der weiblichen Bevölkerung zeigt sehr ähnliche Tendenzen.

Zusammenfassend läßt sich für die Zeitreihenbetrachtung feststellen, daß die Werte der „Kumulativen Inzidenzraten" über die Jahre 1986 bis 1991 relative homogene Verläufe aufweisen, ein Phänomen, das bei der Analyse der Zeitraumprävalenzraten ebenfalls schon öfters beobachtet wurde.

Zeitraumprävalenzraten (Beobachtungszeitraum: 1986 bis 1991) für "wenig" und "stark" belastete Wohnregionen für die Diagnosegruppe der kardiovaskulären Erkrankungen bei der männlichen bzw. weiblichen Bevölkerung gestaffelt nach Altersklassen:

	Zeitraumprävalenzrate (1986-1991)	
Altersklasse	"wenig" belastete Regionen männlich/weiblich	"stark" belastete Regionen männlich/weiblich
0 - 15 Jahre	0,013/0,019	0,021/0,024
16 - 59 Jahre	0,025/0,020	0,040/0,040
60 u.m. Jahre	0,126/0,099	0,172/0,130

Als epidemiologische Maßzahl ist auch die Ausweisung der Zeitraumprävalenzraten (Ztpräv-Rate/86-91) für die "wenig" bzw. "stark" belasteten Untersuchungsgebiete, wobei wiederum die intervenierenden Variablen Alter und Geschlecht berücksichtigt wurden, zu betrachten.

Auch die Prävalenzdifferenz (PD), also die Differenz der Häufigkeitsmaße der zwei zu vergleichenden Gruppen ("wenig" respektive "stark" belastete Gebiete) verdeutlicht die Assoziation der Exposition zum Gesundheitszustand.

Bei der männlichen wie auch bei der weiblichen Bevölkerung ergeben sich folgende Prävalenzdifferenzen beim Vergleich der exponierten bzw. nicht exponierten Bevölkerung, unterschieden nach Alter und Geschlecht der Notfallpatienten.

Prävalenzdifferenzen (PD) zwischen exponierter und nicht exponierter männlicher und weiblicher Bevölkerung für die Interventionshäufigkeit bei der Diagnosegruppe der kardiovaskulären Erkrankungen:

Altersklasse	PD männlich	PD weiblich
0 - 15 Jahre	0,08	0,05
16 - 59 Jahre	0,15	0,20
60 u. m. Jahre	0,46	0,31

Mit zunehmendem Lebensalter - in den meisten aller Fälle ist damit auch eine längere Expositionszeit verbunden - zeichnen sich auch größere Prävalenzdifferenzen ab, dies ist übrigens bei beiderlei Geschlecht konstatierbar.

Die Berechnung des Relativen Risikos (RR) vermittelt nun wiederum einen Eindruck von der Stärke des Zusammenhanges zwischen der Lärmbelastung und der Erkrankungsgefahr.

Die alters- und geschlechtsspezifischen Werte des Relativen Risikos (RR) zeigen nachstehende Ausprägungsgrade:

Altersklasse	RR männlich	RR weiblich
0 - 15 Jahre	1,5	1,2
16 - 59 Jahre	1,7	1,8
60 u. m. Jahre	1,7	1,7

Graphik 7: Zunahme der alters- und geschlechtsspezifischen Notfallinterventionen bei kardiovaskulären Erkrankungen unter Berücksichtigung der Wohnumfeldqualität

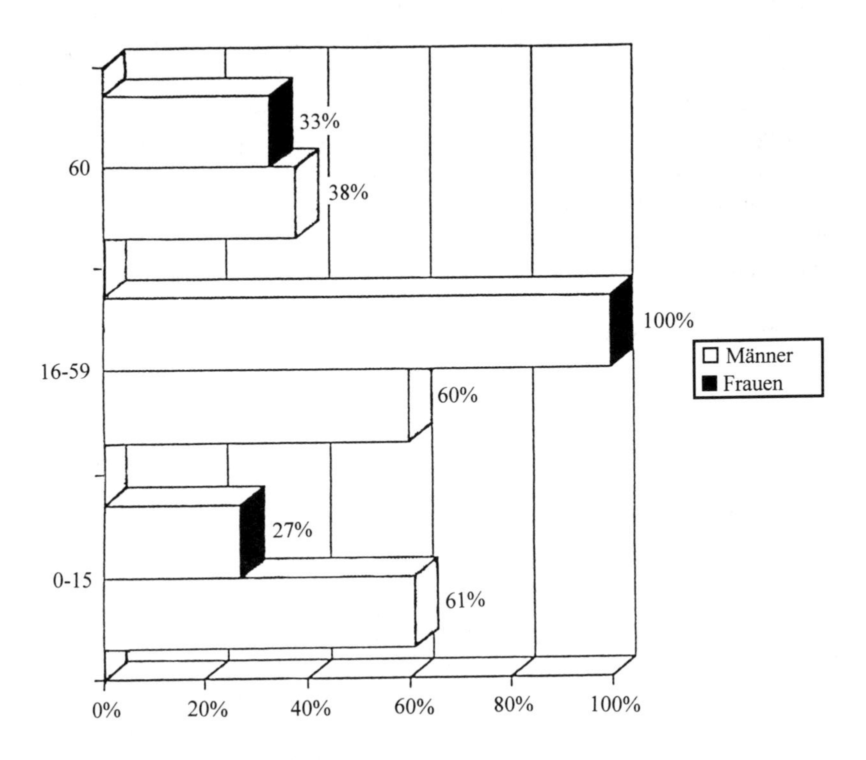

Auf der Grundlage der Werte des Relativen Risikos (RR) ist es nun möglich, die perzentuelle Steigerung der Notfallinterventionen bei kardiovaskulären Erkrankungen für jede Altersklasse bei der männlichen, wie auch bei der weiblichen exponierten Bevölkerung zu eruieren.

Hier zeigen sich erstmals doch recht herausragende Unterschiede bei den einzelnen Steigerungsraten der Notfallinterventionen in den umweltbelasteten Wohnregionen, sowohl innerhalb der Altersklassen als auch zwischen der männlichen und der weiblichen Bevölkerung. Am deutlichsten ist dies in der Altersklasse der 16-59Jährigen zu bemerken. Hier beträgt die Differenz der Notfallinterventionen zwischen der männlichen und der weiblichen Bevölkerung immerhin 40%.

Für die Interpretation dieser doch sehr heterogenen Steigerungsraten der Notfallinterventionen ist eine weitere Feinanalyse sinnvoll, wobei als zusätzlicher Indikator die Dauer des Krankenhausaufenthaltes der Notfallpatienten in die Überlegungen miteinbezogen wurde. Während die Krankenhausverweildauer in der Altersklasse der 0-15Jährigen (häufigste Notfalldiagnosen: akutes rheumatisches Fieber: ICD 390-392, hypertensive Herzkrankheiten: ICD 402-404, Herzrhythmusstörungen: ICD 427, Phlebitis, venöse Embolie und Thrombose: ICD 451-453) im Durchschnitt bei 11,4 Tage lag, betrug sie in der Altersklasse der über 60Jährigen immerhin durchschnittlich 27,8 Tage, wobei die durchschnittliche Aufenthaltsdauer für diese Krankheitssensationen österreichweit bei ca. 20,1 Tagen liegt.

Diese erhöhte Spitalsaufenthaltsdauer von Patienten, die sich aus der exponierten Bevölkerung rekrutieren, wurde auch bei verschiedenen Untersuchungen in der Bundesrepublik Deutschland zum Thema "Luftverschmutzung und Krankheitskosten" festgestellt (vgl. HEINZ 1990). Hier ergeben sich speziell für Nachsorgeinstitutionen (mobile Hauskrankenpflege, Heimhilfe, Sozialdienste, etc.) neue Perspektiven für die Standortbestimmung, weil davon ausgegangen werden kann, daß gerade in exponierten Regionen lebende Patienten einer längeren und intensiveren postklinischen Nachsorge bedürfen.

Auf der Grundlage der vorliegenden Ergebnisse wäre es z.B. denkbar, unterschiedliche Krankenhausverweilsdauer der exponierten bzw. nicht exponierten Bevölkerung bei bestimmten Erkrankungen gegenüberzustellen, um damit auch zu umfassenden Abschätzungen von Krankheitsfolgekosten für Patienten aus Belastungsgebieten zu gelangen.

Tabelle 30: Attributables Risiko (AR = zusätzliches Risiko in belasteten Gebieten) für die Diagnosegruppe der kardiovaskulären Erkrankungen unter Berücksichtigung des Alters und des Geschlechts

Altersklasse	AR männl. Bevölkerung	AR weibl. Bevölkerung
0 - 15 Jahre	33%	17%
16 - 59 Jahre	41%	44%
60 u. m. Jahre	41%	41%
Durchschnittswerte:	38,3%	34%

Eine weitere wichtige Größe beim Vergleich der Notfallhäufigkeiten zwischen der exponierten bzw. nicht exponierten Bevölkerung ist das Attributable

Risiko (AR), eine Maßzahl zur Definition jenes Anteiles, der zusätzlich zur normalen Krankheitshäufigkeit (= 1,0) aufgrund eines Risikofaktors bzw. von Risikofaktoren (Akkordsystem) auftritt.

Die Werte des Attributablen Risikos vermitteln demnach einen quantifizierbaren Eindruck von dem Ausmaß, das erfolgreiche präventive Maßnahmen (Luftreinhaltung, Lärmbelastung, Bau und Ausstattung von Wohn- und Freizeitanlagen, etc.) haben könnten. Gerade für gesundheitspolitische und stadtplanerische Überlegungen zur künftigen Ausgestaltung des Lebensraumes "Stadt" können die Werte des Attributablen Risikos eine substantielle Orientierungshilfe bieten, mit der es möglich ist, die Wirkung von Veränderungen (z.B. Schadstoffreduktion, Lärmbekämpfung, etc.) mit Hilfe eines Monitorings zu quantifizieren.

Der interregionale Vergleich der epidemiologischen Maßzahlen für die Diagnosegruppe der kardiovaskulären Erkrankungen soll wiederum einen kursorischen Blick über die wesentlichsten Erkrankungscharakteristika in den Belastungsgebieten bzw. in den Vergleichsgebieten ("wenig" belastete Gebiete) gewährleisten.

Interregionaler Vergleich der epidemiologischen Maßzahlen für die Diagnosegruppe der kardiovaskulären Erkrankungen unter besonderer Berücksichtigung der Wohnumfeldqualität (Akkordsystem von "Wohnqualität, Luft- und Lärmbelastung"):

Epidemiologische Maßzahl	"wenig" belastete Regionen	"stark" belastete Regionen
Zeitraumprävalenzraten (1986-1991) männl. Bevölkerung	Ztpräv-Rate/ 86-91/nExp 0,054	Ztpräv-Rate/ 86-91/Exp 0,078
Zeitraumprävalenzraten (1986-1991) weibl. Bevölkerung	Ztpräv-Rate/ 86-91/nExp 0,046	Ztpräv-Rate/ 86-91/Exp 0,065
Prävalenzdifferenz PD männl. Bevölkerung (Differenzmaß)	0,024	
Prävalenzdifferenz PD weibl. Bevölkerung (Differenzmaß)	0,019	

Altersspezifische kumulative Inzidenzrate innerhalb der Periode: 1986-1991 männl. Bevölkerung			
Altersklasse	0 - 15 Jahre	0,0021	0,0041
	16 - 59 Jahre	0,0039	0,0068
	60 u. m. Jahre	0,0232	0,0312
Altersspezifische kumulative Inzidenzrate innerhalb der Periode: 1986-1991 weibl. Bevölkerung			
Altersklasse	0 - 15 Jahre	0,0026	0,0041
	16 - 59 Jahre	0,0036	0,0061
	60 u. m. Jahre	0,0135	0,0225
Attackrate männl. Bevölkerung		5,1%	9%
Attackrate weibl. Bevölkerung		4,3%	8,8%
Relatives Risiko männl. Bevölkerung		1,63	
Relatives Risiko weibl. Bevölkerung		1,56	
Attributables Risiko männl. Bevölkerung (zusätzliches Risiko in belasteten Gebieten; prozentueller Anteil der vermeidbaren Notfallinterventionen)		39%	
Attributables Risiko weibl. Bevölkerung (Prozentueller Anteil der vermeidbaren Notfallinterventionen)		36%	

Für die Diagnosegruppe der kardiovaskulären Erkrankungen kann aufgrund der vorliegenden statistischen Datenauswertung davon ausgegangen werden, daß eine Koinzidenz von Umweltbelastungsfaktoren und dem vermehrten Auftreten kardiovaskulärer Krankheitssensationen als gegeben anzunehmen ist. Selbst unter Berücksichtigung der Störvariablen Alter und Geschlecht, lassen sich klare Unterschiede bei der Erkrankungshäufigkeit bzw. bei der Frequenz der Notfallinterventionen zwischen den "wenig" und den "stark" belasteten Wohngebieten erkennen. Obwohl natürlich hier von keinen kausalen Wirkungsbeziehungen ausgegangen werden kann, sind dennoch eindeutige, statistisch gesicherte Zusammenhänge zwischen dem Krankheitsgeschehen und der Belastungssituation nachweisbar. Es existieren also mehr oder weniger starke Indizien für das Vorliegen umweltbedingter Gesundheitseffekte.

Zusammenfassend kann festgehalten werden, daß erwartungsgemäß die Notfallinterventionsrate bei akuten Herz-Kreislauferkrankungen in umweltbelasteten Wohnregionen bedeutend höhere Werte aufwiesen als in den Vergleichsgebieten (Regionen mit "weniger" Belastung). Darüberhinaus läßt sich für die Zeitreihenbetrachtung feststellen, daß die jeweiligen epidemiologischen Maßzahlen über die Jahre 1986 bis 1991 relativ homogene Verläufe aufweisen, wobei dies sowohl für alle Altersgruppen als auch für die männliche wie auch weibliche Bevölkerung zutrifft.

9.15. Zum Nachweis der Koinzidenz von pulmonalen Erkrankungen und der Existenz von umweltinduzierten Mehrfachbelastungen

Wie schon bei der Diagnosegruppe der kardiovaskulären Erkrankungen muß auch bei den pulmonalen Krankheitssensationen davon ausgegangen werden, daß das Zusammenwirken der in die Untersuchung aufgenommenen Umweltfaktoren (Wohnqualität, Luftverschmutzung und Lärmbelastung) den Effekt der Wirkung eines Faktors alleine übertrifft.

9.15.1 Verteilungshäufigkeiten der Notfallinterventionen bei pulmonalen Erkrankungen unter Berücksichtigung der Wohnumfeldqualität

Die Häufigkeitsverteilung rettungsdienstlicher Interventionen bei pulmonalen Erkrankungen ergibt nun auf der Basis der Synergismen-Matrix folgendes Bild.

In den Belastungsgebieten (Akkordsystem von Wohnqualität, Luft- und Lärmbelastung = Wohnumfeldqualität) beträgt die Zeitraumprävalenzrate

Ztpräv-Rate/86-91/Exp 0,017,

hingegen in den als "wenig" belastet ausgewiesenen Regionen beläuft sie sich auf

Ztpräv-Rate/86-91/nExp 0,010.

Der Wert des Relativen Risikos (RR) kann mit RR = 1,7 genannt werden.

Graphik 8: Kennwertdarstellung für die Diagnosegruppe **pulmonale Erkrankungen** unter Berücksichtigung der **Wohnumfeldqualität** (Interventionen pro 1.000 Einwohner)

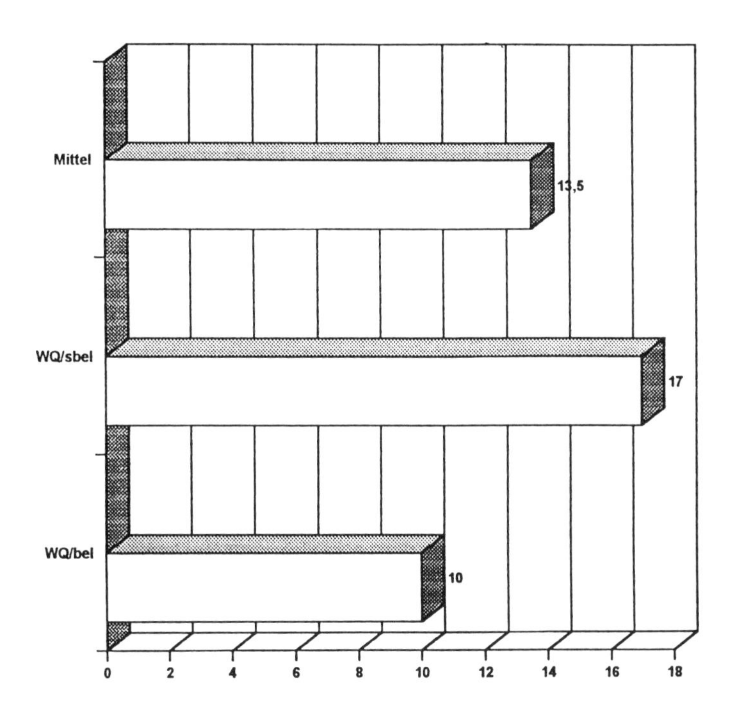

N = 3 328

Wohnumfeldqualität = Wirkungsgefüge der berücksichtigten Belastungsarten

Durch die Wirkung des Akkordsystems der Umweltbelastungsfaktoren (Wohnqualität, Luft- und Lärmbelastung) steigt die Anzahl der Notfallinterventionen bei der Diagnosegruppe der pulmonalen Erkrankungen in stark umweltbelasteten Gebieten um 76%. Dieser Wert ist als Mittelwert für den gesamten Untersuchungszeitraum (1986 bis 1991) ausgewiesen.

Für die Diagnosegruppe der pulmonalen Erkrankungen beträgt das Attributable Risiko AR = 41%, d.h. 41% der registrierten Interventionen könnten bei einer Reduktion der umweltinduzierten Belastungen (Akkordsystem von Wohnqualität, Luft- und Lärmbelastung) auf das Niveau der Minimalbelastung in den "wenig" belasteten Wohnregionen gebracht werden. In Absolutzahlen würde dies für den Untersuchungszeitraum von 1986 bis 1991 eine tatsächliche Verminderung der Einsatzfrequenz bei pulmonalen Erkrankungen um 903 Interventionen bedeuten, damit würden übrigens auch ca. 2.750 Arbeitsstunden von Notärzten und Sanitätspersonal eingespart.

Im nachstehenden, interregionalen Vergleich der wesentlichsten epidemiologischen Maßzahlen für die pulmonalen Erkrankungen soll wiederum eine zusammenfassende Gegenüberstellung der Unterschiede in den "wenig" bzw. "stark" belasteten Untersuchungsregionen erfolgen:

Epidemiologische Maßzahl	"wenig" belastete Regionen	"stark" belastete Regionen
Zeitraumprävalenzraten (1986-1991)	Ztpräv-Rate/ 86-91/nExp 0,010	Ztpräv-Rate/ 86-91/Exp 0,017
Relatives Risiko (RR)	1,7	
Attributables Risiko (AR)	41%	

Bei erfolgreicher Prävention, Senkung der Umweltbelastung, könnten 41% der Notfallinterventionen vermieden werden!

9.15.2 Alters- und geschlechtsspezifische Notfallhäufigkeit bei der Diagnosegruppe der pulmonalen Erkrankungen

Um den möglichen Einflüssen der intervenierenden Variablen "Alter und Geschlecht" auf die Ergebnisse der Untersuchung wirksam zu begegnen, erfolgt nun eine Schichtanalyse, die die Vergleichbarkeit der Erkrankungshäufigkeiten in den "wenig" bzw. "stark" belasteten Wohngebieten gewährleisten soll.

Bei der männlichen wiewohl auch bei der weiblichen Bevölkerung lassen sich in allen Altersklassen markante Unterschiede bei der Notfallhäufigkeit zwischen den Belastungsgebieten und den Vergleichsgebieten konstatieren. Besonders deutlich tritt hier das Phänomen der "Adaptionsüberforderung" zu Tage, d.h., daß junge Menschen, sei es entwicklungsbedingt oder aufgrund von Vorschädigungen und sehr alte Menschen mit einem bereits geschwächten Organismus besonders sensibel auf Umweltbelastungen reagieren (vgl. HOLLAND/BENNETT et al. 1979).

Tabelle 31: Kumulative Inzidenzraten (Rto,o) im Zeitreihenvergleich bei pulmonalen Erkrankungen unter Berücksichtigung der Komplexgröße "Wohnumfeldqualität" und des Alters bei der männlichen und weiblichen Bevölkerung

Zeitraum	Altersklasse	"wenig" belastete Regionen männlich	"wenig" belastete Regionen weiblich	"stark" belastete Regionen männlich	"stark" belastete Regionen weiblich
1986	0 - 15a	0,0028	0,0025	0,0044	0,0037
1987	"	0,0027	0,0024	0,0043	0,0037
1988	"	0,0027	0,0025	0,0044	0,0038
1989	"	0,0028	0,0025	0,0044	0,0037
1990	"	0,0028	0,0024	0,0044	0,0037
1991	"	0,0027	0,0025	0,0045	0,0037
1986	16 - 59a	0,0010	0,0010	0,0017	0,0015
1987	"	0,0011	0,0010	0,0018	0,0016
1988	"	0,0010	0,0011	0,0018	0,0016
1989	"	0,0010	0,0010	0,0018	0,0025
1990	"	0,0009	0,0010	0,0017	0,0015
1991	"	0,0011	0,0010	0,0018	0,0016
1986	60a u. m.	0,0045	0,0036	0,0072	0,0048
1987	"	0,0045	0,0036	0,0073	0,0047
1988	"	0,0044	0,0035	0,0072	0,0047
1989	"	0,0045	0,0036	0,0073	0,0047
1990	"	0,0044	0,0036	0,0072	0,0048
1991	"	0,0045	0,0036	0,0073	0,0047

Legende: Die Werte der Zeitraumprävalenzraten ergeben sich durch die Anzahl der Notfallinterventionen in der Studienpopulation in einem definierten Zeitraum und in einer bestimmten Region.

Die tabellarische Auswertung der Zeitraumprävalenzraten (1986 bis 1991) für die Diagnosegruppe der pulmonalen Erkrankungen, die gestaffelt nach Alter und Geschlecht der Notfallpatienten angeführt wird, ermöglicht ebenfalls eine Prüfung des Wirkungsspektrums der Komplexgröße Wohnumfeldqualität auf die Erkrankungshäufigkeit.

Häufigkeitsverteilung der Notfallinterventionen bei pulmonalen Erkrankungen unter Berücksichtigung der Wohnumfeldqualität, des Alters und des Geschlechtes der Patienten:

Alters-klasse	Notfallinterventionen auf 1.000 Einwohner			
	"wenig" belastete Regionen		"stark" belastete Regionen	
	männlich	weiblich	männlich	weiblich
0 - 15 Jahre	19,1	16,2	27,2	21,7
16 - 59 Jahre	6,5	6,2	10,4	9,2
60 u.m. Jahre	35,2	22,1	44,2	43,6

Beim Vergleich der jährlichen Kumulativen Inzidenzraten (Rto, t) für die Diagnosegruppe der pulmonalen Erkrankungen sind wieder die sehr geringen jährlichen Schwankungen auffällig.

Zeitraumprävalenzraten (1986 bis 1991) für "wenig" und "stark" belastete Wohnregionen für die Diagnosegruppe der pulmonalen Erkrankungen, geschichtet nach Alter und Geschlecht der Notfallpatienten:

Alters klasse	Zeitraumprävalenzrate (1986-1991)			
	"wenig" belastete Regionen		"stark" belastete Regionen	
	männlich	weiblich	männlich	weiblich
0 - 15 Jahre	0,019	0,016	0,029	0,028
16 - 59 Jahre	0,007	0,006	0,017	0,018
60 u.m. Jahre	0,035	0,036	0,069	0,069

Die Gefährdung eines unter Risiko stehenden Kollektivs (population at risk) kann nun mit Hilfe des Relativen Risikos (RR) eruiert werden. In der Epidemiologie wird dem Ausmaß der Gefährdung durch einen Risikofaktor bzw. durch ein Risikofaktorenbündel eine besondere Bedeutung beigemessen. Für die pulmonalen Krankheitssensationen erfolgt nun die Ermittlung des Relativen Risikos.

Alters- und geschlechtsspezifische Ausprägungsgrade des Relativen Risikos (RR) bei der exponierten Bevölkerung:

Alters-klasse	RR männl. Bevölkerung	RR weibl. Bevölkerung
0 - 15 Jahre	1,4%	1,4%
16 - 59 Jahre	1,7%	1,8%
60 u. m. Jahre	1,5%	1,4%

Die Werte des Attributablen Risikos (AR) ermöglichen nun wiederum die Quantifizierung sogenannter vermeidbarer Größen:

Alters-klasse	AR männl. Bevölkerung	AR weibl. Bevölkerung
0 - 15 Jahre	29%	29%
16 - 59 Jahre	41%	44%
60 u. m. Jahre	33%	29%

Im Schnitt ließen sich also 34% der notierten Notfallinterventionen bei den Männern als auch bei den Frauen vermeiden, wenn die Wohnumfeldqualität in den "stark" belasteten Gebieten auf die in den "wenig" belasteten Gebieten registrierten Werte reduziert werden würde.

Für die Diagnosegruppe der pulmonalen Erkrankungen sind ebenfalls wie bei den kardiovaskulären Erkrankungen eindeutige Häufigkeitsunterschiede zwischen den Belastungs- und den Vergleichsgebieten zu erkennen. Der durchschnittliche Betroffenheitsgrad bei der exponierten Bevölkerung ist signifikant höher als bei der nichtexponierten Bevölkerung (Chi-Quadrat krit 5% (Prüfwert) = 3,841, empirisches Chi-Quadrat = 6,713); dies trifft auch für alle Altersklassen zu. Die Anfälligkeit für pulmonale Erkrankungen steigt auch mit zunehmendem Lebensalter. Dies ist bei der männlichen wie auch weiblichen exponierten Bevölkerung beobachtbar.

Die vorliegenden Ergebnisse liefern eine Reihe aufschlußreicher Hinweise auf das akute Krankheitsgeschehen in den Untersuchungsregionen, wobei sich gleichzeitig weitere Untersuchungsperspektiven eröffnen. So wäre es z.B. von Interesse, welche Verlaufsformen die chronischen pulmonalen Erkrankungen in den Belastungs- bzw. in den Vergleichsgebieten zeigen, weil aufgrund der bisherigen Ergebnisse von der Annahme auszugehen ist, daß sich auch bei den Häufigkeiten der chronischen Krankheitssensationen zwischen "stark" und "wenig" belasteten Wohnregionen klare Unterschiede nachweisen lassen. Zusammenfassend kann also festgehalten werden, daß die Morbidität an akuten Atemwegserkrankungen konsistente Erhöhungen in Gebieten mit starker Umweltbelastung (Komplexgröße: Wohnumfeldqualität) zeigt.

An dieser Stelle ist eine Kritik von MISFELD zu erwähnen, der 1986 an Hand einer Literaturstudie zum Schluß gelangte, daß führende Epidemiologen dem Thema "Luftverschmutzung und Krankheitsgeschehen" nur noch wenig Interesse beimessen (vgl. MISFELD 1986). Gerade dieser Umstand der "Interessenslosigkeit" an Tatsachenbefunden erschwert zwangsläufig die Maßnahmen einer ökologisch orientierten Stadtentwicklungspolitik.

Der interregionale Vergleich der epidemiologischen Maßzahlen ermöglicht eine abschließende Beurteilung der Erkrankungsdynamik in "wenig" bzw. "stark" belasteten Wohnregionen:

Epidemiologische Maßzahl		"wenig" belastete Regionen	"stark" belastete Regionen
Zeitraumprävalenzraten (1986-1991) männl. Bevölkerung		Ztpräv-Rate/ 86-91/nExp 0,020	Ztpräv-Rate/ 86-91/nExp 0,038
Zeitraumprävalenzraten (1986-1991) weibl. Bevölkerung		Ztpräv-Rate/ 86-91/nExp 0,019	Ztpräv-Rate/ 86-91/Exp 0,037
Prävalenzdifferenz PD männl. Bevölkerung (Differenzmaß)		0,018	
Prävalenzdifferenz PD weibl. Bevölkerung (Differenzmaß)		0,018	
Altersspezifische kumulative Inzidenzrate innerhalb der Periode: 1986-1991 männl. Bevölkerung			
Altersklasse	0 - 15 Jahre	0,0027	0,0044
	16 - 59 Jahre	0,0011	0,0018
	60 u. m. Jahre	0,0045	0,0073

Altersspezifische kumulative Inzidenzrate innerhalb der Periode: 1986-1991 weibl. Bevölkerung			
Altersklasse	0 - 15 Jahre	0,0025	0,0037
	16 - 59 Jahre	0,0010	0,0016
	60 u. m. Jahre	0,0036	0,0048
Relatives Risiko (RR) männl. Bevölkerung		1,9	
Relatives Risiko (RR) weibl. Bevölkerung		1,9	
Attributables Risiko (AR) männl. Bevölkerung (Prozentueller Anteil der vermeidbaren Notfallinterventionen)		47%	
Attributables Risiko (AR) weibl. Bevölkerung (Prozentueller Anteil der vermeidbaren Notfallinterventionen)		47%	

9.16. Zum Nachweis der Koinzidenz von neurologischen Erkrankungen und der Existenz von umweltinduzierten Mehrfachbelastungen

Auch hier galt vorerst das Interesse den Notfallinterventionshäufigkeiten bei neurologischen Erkrankungen in den speziell definierten Untersuchungsregionen (Regionen mit weniger bzw. starker Umweltbelastung).

Die Ermittlung der Zeitraumprävalenzraten für den Zeitabschnitt von 1986 bis 1991 ergibt nun folgende Werte:

Belastungsgebiet: Ztpräv-Rate/86-91/Exp = 0,024
Vergleichsgebiet: Ztpräv-Rate/86-91/nExp = 0,007

Die Gefährdung des unter Risiko stehenden Kollektivs (exponierte Bevölkerung) wird unter Zuhilfenahme des Relativen Riskos (RR) eruiert. Für die exponierte Bevölkerung ergibt sich hiermit ein relatives Risiko von RR = 3,42; dies bedeutet, daß die Komplexgröße Wohnumfeldqualität im Mittel die 3,42fache Notfallhäufigkeit erzeugt.

Da dem Wert des Relativen Risikos keine Aussage über die absolute Höhe des Risikos entnommen werden kann, wird in einem weiteren Arbeitsschritt das Attributable Risiko (AR/Überschußrisiko) ermittelt.

Für die Diagnosegruppe der pulmonalen Erkrankungen wurde ein Attributables Risiko (AR) von AR = 71% ermittelt, d.h. 71% der registrierten Notfallinterventionen wären bei einer Reduktion der Belastungsintensität auf das Belastungsniveau der "wenig" belasteten Regionen vermeidbar. Konkret würde dies bedeuten, daß innerhalb des angesprochenen Untersuchungszeitraumes 2.083 Notfallinterventionen vermieden werden hätten können und somit ca. 12.000 Arbeitsstunden von Notärzten und Sanitätspersonal allein in der präklinischen Versorgung einzusparen gewesen wären.

Graphik 9: Kennwertdarstellung unter Berücksichtigung der Komplexgröße Wohnumfeldqualität

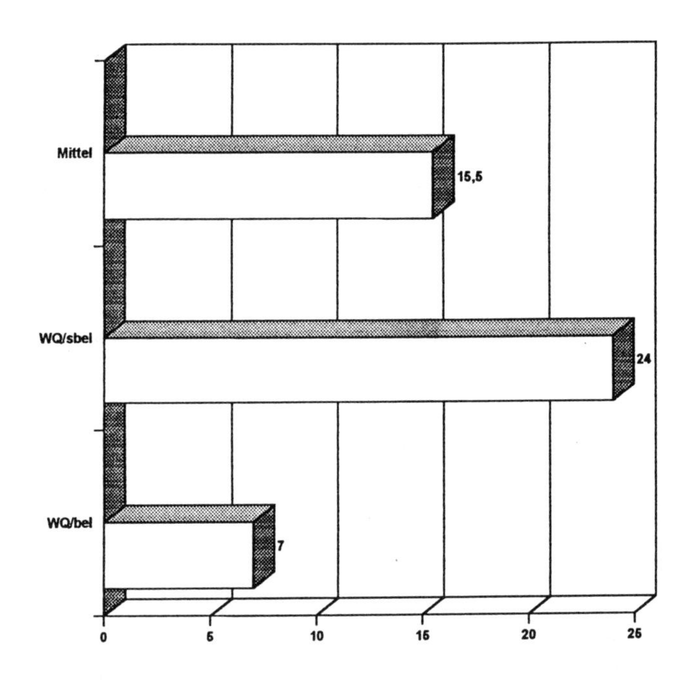

N = 3.694

Mittel .... durchschnittliche Interventionshäufigkeit
WQ/sbel .. Gebiete mit stark belastetem Wohnumfeld
WQ/wbel .. Gebiete mit gering belastetem Wohnumfeld

Überblicksmäßig werden nun wiederum im interregionalen Vergleich die wesentlichsten epidemiologischen Maßzahlen angeführt:

Epidemiologische Maßzahl	"wenig" belastete Regionen	"stark" belastete Regionen
Zeitraumprävalenz-raten (1986-1991)	Ztpräv-Rate/ 86-91/nExp 0,007	Ztpräv-Rate/ 86-91/Exp 0,0024
Relatives Risiko (RR)	3,42	
Attributables Risiko (AR)	71%	

Bei erfolgreicher Prävention, Senkung der Umweltbelastung, könnten 71% der Notfallinterventionen vermieden werden!

Den Ergebnissen der statistischen Datenauswertung zufolge sind die Interventionshäufigkeiten bei den pulmonalen Erkrankungen in der exponierten Bevölkerung deutlich höher als bei der nichtexponierten. Da aber die jeweiligen Untersuchungsgebiete in soziodemographischer Hinsicht als nicht homogen zu bezeichnen sind, muß geprüft werden, welchen Einfluß die Störvariablen "Alter und Geschlecht" auf die Aussagekraft der vorliegenden Ergebnisse besitzen.

9.16.1 Alters- und geschlechtsspezifische Notfallhäufigkeit bei der Diagnosegruppe der neurologischen Erkrankungen

In der folgenden Analyse wird das Verteilungsmuster der Notfallinterventionen bei neurologischen Erkrankungen auf seine typischen alters- und geschlechtsspezifischen Häufigkeitsmerkmale hin untersucht, wobei die Erkrankungsunterschiede in den "wenig" bzw. "stark" belasteten Wohngebieten in den Vordergrund des Interesses gerückt werden.

Bei der männlichen wie bei der weiblichen, in exponierten Regionen lebenden Bevölkerung ist mit zunehmendem Lebensalter auch eine Zunahme der Anfälligkeit für neurologische Erkrankungen zu erkennen. Bemerkenswert scheint auch der Umstand, daß die exponierte männliche Bevölkerung in den Altersklassen der 16-59Jährigen und der über 60Jährigen doch deutlich höhere Anfälligkeitsraten aufweist als die weibliche, in exponierten Gebieten lebende Bevölkerung. Da sich diese geschlechtsspezifischen Unterschiede nicht nur in den Belastungsgebieten feststellen lassen, sondern auch in den "wenig" belasteten Vergleichsgebieten nachweisbar sind, könnten sich daraus neue Ansatzpunkte für eine speziell auf männliche Risikopatienten ausgerichtete Präventionsbemühung ergeben.

Der Vergleich der jährlichen Kumulativen Inzidenzraten (Rto,t) für die pulmonalen Erkrankungen in den "wenig" als auch "stark" belasteten Wohngebieten, unter Berücksichtigung des Alters und des Geschlechts der Notfallpatienten, unterstreicht einmal mehr die Konstanz des Krankheitsgeschehens.

Tabelle 32: Kumulative Inzidenzrate im Zeitreihenvergleich

Zeitraum	Altersklasse	"wenig" belastete" Regionen männlich	"wenig" belastete" Regionen weiblich	stark" belastete Regionen männlich	stark" belastete Regionen weiblich
1986	0 - 15a	0,0009	0,0011	0,0015	0,0014
1987	"	0,0008	0,0010	0,0014	0,0015
1988	"	0,0009	0,0011	0,0016	0,0014
1989	"	0,0008	0,0010	0,0015	0,0014
1990	"	0,0009	0,0011	0,0015	0,0014
1991	"	0,0009	0,0011	0,0016	0,0015
1986	16 - 59a	0,0016	0,0012	0,0034	0,0026
1987	"	0,0016	0,0012	0,0035	0,0027
1988	"	0,0017	0,0012	0,0036	0,0026
1989	"	0,0017	0,0012	0,0035	0,0026
1990	"	0,0016	0,0012	0,0035	0,0026
1991	"	0,0016	0,0011	0,0035	0,0026
1986	60a u. m.	0,0050	0,0024	0,0078	0,0051
1987	"	0,0047	0,0024	0,0076	0,0051
1988	"	0,0049	0,0024	0,0078	0,0050
1989	"	0,0050	0,0024	0,0078	0,0051
1990	"	0,0050	0,0023	0,0078	0,0050
1991	"	0,0050	0,0023	0,0078	0,0051

Legende: Die „Kumulative Inzidenzrate“ errechnet sich aus der Anzahl der neuen Erkrankungsfälle innerhalb einer bestimmten Zeitperiode in einer definierten Studienpopulation.

Bei der weiblichen Bevölkerung zeigen sich in den jeweiligen Altersgruppen ähnliche Phänomene der Konstanz der „Kumulativen Inzidenzraten“.

Diese relativ konstanten Verlaufsformen der „Kumulativen Inzidenzraten“ sind bei allen bisher untersuchten Diagnosegruppen zu beobachten, wobei sich dieses Phänomen sowohl in den "wenig" wie auch "stark" belasteten Gebieten findet.

Vorerst gilt es die Interventionshäufigkeiten bei den pulmonalen Krankheitssensationen unter besonderer Bedachtnahme auf die Komplexgröße "Wohnumfeldqualität", des Alters und des Geschlechts der Notfallpatienten zu prüfen:

Altersklasse	Notfallinterventionen auf 1.000 Einwohner			
	"wenig" belastete Regionen		"stark" belastete Regionen	
	männlich	weiblich	männlich	weiblich
0 - 15 Jahre	6,3	7,1	8,8	8,1
16 - 59 Jahre	10,5	7,1	20,0	14,7
60 u.m. Jahre	29,6	14,1	44,6	29,3

Für die Berechnung des Relativen Risikos (RR) ist es notwendig, die benötigten Zeitraumprävalenzraten zu errechnen. Die nachstehende Auflistung der alters- und geschlechtsspezifischen Zeitraumprävalenzen für die Untersuchungsperiode von 1986 bis 1991, unter Berücksichtigung der Komplexgröße "Wohnumfeldqualität", dient daher als Grundlage für die Ermittlung des Relativen Risikos und des Attributablen Risikos.

Altersklasse	Zeitraumprävalenzrate (1986-1991)			
	"wenig" belastete Regionen		"stark" belastete Regionen	
	männlich	weiblich	männlich	weiblich
0 - 15 Jahre	0,006	0,007	0,008	0,008
16 - 59 Jahre	0,010	0,007	0,020	0,015
60 u.m. Jahre	0,030	0,014	0,045	0,029

Die alters- und geschlechtsspezifischen Ausprägungsgrade des Relativen Risikos für die Diagnosegruppe der neurologischen Erkrankungen bei der exponiert lebenden Bevölkerung vermittelt nun den Eindruck von der Stärke des Zusammenhangs zwischen dem Vorhandensein der Komplexgröße "Wohnumfeldqualität" und der Erkrankungsgefahr.

Altersklasse	RR männl. Bevölkerung	RR weibl. Bevölkerung
0 - 15 Jahre	1,3%	1,1%
16 - 59 Jahre	2,0%	2,1%
60 u. m. Jahre	1,5%	2,1%

Die prozentuellen Steigerungsraten der umweltbelastungsinduzierten Notfallinterventionen erlauben nun eine Quantifizierung der Werte des Relativen Risikos:

Altersklasse	Relatives Risiko	
	männl. Bevölkerung	weibl. Bevölkerung
0 - 15 Jahre	39%	15%
16 - 59 Jahre	100%	107%
60 u. m. Jahre	52%	107%

Die Analyse der umweltinduzierten Steigerungsraten der Notfallinterventionen ermöglicht eine Minderung der Gefährdung eines unter Risiko stehenden Kollektivs. Hier ist die Anfälligkeit der weiblichen Bevölkerung für neurologische Erkrankungen in den Altersgruppen der 16-59Jährigen und über 60Jährigen gegenüber der männlichen Bevölkerung doch auffallend ausgeprägter. Damit ergeben sich neben der grundsätzlichen Information über die Steigerung der Notfallinterventionen in umweltbelasteten Gebieten bessere Zugangsmöglichkeiten für die Installation eines direkt auf die besonders gefährdete Bevölkerung ausgerichteten präventivmedizinischen Interventionsprogramms. Es bietet sich daher aufgrund der vorliegenden Untersuchungsergebnisse die Möglichkeit, jene Stadtregionen vorrangig in die Dringlichkeitsliste für eine präventive Gesundheitsplanung aufzunehmen, in denen signifikant höhere Erkrankungsraten nachgewiesen wurden. Da die Erkrankungs- und Umweltbelastungsdaten auf Zählsprengelebene verfügbar sind, kann eine speziell auf die lokalspezifischen Besonderheiten abgestimmte Regional-, Umwelt- und Gesundheitsplanung erfolgen.

Mit der Ausweisung des Attributablen Risikos (AR), unter Berücksichtigung der Altersstruktur und des Geschlechts der exponierten Bevölkerung, kann eine Einsicht in das Ausmaß der Senkung der Erkrankungsraten für die Diagnosegruppe der neurologischen Krankheitssensationen gewonnen werden, wenn die Umweltbelastungsintensität in den Belastungsgebieten auf das Niveau der Belastung in den weniger belasteten Gebieten reduziert werden würde.

Altersklasse	Attributables Risiko männl. Bevölkerung	Attributables Risiko weibl. Bevölkerung
0 - 15 Jahre	23%	9%
16 - 59 Jahre	90%	52%
60 u. m. Jahre	33%	52%

Die Werte des Attributablen Risikos stellen deshalb für die Konzeption wirkungsvoller Interventionsstrategien im Bereich der Stadt- und Regionalplanung eine bedeutende Größe dar, weil damit die Möglichkeit eröffnet wird, vermeidbares Krankheitsgeschehen zu quantifizieren.

Der interregionale Vergleich der epidemiologischen Maßzahlen ermöglicht eine Beurteilung der Erkrankungsdynamik in den "wenig" bzw. "stark" belasteten Wohnregionen:

Epidemiologische Maßzahl		"wenig" belastete Regionen	"stark" belastete Regionen
Zeitraumprävalenzraten (1986-1991) männl. Bevölkerung		Ztpräv-Rate/ 86-91/nExp 0,015	Ztpräv-Rate/ 86-91/Exp 0,025
Zeitraumprävalenzraten (1986-1991) weibl. Bevölkerung		Ztpräv-Rate/ 86-91/nExp 0,009	Ztpräv-Rate/ 86-91/Exp 0,017
Altersspezifische kumulative Inzidenzrate (Neuerkrankungsziffer) innerhalb der Periode: 1986-1991 männl. Bevölkerung			
Altersklasse	0 - 15 Jahre	0,0009	0,0015
	16 - 59 Jahre	0,0016	0,0035
	60 u. m. Jahre	0,0049	0,0078

Altersspezifische kumulative Inzidenzrate (Neuerkrankungsziffer) innerhalb der Periode: 1986-1991 weibl. Bevölkerung			
Altersklasse	0 - 15 Jahre	0,0011	0,0014
	16 - 59 Jahre	0,0012	0,0026
	60 u. m. Jahre	0,0024	0,0051
Relatives Risiko RR männl. Bevölkerung		1,6	
Relatives Risiko RR weibl. Bevölkerung		1,4	
Attributables Risiko AR männl. Bevölkerung (Prozentueller Anteil der vermeidbaren Notfallinterventionen)		49%	
Attributables Risiko AR weibl. Bevölkerung (Prozentueller Anteil der vermeidbaren Notfallinterventionen)		38%	

Generell lassen sich also auch für die Diagnosegruppe der neurologischen Erkrankungen alle schon bisher konstatierten Phänomene erkennen. So zeigen sich in allen Altersgruppen bei der männlichen wie auch bei der weiblichen Bevölkerung klare Unterschiede bei den Erkrankungshäufigkeiten zwischen den Belastungs- und Vergleichsgebieten. (Der durchschnittliche Betroffenheitsgrad bei der exponierten Bevölkerung ist signifikant höher als bei nichtexponierten Bevölkerungsgruppen: Chi-Quadrat krit 5 % (Prüfwert) = 3,841, empirisches Chi-Quadrat = 7,879.)

Interessant gestalteten sich die Zeitreihenanalysen, mit denen ein deutlicher Nachweis über die relative Konstanz des Krankheitsgeschehens erbracht werden konnte. Mit zunehmendem Lebensalter ist auch eine zunehmende Anfälligkeit für neurologische Erkrankungen festzustellen, wobei die regionalspezifische Betrachtung eine eklatante Steigerung der Erkrankungsraten bei der exponiert lebenden Bevölkerung zu Tage brachte. Die Verteilung der Krankheitsmuster entspricht den erwarteten und schon bei den vorherigen Diagnosegruppen nachgewiesenen Zusammenhängen.

9.17. Verteilungspanorama der Diagnosegruppe "Unfall in versperrter Wohnung" unter Berücksichtigung der Wohnqualität

Der Einsatztypus "Unfall in versperrter Wohnung" - es handelt sich hiebei um einen rettungsdienstlichen Einsatz, bei dem eine erkrankte Person erst nach einer gewaltsamen Wohnungsöffnung (in den meisten aller Fälle geschieht dies durch die Berufsfeuerwehr oder die Polizei) geborgen bzw. präklinisch versorgt werden kann. Die Überlebenschancen dieser Personen sind denkbar schlecht, da sie oft sehr lange Zeit nicht entdeckt werden.

Graphik 10: Kennwertdarstellung für die Diagnosegruppe **Unfall in versperrter Wohnung** unter Berücksichtigung der **Wohnqualität** (Interventionen pro 1.000 Einwohner)

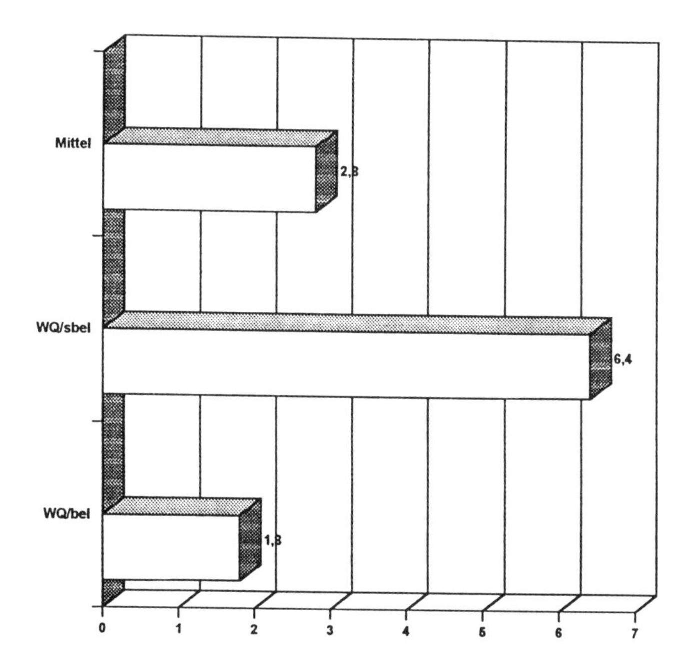

N = 959

Mittel ... Mittlere Notfallrate für das gesamte Untersuchungsgebiet

WQ/sbel ... Gebiete mit geringer Wohnqualität (Gebiete mit hoher Bebauungsdichte, BD = 1,2 und dichter)

WQ/bel ... Gebiete mit hoher Wohnqualität (Gebiete mit geringer bis mittlerer Bebauungsdichte, BD = 0,3 - 0,8)

Für die vorliegende Untersuchung war daher die Fragestellung von zentraler Bedeutung, welcher größte gemeinsame Nenner läßt sich für die 959 rettungsdienstlichen Interventionen bei "Unfällen in versperrter Wohnung" finden.

Da die Effizienz sozialdienstlicher Anstrengungen (z.B. Einrichtung eines Krankenbesuchsdienstes, mobile soziale Dienste, etc.) sich erst dann tatsächlich als fruchtbringend erweisen kann, wenn genauere Informationen über die Besonderheiten dieses Notfalltypus vorliegen, wurde eine umfassende Problemanalyse angestrengt. Bei der Betrachtung über die Verteilungsmuster dieses Notfalls wurde nicht nur die Wohnqualität berücksichtigt, sondern es kamen auch der Wohnungsstandard und die soziale Schichtzugehörigkeit zur Auswertung. Die nachstehende Graphik zeigt die rettungsdienstliche Interventionshäufigkeit primär nach ihrem "lokalen" Vorkommen.

Es zeigt sich, daß in jenen Stadtregionen die Häufigkeit von "Unfällen in versperrter Wohnung" am höchsten sind, die als Gebiete mit hoher Bebauungsdichte ausgewiesen sind. Da Gebiete mit hoher Verbauungsdichte nicht unbedingt auch Gebiete mit hoher Wohndichte sein müssen, wurde in einem weiteren Schritt die regionale Zuordnung der rettungsdienstlichen Interventionen vorgenommen. Dabei hat sich herausgestellt, daß 90,5% aller Interventionen für den Einsatztypus "Unfall in versperrter Wohnung" im Innenstadtbereich stattgefunden haben, also in Stadtregionen mit durchaus hoher Wohndichte.

Aufgrund der Zählsprengelanalyse ist es möglich, jene Stadtregionen ausfindig zu machen, in denen sich die Mehrheit der Notfallinterventionen beim "Unfall in versperrter Wohnung" zuträgt.

Es sind dies folgende Stadtbezirke:

Stadtbezirk	Anteil der Notfallinterventionen in % "Unfall in versperrter Wohnung"
Innere Stadt	23,2%
St. Leonhard	11,6%
Geidorf	9,1%
Jakomini	14,0%
Lend	17,4%
Gries	15,2%
	90,5%
übrige Stadtbezirke	9,5%

Für diese sechs Grazer Stadtbezirke wurde nun eine Gebietstypologie entwikkelt, wobei auf die Art der Bebauung, die Art der Betriebe, auf den Wohnungsstandard und auf die Sozialstruktur Rücksicht genommen wurde.

9.17.1 Gebietstypologie für Stadtregionen mit vermehrter Interventionshäufigkeit beim Notfalltypus "Unfall in versperrter Wohnung"

In der folgenden tabellarischen Übersicht wird die Gebietstypologie des direkten Wohnumfeldes der Notfallpatienten, der Wohnungsstandard und die soziale Schichtzugehörigkeit (ermittelt durch die Berufszugehörigkeit bzw. bei Pensionisten durch die ehemalige Berufsausübung) angeführt.

Damit soll einerseits geklärt werden, aus welchen Bebauungs- und Nutzungsstrukturen sich die Majorität der Notfallpatienten rekrutiert und andererseits soll damit die Möglichkeit gegeben werden, eventuell neue von der direkten Nachbarschaft (organisierte Nachbarschaftshilfe) getragene Bemühungen zur teilweisen gewünschten Aufhebung der "Anonymität in der Großstadt" zum Wohle Alter und Kranker zu entwickeln.

Gebietstypologie für die Wohnungsstandorte der Notfallpatienten in der Altersklasse der über 60Jährigen, bei den rettungsdienstlichen Interventionen "Unfall in versperrter Wohnung":

Nutzungsstruktur: Art der Bebauung, Art der Betriebe	Wohnungsstandard eher gut	Wohnungsstandard schlecht	Interventions-häufigkeit
stark dominierende Wohnnutzung, geschlossene Bebauung	44%	56%	39%
stark dominierende Wohnnutzung, hoher Anteil alter lockerer Verbauung (Villenviertel)	72%	28%	22%
Wohngebiete mit leichter Durchmischung von Betrieben und/oder öffentlichen Einrichtungen	48%	52%	18%
stark durchmischte Wohngebiete, Handel und Lagerbetrieb, wenig produzierende Gewerbe	37%	63%	21%

Die Mehrheit aller Notfallinterventionen konnte eindeutig dem dichten innerstädtischen Siedlungsraum zugeordnet werden. Ein weiteres Indiz für die "Soziale Vereinsamung" alter Menschen im dichten Siedlungsraum findet sich bei der Analyse der sogenannten "Auffindzeit", also jenem Zeitabschnitt, der vom Auftreten der ersten Symptome bis zur Entdeckung der Patienten verstrichen ist.

"Auffindzeiten" in Std.	dichte Verbauung	aufgelockerte Verbauung
0 - 12 Std.	21%	79%
12 - 24 Std.	74%	26%
24 - 48 Std.	78%	22%
48 - 72 Std.	81%	19%
72 u.m. Std.	93%	7%

Legende: dichte Verbauung = Gebiete mit einer Bebauungsdichte von BD = 1,2 und mehr
aufgelockerte Verbauung = Gebiete mit einer Bebauungsdichte von BD = 0,3 - 0,8

Auch der sozialen Zugehörigkeit der entdeckten Notfallpatienten wurde nachgegangen; die Ergebnisse der Auswertung der personenbezogenen Daten gestalten sich gerade für die Problematik des Wohnens alter und gebrechlicher Personen als mögliche Ansatzpunkte für die Konzeption neuer sozialdienstlicher Betreuungsprogramme.

Soziale Zugehörigkeit der über 60jährigen Notfallpatienten ("Unfall in versperrter Wohnung") unter Berücksichtigung des Geschlechts:

Berufszugehörigkeit	männlich	weiblich
Beamter	44%	8%
Angestellter	28%	11%
Arbeiter	24%	27%
ohne Nennung	4%	9%
Haushalt	-	45%

In einem weiteren Untersuchungsschritt galt es nun, die drei Diagnosegruppen kardiovaskuläre, pulmonale und neurologische Erkrankungen unter Berücksichtigung der jeweiligen Berufsgruppenzugehörigkeit und des Geschlechts der Notfallpatienten aufzulisten, wobei hier auch die Komplexgröße "Wohnumfeldqualität" miteinbezogen wurde.

Eine Facette der "Großstadtanonymität" ist also auch in Form des Notfalltyps "Unfall in versperrter Wohnung" zu erkennen. Dieser Notfalltyp ist in der Mehrheit seines Vorkommens im dichtbesiedelten Gebiet beobachtbar. Dieses Phänomen tritt noch deutlicher zu Tage, wenn man die Arealitätszahlen des innerstädtischen Raumes mit den Werten der Stadtrandregionen vergleicht: Während in den sechs Innenbezirken eine Arealitätszahl (Quadratmeter pro Einwohner) für die verbaute Fläche von 37 Quadratmeter ermittelt wurde, beträgt die durchschnittliche Arealitätszahl für die städtischen Randgebiete 73 Quadratmeter.

Tabelle 33: Diagnosegruppe und Berufszugehörigkeit

Diagnose-gruppen	Beruf	männl.	weibl.	davon leben in "stark" belasteten Regionen	davon leben in "wenig" belasteten Regionen
Kardiovaskuläre Erkrankungen					
	Beamte	47%	38%	* 87%	13%
	Angestellte	31%	26%	* 91%	9%
	Arbeiter	19%	12%	* 92%	8%
	ohne Nennung	3%	6%	* 98%	2%
	Haushalt	-	18%	* 95%	5%
Pulmonale Erkrankungen					
	Beamte	41%	37%	* 90%	10%
	Angestellte	33%	27%	* 92%	8%
	Arbeiter	22%	19%	* 92%	8%
	ohne Nennung	4%	5%	* 93%	7%
	Haushalt	-	12%	* 98%	2%
Neurologische Erkrankungen					
	Beamte	39%	41%	* 91%	9%
	Angestellte	37%	29%	* 92%	8%
	Arbeiter	22%	22%	* 93%	7%
	ohne Nennung	2%	1%	* 97%	3%
	Haushalt	-	7%	* 98%	2%

Die Analyse der Verteilungshäufigkeiten des "Unfalls in versperrter Wohnung" ermöglicht auch neben den schon erwähnten sozialen Interventionen (aktive Nachbarschaftshilfe, Besuchsdienste, mobile Sozialhilfe, etc.) auch neue soziale, stadt- und gesundheitsplanerische Ansatzpunkte. So ist z.B. eine Förderung von Startwohnungen für Jungfamilien im Stadtzentrum ein Weg, die Isolation von alten und gebrechlichen Innenstadtbewohnern zumindest teilweise zu mildern. Aber auch der Installation von sogenannten "Senioren-Notrufeinrichtungen" (hiebei handelt es sich um eine Art Direktverbindung zur nächsten Einsatzzentrale der Rettung, wobei bei einem Nichtquittieren von einer "Totmann"-ähnlichen Einrichtung automatisch Alarm ausgelöst wird) muß in den aufgezeigten Regionen Priorität eingeräumt werden.

Bei allen diesen Überlegungen handelt es sich im wesentlichen um primär präventivmedizinische Ansätze, die durch die vorliegenden Untersuchungsergebnisse auf die jeweiligen Bedarfsregionen hin konzentriert werden können. Es zeigt sich also, daß Stadt-, Regional- und Gesundheitsplanung nicht nur untrennbar miteinander verknüpft sind, sondern daß es umfangreicher sozialepidemiologischer Befunde bedarf, um zu wirksamen koordinierten Problemlösungen zu gelangen.

9.18. Verteilungshäufigkeiten der Diagnosegruppe "Exitus letalis" unter Berücksichtigung der Wohnumfeldqualität

Unter dieser Diagnosegruppe werden all jene rettungsdienstlichen Interventionen subsumiert, bei denen beim Eintreffen am Notfallsort (Wohnung) der Tod des Notfallpatienten bereits eingetreten ist. Insgesamt wurden im gesamten Untersuchungszeitraum (1986 bis 1991) 934 Todesfälle registriert.

Die Zeitraumprävalenzrate beträgt für die "wenig" belasteten Wohnregionen

Ztpräv-Rate/86-91/Exp = 0,005,

für die "stark" belasteten Wohnregionen ergab sich ein Wert von

Ztpräv-Rate/86-91/nExp = 0,001.

Über 87% der am Notfallort tot vorgefundenen Personen konnten der Altersklasse der über 60Jährigen zugeordnet werden. Lediglich 11% rekrutieren sich aus der Altersklasse der 16-59Jährigen und nur 2% gab es in der Altersklasse der 0-15Jährigen.

Die Verteilung der Todesfälle unter Berücksichtigung der Wohnumfeldqualität ergibt folgendes Bild.

Da in den wenigsten aller Fälle eine genaue Kenntnis über die Todesursache vorlag, beschränkt sich nachstehende Kennwertdarstellung nur auf die sogenannte "Todesursachenvermutung" (aufgrund von primärdiagnostischen Verfahren erfolgt eine ungefähre Abschätzung der Todesursache). Obwohl hier bei weitem nicht von jener Diagnosegenauigkeit ausgegangen werden kann, wie dies bei den bisher erwähnten Diagnosen üblich war, gestaltet sich die Betrachtung der vermuteten Todesursachen unter Berücksichtigung der Komplexgröße "Wohnumfeldgröße" dennoch als interessant.

Graphik 11: Kennwertdarstellung für die Diagnosegruppe **Exitus Letalis** unter Berücksichtigung der **Wohnqualität** und **Wohnumfeldqualität** (Interventionen pro 1.000 Einwohner)

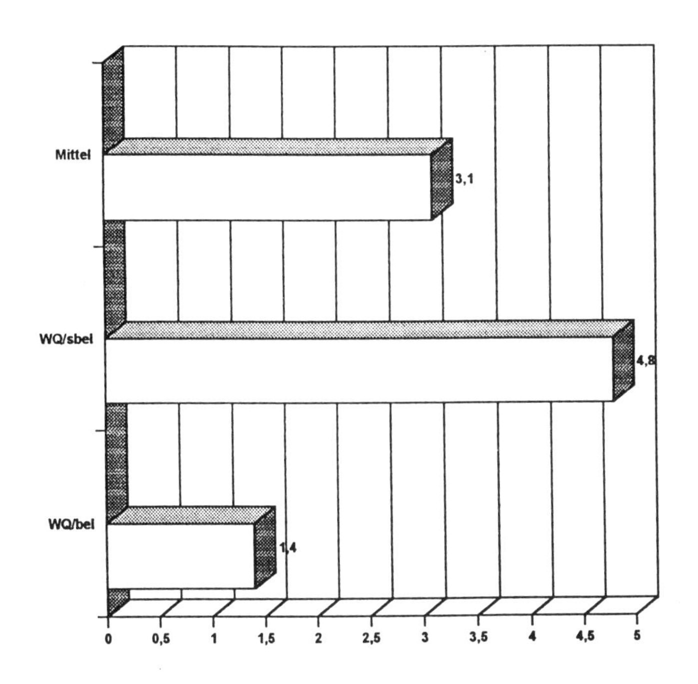

N = 934

Mittel .. Mittlere Notfallrate für alle Untersuchungsgebiete

WQ/sbel .. Gebiete mit niederer Wohnqualität
(Gebiete mit hoher Bebauungsdichte, BD= 1,2 und dichter)

WQ/bel .. Gebiete mit höherer Wohnqualität
(Gebiete mit geringer bis mittlerer Bebauungsdichte, BD= 0,3 - 0,8)

Tabelle 34: Vermutete Todesursachen und Wohnumfeldqualität

Todesursache	Altersklasse	absolute Werte männl.	absolute Werte weibl.	davon leben in "wenig" belasteten Gebieten (%)	davon leben in "stark" belasteten Gebieten (%)
Kardiovaskuläre Erkrankungen					
	0 - 15a	10	8	19%	81%
	16 - 59a	76	26	29%	71%
	60a u.m.	457	390	22%	78%
Pulmonale Erkrankungen					
	0 - 15a	18	11	18%	82%
	16 - 59a	156	90	31%	69%
	60a u.m.	385	274	22%	78%
Neurologische Erkrankungen					
	0 - 15a	4	3	20%	80%
	16 - 59a	146	98	30%	70%
	60a u.m.	375	308	22%	78%

Die Verteilungsraten der einzelnen "Todesursachenvermutungen", die den schon bereits bekannten Diagnosegruppen beigeordnet wurden, sind unter Bedachtnahme des Alters und des Geschlechts in den als "stark" belastet ausgewiesenen Wohnregionen eindeutig überrepräsentiert.

Noch präziser können die Ergebnisse unter Zuhilfenahme der Werte des Relativen Risikos ausgedrückt werden.

Das errechnete Relative Risiko (RR) beträgt RR = 3,25; damit läßt sich auch die Zunahme der belastungsbedingten Todesfälle ermitteln.

Die Berechnungen des Relativen Risikos unter Bezugnahme auf das Geschlecht der exponierten Bevölkerung ergeben folgende Werte:

Relatives Risiko männliche Bevölkerung: RR = 2,7
Relatives Risiko weibliche Bevölkerung: RR = 3,5

Die Werte des Relativen Risikos vermitteln also einen Eindruck von der Stärke des Zusammenhangs zwischen Umweltexposition und der Mortalitätsgefahr, wobei an dieser Stelle nochmals auf den Umstand hingewiesen wird, daß die komplexen Zusammenhänge zwischen Sterbehäufigkeiten und dem Vorhandensein verschiedener Umweltschädigungen mit den vorliegenden Untersuchungsergebnissen allein nicht erfaßt werden können, daß aber auf jeden Fall statistisch gesicherte Angaben über die Koinzidenz von Sterberaten und der jeweilig lokalspezifischen Belastungssituation gegeben werden können.

Mit Hilfe der Ermittlung des Attributablen Risikos (AR) kann nun jener Anteil definiert werden, der zusätzlich zur normalen Mortalitätshäufigkeit aufgrund der Komplexgröße "Wohnumfeldqualität" auftritt. Das Attributable Risiko bestimmt sich aus dem Quotienten Überschußrisiko (bei der exponierten Bevölkerung) zum normalen Risiko (bei der nichtexponierten Bevölkerung), in Prozenten ausgedrückt.

Die rechnerische Ermittlung des Attributablen Risikos für die Untersuchungsperiode von 1986 bis 1991 ergab unter Berücksichtigung des Geschlechts der in exponierten (stark belasteten) Wohnregionen lebenden Bevölkerung folgende Werte:

AR exponierte männliche Bevölkerung: 63 %
AR exponierte weibliche Bevölkerung: 71 %

Mit der Nennung der Werte des Attributablen Risikos können also sogenannte vermeidbare Größen ausgewiesen werden, d.h. im speziellen Fall könnten 63% respektive 71% der registrierten Sterbefälle später eintreten, wenn die Belastungsintensität der Komplexgröße "Wohnumfeldqualität" auf das in den "wenig" umweltbelasteten Gebieten vorhandene Belastungsniveau reduziert werden würde.

Gerade für planerische Aspekte bietet das Attributable Risiko die Möglichkeit, den Erfolg präventiver Maßnahmen (Stadt-, Regional- und Gesundheitsplanung), auch für längere Zeiträume hin ausgelegt, zu quantifizieren. Die Bedeutung der Kontrolle von Planungsschritten unter Zuhilfenahme des Attributablen Risikos ist auch vor dem Hintergrund der immer knapper werdenden finanziellen Ressourcen der öffentlichen Hand zu sehen.

9.19. Entwicklung des Krankheitsgeschehens im Zeitablauf

Zunächst erfolgt eine Gegenüberstellung der Jahresmittelwerte (1986 bis 1991) der rettungsdienstlichen Interventionshäufigkeiten für die Diagnosegruppen der kardiovaskulären, pulmonalen und neurologischen Erkrankungen zu den "wenig" bzw. "stark" belasteteten Wohnregionen. Zu diesem Zwecke wurden für jedes Jahr im Untersuchungszeitraum von 1986 bis 1991 all jene Zählsprengel zusammengefaßt, die "weniger" bzw. "starke" Wohnumfeldbelastungen aufwiesen. Diese Zählsprengelanalyse fungierte dann als Grundlage für die Gegenüberstellung der Jahresverläufe von Erkrankungszahlen. Um etwaige saisonale Schwankungen der Erkrankungsdynamik festzustellen, wurde auch noch eine Monatsanalyse durchgeführt. Zum Abschluß erfolgte noch eine Auswertung des Tagesverlaufes der rettungsdienstlichen Interventionen, wobei es sich hier wiederum um eine Betrachtung des gesamten Untersuchungszeitraums (1986 bis 1991) handelt. Es sei noch darauf hingewiesen, daß die sechsjährige Verlaufsanalyse intervenierende Variablen, wie beispielsweise die Altersstruktur, nicht berücksichtigt.

Graphik 12: Zahl der Notfallinterventionen bei **kardiovaskulären Erkrankungen** pro 1.000 Einwohner im Zeitablauf (1986 bis 1991) in "wenig" und "stark" belasteten Wohngebieten

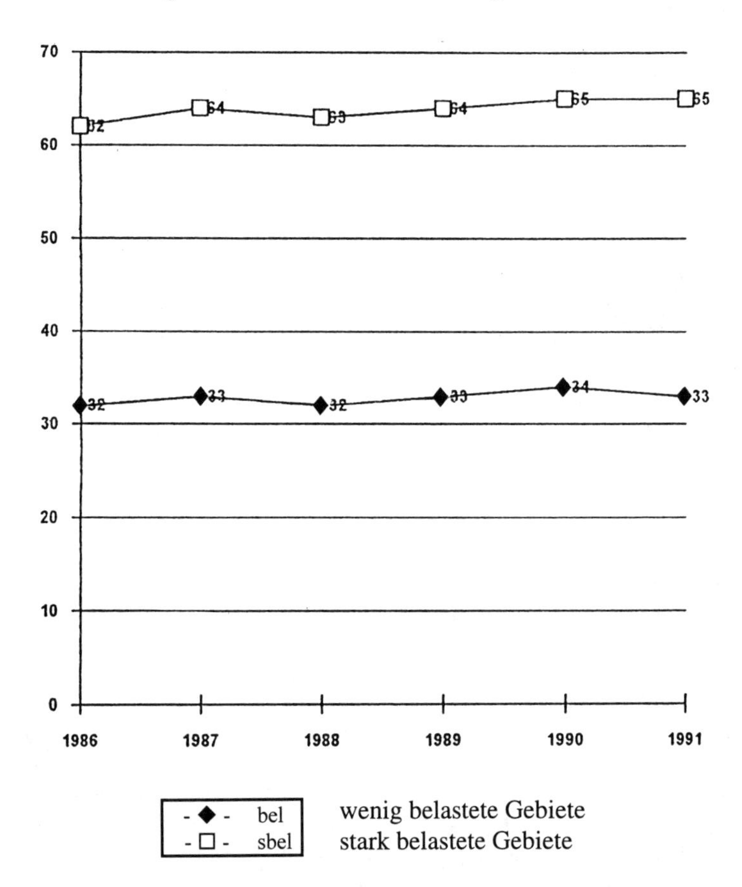

Graphik 13: Zahl der Notfallinterventionen bei **pulmonalen Erkrankungen** pro 1.000 Einwohner im Zeitablauf (1986 bis 1991) in "wenig" und "stark" belasteten Wohngebieten

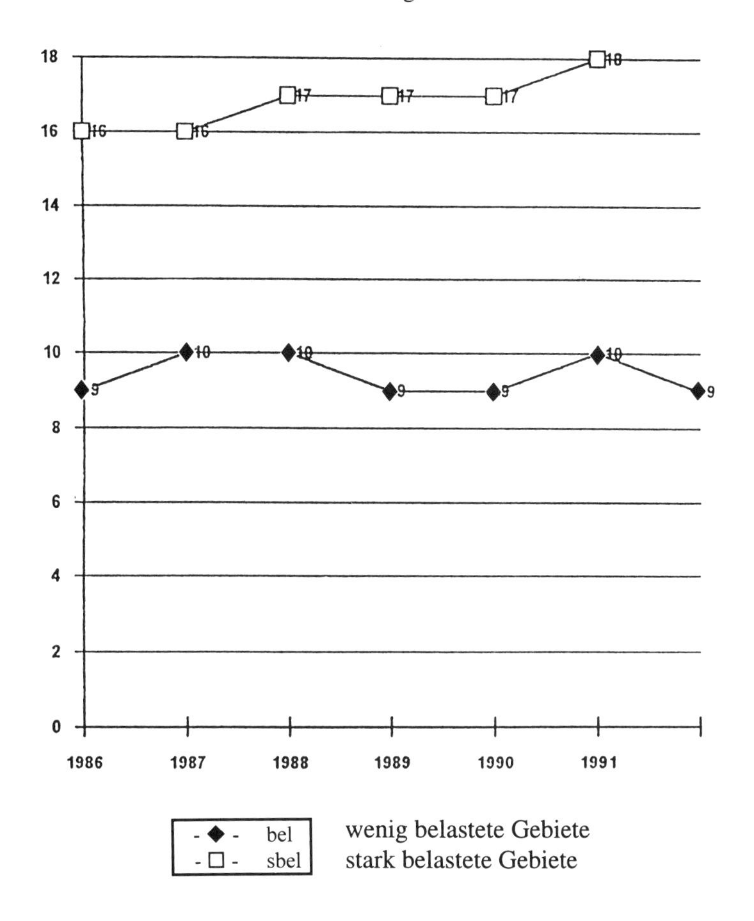

Graphik 14: Zahl der Notfallinterventionen bei **neurologischen Erkrankungen** pro 1.000 Einwohner im Zeitablauf (1986 bis 1991) in "wenig" und "stark" belasteten Wohngebieten

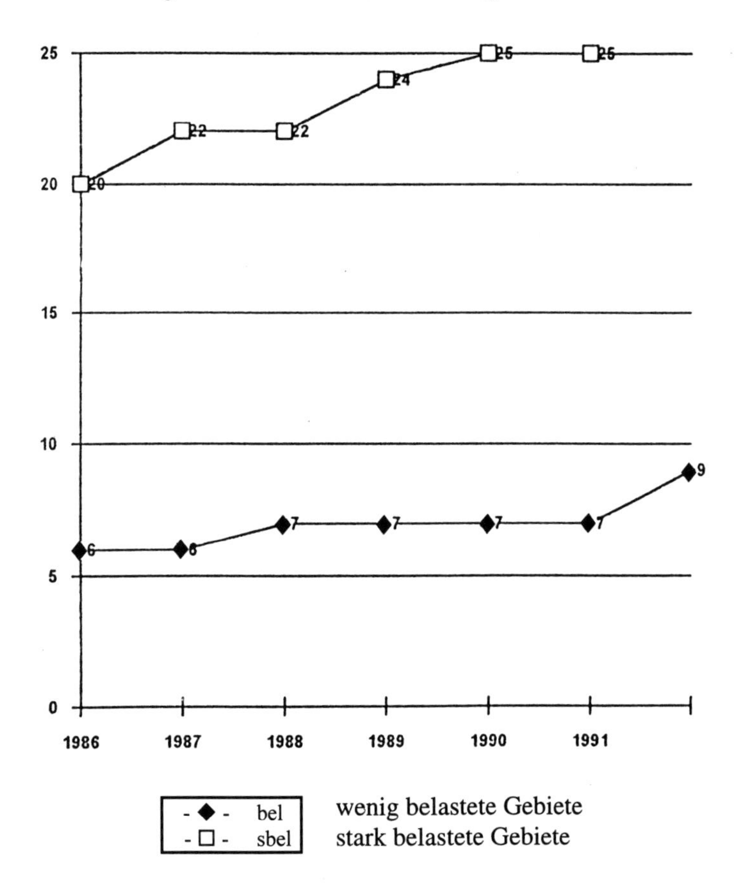

-◆- bel	wenig belastete Gebiete
-□- sbel	stark belastete Gebiete

Graphik 15: Zahl der Notfallinterventionen bei **Exitus Letalis** pro 1.000 Einwohner im Zeitablauf (1986 bis 1991) in "wenig" und "stark" belasteten Wohngebieten

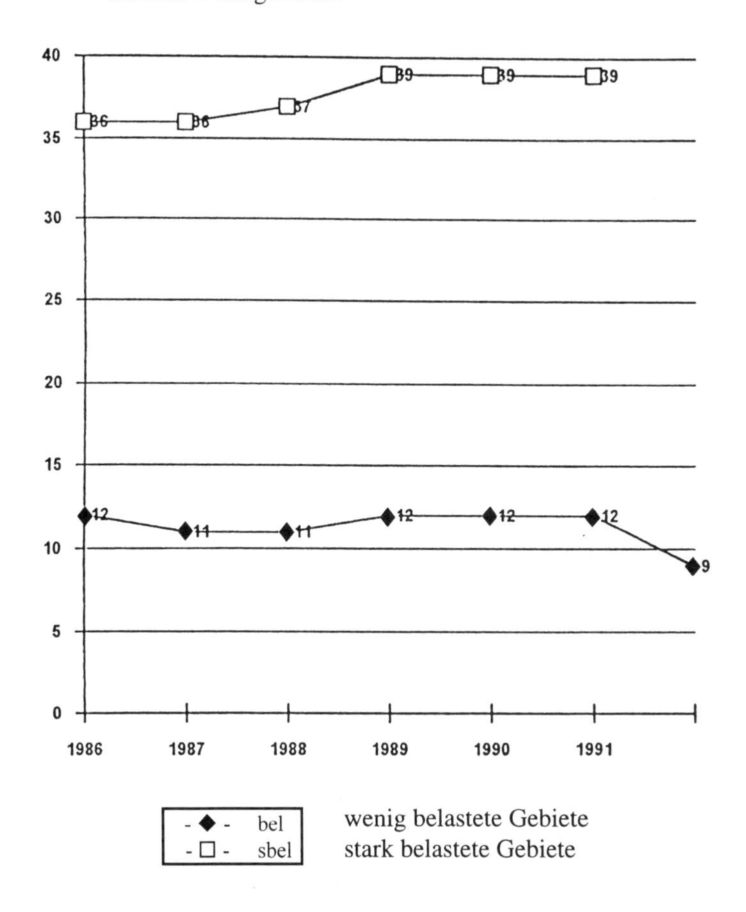

wenig belastete Gebiete
stark belastete Gebiete

Graphik 16: Monatsverteilung der rettungsdienstlichen Interventionen bei **akuten Erkrankungen** im Zeitablauf von 1986 bis 1991 unter besonderer Berücksichtigung der **Wohnumfeldqualität**

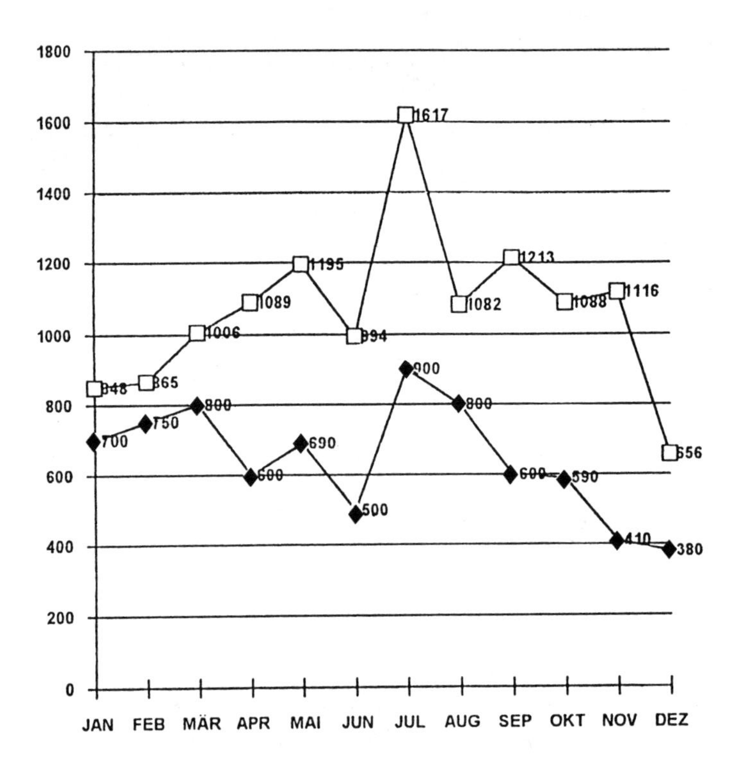

N = 20 419

- ◆ - bel	Gebiete mit weniger Wohnumfeldbelastung
- □ - sbel	Gebiete mit starker Wohnumfeldbelastung

Die graphische Aufbereitung der Zeitreihenanalyse läßt sehr deutlich die Konstanz des akuten Erkrankungsgeschehens innerhalb der gesamten Untersuchungsperiode erkennen. Die relativ homogenen Verläufe der Erkrankungsdynamik gelten nicht nur für die exponierte Bevölkerung, sondern sie sind auch ein typisches Charakteristikum bei der nicht exponierten Bevölkerung.

Die Monatsanalyse der rettungsdienstlichen Interventionen bei akuten Erkrankungen ist im wesentlichen durch drei Auffälligkeiten gekennzeichnet:

1. Von Anfang Jänner bis Ende März sind permanent Steigerungsraten der Interventionstätigkeit zu verzeichnen. Ein kurzfristiges Abflachen der Interventionstätigkeiten ist einmal im April und einmal im Juni feststellbar.
2. Die höchste Einsatzfrequenz bei akuten Krankheitssensationen ist im Juli erkennbar.
3. Von Ende Juli bis Ende September ist wiederum eine ständige Abnahme der Interventionshäufigkeiten registrierbar.

Die hier vorgelegten saisonalen Schwankungen der Einsatzfrequenzen decken sich übrigens auch größtenteils mit den jahreszeitlich bedingten witterungsinduzierten Belastungen, wobei eben besonders im Frühjahr und im Hochsommer die meisten biotropen Reizwetterlagen vorherrschen (vgl. LORENZ-EBERHARDT/STRAMPFER/FISCHER/KOBINGER 1994). Auch die Monatsverteilung der einzelnen Diagnosegruppen weist im Juli die höchsten akuten Erkrankungshäufigkeiten aus.

10. KARTOGRAPHISCHE DARSTELLUNG DER NOTFALLHÄUFIGKEIT

10.1. Die kartographische Darstellung (digitalisierte Notfallhäufigkeit) der wichtigsten Untersuchungsergebnisse als Instrument der Stadtentwicklungspolitik

Die Digitalisierung des Datenmaterials (Notfallhäufigkeit in Verbindung mit dem jeweiligen lokalen Ausprägungsgrad der Belastungsfaktoren respektive des Akkordsystems Luft- und Lärmbelastung) erlaubt erstmals eine räumliche Sichtweise der Notfallhäufigkeit. Diese optische Auflösung des Datenmaterials ist besonders für Modellentwicklungen hilfreich, weil es damit möglich ist, über abstrakten Prognosen hinaus in den betroffenen Raum zu sehen, um damit die Effektivität und die Effizienz von gesundheitspolitischen und stadtplanerischen Interventionen zu verbessern.

Die digitalisierte Dokumentation ausgewählter Untersuchungsergebnisse soll einen Überblick über die Verteilungsmuster einzelner Krankheitssensationen vermitteln.

Graphik 17: Digitalisiertes Verteilungsmuster der Notfallinterventionen bei **kardiovaskulären Erkrankungen**

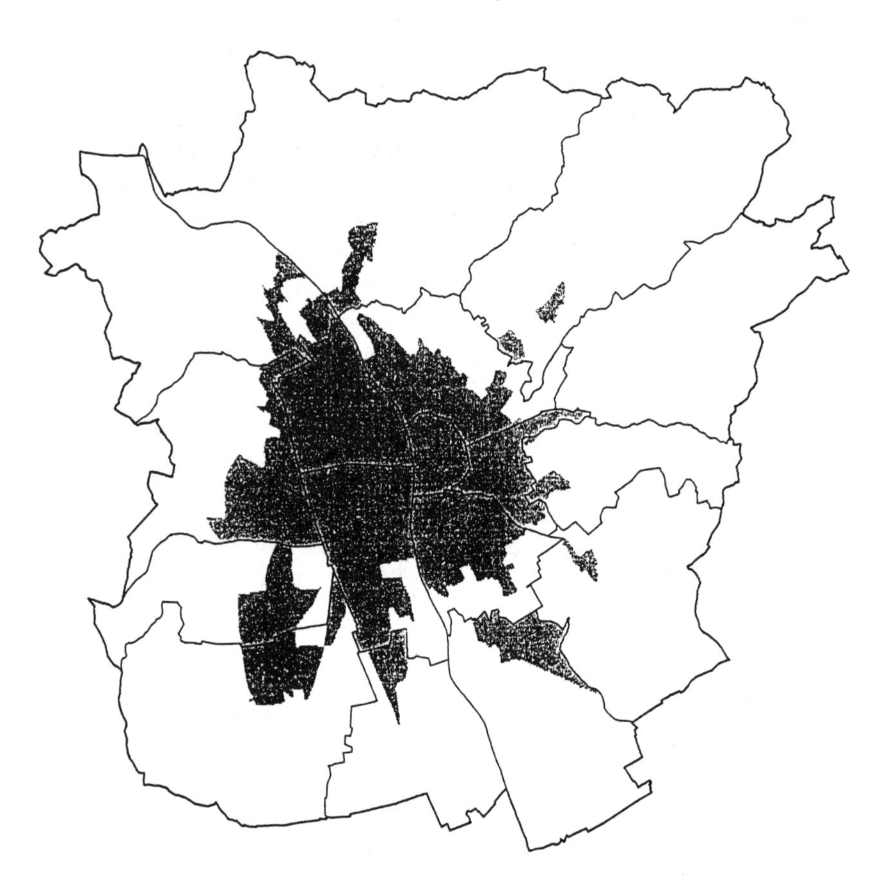

Graphik 18: Digitalisiertes Verteilungsmuster der Notfallinterventionen bei **pulmonalen Erkrankungen**

Graphik 19: Digitalisiertes Verteilungsmuster der Notfallinterventionen bei **neurologischen Erkrankungen**

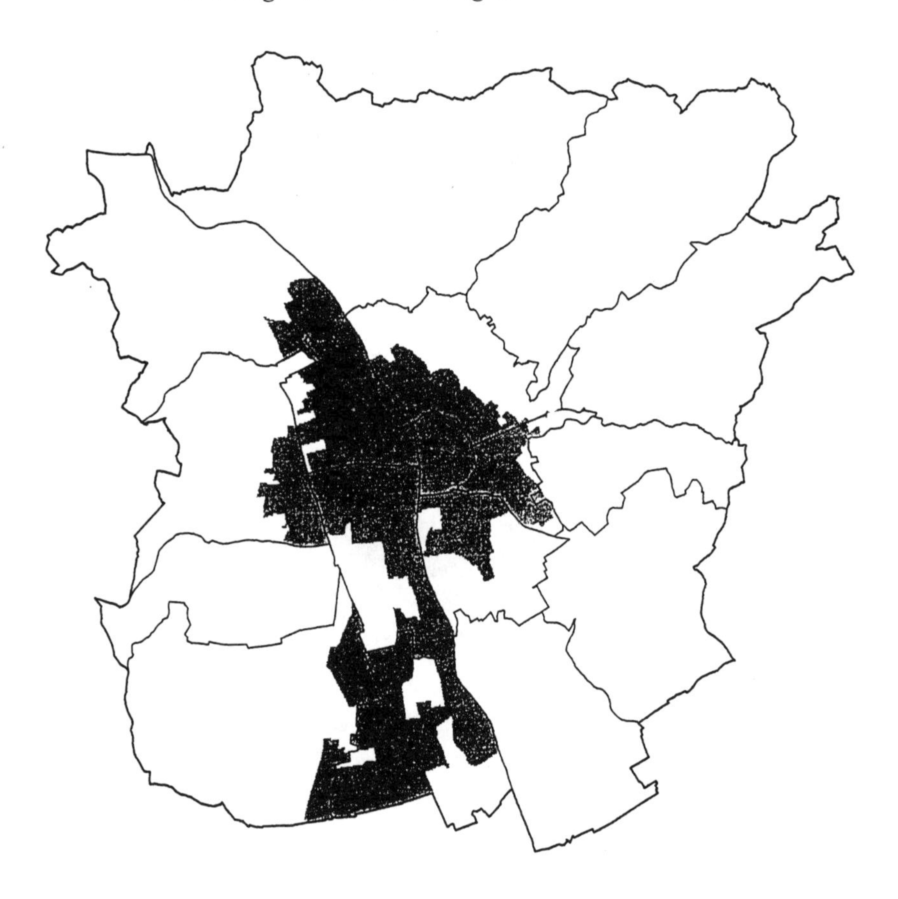

Graphik 20: Digitalisiertes Notfallpanorama **ausgewählter Krankheitssensationen**

■ überdurchschnittlich hohes Vorkommen von pulmonalen, kardio-vaskulären und neurologischen Erkrankungen

▨ geringe Häufigkeit von pulmonalen, kardio-vaskulären und neurologischen Erkrankungen

In den vorstehenden Graphiken wird das gesamte Untersuchungsgebiet in "wenig" bzw. "stark" belastete Stadtregionen unterteilt. Die straffierten Flächen sind als sogenannte "Sonderzonen" ausgewiesen, d.h. die Belastungsintensität in diesen Regionen schwankt zwischen "stark" und "wenig" belastet.

Die digitalisierte Darstellung der Untersuchungsergebnisse erlaubt einen Blick in die verschiedenen räumlichen Verteilungsmuster bestimmter Krankheitssensationen. Diese Form der visuellen Datenaufbereitung eröffnet nicht nur neue Möglichkeiten für eine akkordierte Stadt- und Raumplanung (z.B. Berücksichtigung der klimatischen Besonderheiten für die Standortwahl von Industrieanlagen, um etwaige Emissionsverfrachtungen in andere Stadtregionen zu vermeiden), sondern auch die Standortsuche und die Standortentscheidung für spezielle Einrichtungen des Gesundheitswesens, wie etwa die Stationierung von präklinischen Versorgungseinheiten, die Errichtung von Schwerpunktkrankenhäusern, mobilen Sozialdiensten, Hauskrankenpflegestationen, etc. lassen sich bedeutend besser organisieren, da die gesamte regionale (Zählsprengelebene) wie auch die überregionale (Stadtgebiet) Wohnumfeldbelastungssituation mit ihrer spezifischen Notfalldynamik in den Planungsprozeß miteinbezogen werden kann.

Um einen kursorischen Überblick über die Verteilungsmuster bestimmter Krankheitssensationen in den Jahren 1986 bis 1991 zu erhalten, wurden die Prävalenzraten der kardiovaskulären, pulmonalen und der neurologischen Erkrankungen digitalisiert und zu einem Notfallpanorama zusammengefaßt.

Die aufgezeigten Verteilungsmuster der einzelnen umweltinduzierten Krankheitssensationen und die sich daraus ergebenden direkten Ansatzpunkte für die Stadtentwicklung bilden eine geradezu ideale Ausgangslage für die Simulation der gesundheitlichen Folgen von städtebaulichen bzw. stadtgestaltenden Maßnahmen. Damit eröffnen sich Perspektiven für die Planung des "Lebensraumes Stadt", weil die Auswirkungen sektoraler Planungsinterventionen auf das gesamte Stadtgebiet besser abgeschätzt werden können (vgl. BOSSEL 1992). Durch die Anwendung dynamischer Simulationsmodelle können damit Erkenntnisse gewonnen werden, die aus der ursprünglichen Informationslage nicht erfolgen konnten. So kann ein System z.B. bei konstanten Parametern und Umwelteinflüssen zusammenbrechen, ohne daß dies aus der Systemstruktur direkt ableitbar wäre. Systemdynamische Untersuchungen zum Verhalten von Wäldern bei Schadstoffbelastung haben beispielsweise gezeigt, daß die Möglichkeit eines plötzlichen Kippens des Ökosystems Wald auch bei gleichbleibender oder sogar abnehmender Schadstoffbelastung möglich ist. Dieses Phänomen wäre ohne systemdynamische Untersuchungen kaum zu entdecken gewesen. Für die Stadt- und Gesundheitsplanung ergeben sich durch die Computersimulationsverfahren nicht nur neue Problemperspektiven, sondern es lassen sich in Form von Reihensimulationen wesentlich genauere Abschätzungen der Folgen von geplanten Interventionen tätigen.

11. ZUSAMMENFASSUNG DER ERGEBNISSE

Die zentralen Hypothesen der vorliegenden Arbeit zielen auf den Nachweis eines Zusammenhangs zwischen dem Vorhandensein umweltbedingter Belastungsfaktoren (Komplexgröße, Wohnumfeldqualität) und dem Auftreten rettungsdienstlicher Interventionen bei akuten Erkrankungen ab. Zu diesem Zwekke wurde das Untersuchungsgebiet (gesamtes Stadtgebiet der Landeshauptstadt Graz) aufgrund von Luft- und Lärmmessungen sowie der Bebauungsdichte auf Zählsprengelebene in "stark" bzw. in "wenig" belastete Wohnregionen unterteilt. Erst durch diese Feindifferenzierung konnte ein sehr hoher Auflösungsgrad der jeweiligen Belastungsintensität erreicht werden.

Mit Hilfe der deskriptiven als auch der mathematisch-statistischen Datenanalyse konnten die Erkrankungswahrscheinlichkeiten in Belastungs- und Vergleichsgebieten ermittelt werden. Unterschieden wurde bei den rettungsdienstlichen Notfallinterventionen grundsätzlich zwischen drei Diagnosegruppen und zwar den "kardiovaskulären", "pulmonalen" und "neurologischen" Erkrankungen, wobei noch zusätzlich der "Unfall in versperrter Wohnung" sowie die am Notfallort "tot angetroffenen Personen" mitberücksichtigt wurden.

Des weiteren erfolgte eine umfangreiche Beschreibung der örtlichen Immissions- und Klimaverhältnisse im Untersuchungsraum. Gegenüber den bisherigen Forschungsbemühungen bei der Fragestellung, inwieweit Umwelteinflüsse eine Auswirkung auf das Krankheitsgeschehen haben, wurde bei dieser Studie ein neuer Weg der medizinischen Datengewinnung eingeschlagen.

Die Verwendung medizinalstatistischer Daten erstreckte sich nicht, wie bisher üblich, auf Krankenhausdaten bzw. auf Statistiken der Sozialversicherungsträger, sondern es erfolgte eine Analyse der rettungsdienstlichen und notärztlichen Einsatzprotokolle. Aufgrund der rettungsdienstlichen Datensätze konnte eine verläßliche Zuweisung der Notfallpatienten zu Diagnosegruppen erfolgen; somit war es auch möglich, den Belastungsindex am Notfallort, der ja immer auch mit dem Wohnort ident ist, zu bestimmen.

Bereits aus der deskriptiven Datenanalyse ließen sich eine Reihe bemerkenswerter Hinweise auf mögliche Zusammenhänge zwischen der Existenz einzelner Umweltbelastungsfaktoren (Luft- und Lärmbelastung, Bebauungsdichte) und dem Auftreten akuten Krankheitsgeschehens feststellen. Da es sich hiebei jedoch um eine eindimensionale Betrachtung der verschiedenen Belastungsfaktoren handelte, diese aber in der Realität fast immer in Form eines Akkordsystems wirksam sind, war es notwendig, einen methodischen Zugang zu finden, der das Zusammenwirken dieser Umweltnoxen in Form eines Index beschreibt. Als Mittel der Wahl bot sich hier die Berechnung des Synergismus-Index an. Die Werte der errechneten Indizes wurden sodann in eine Synergismen-Matrix eingetragen, um damit die lokalen Synergismen (Koinzidenzen der einzelnen Umweltbelastungsfaktoren) zusammenzufassen und als Wirkungskomplex "Wohnumfeldqualität" auszuweisen.

Somit ist es möglich geworden, den traditionellen Rahmen medizinsoziologischer aber auch epidemiologischer Untersuchungen zu sprengen, sich ja im wesentlichen nur auf die konkreten Auswirkungen EINES Belastungsfaktors auf die Gesundheit, respektive auf das Wohlbefinden von Individuen konzentriert.

Betrachten wir zunächst die Ergebnisse der deskriptiven Datenanalyse für den Untersuchungszeitraum von 1986 bis 1991. Hier zeigte sich, daß in Wohnregionen mit "starker" Wohnumfeldbelastung eine deutlich höhere Notfallinterventionsfrequenz bei akuten Erkrankungen registriert wurde als in den "wenig" belasteten Vergleichsgebieten, wobei dies für die kardiovaskulären, für die pulmonalen als auch für die neurologischen Erkrankungen, sowie für den Notfall "Unfall in versperrter Wohnung" und für den Einsatztypus "tot in der Wohnung angetroffen bzw. während des Transportes verstorben" zutrifft.

Um den Einfluß der möglichen Störgrößen - Alter und Geschlecht - weitgehend auszuschließen, wurden die Notfallinterventionshäufigkeiten immer für die definierten Altersgruppen beiderlei Geschlechts angeführt. Auch die alters- und geschlechtsspezifische Betrachtung der dringlichen Rettungs- und Notarzteinsätze ergab, daß im Belastungsgebiet wesentlich öfter bei akuten Erkrankungsbildern interveniert wurde als im weniger belasteten Vergleichsgebiet.

Nun aber zu den Befunden beziehungsweise zur Hauptfragestellung: inwieweit lassen sich die wohnumfeldbedingten Belastungen in der Prävalenz bzw. Inzidenz akuter Erkrankungen statistisch gesichert nachweisen?

Da ist nochmals zu bemerken, daß nur bei experimentellen toxikologischen Untersuchungen eine signifikante Prüfung geringster "Wirkung einer bestimmten Belastungsexposition gegenüber einer Nullexposition" erfolgen kann. Bei epidemiologischen Untersuchungen kann hingegen immer nur auf den signifikanten Wirkungsunterschied bei "stärkerer" gegenüber "schwächerer" Belastung geprüft werden. Besonders erwähnenswert erscheint in diesem Zusammenhang der Umstand, daß eine fehlende statistische Signifikanz nicht zwangsläufig fehlende Wirkungszusammenhänge signalisiert.

Weiters muß auch darauf hingewiesen werden, daß bei einer Vielzahl epidemiologischer Untersuchungen eine exakte Grenzziehung zwischen einem "no effect level" bei bestimmten Umweltbelastungsfaktoren und einer nachteiligen Einwirkung auf das Krankheitsgeschehen nicht immer möglich ist. Dies bedeutet aber nichts anderes, als daß mit einem fließenden Übergang von der Gesundheit zur Krankheit oder mit der Verschlimmerung einer Krankheit zu rechnen ist.

Als ganz wesentlich ist das Phänomen "der erhöhten Sensibilität gegenüber Umweltbelastungen" zu betrachten. Gemeint ist hier, daß die Wirkung von Umweltschädigungen zunächst am deutlichsten bei vorgeschädigten, geschwächten oder sich in der Entwicklung befindenden Menschen zu beobachten ist, ungeachtet welchen primären "Risikogruppen" (definiert durch Lebensstile) sie zuzuordnen sind.

Für die Diagnosegruppe der kardiovaskulären Erkrankungen zeigte sich, daß ohne Bedachtnahme auf Geschlecht und Altersgruppe, im Belastungsgebiet 62 Notfallinterventionen auf 1.000 Bewohner verzeichnet wurden; im Vergleichsgebiet ("wenig" belastete Wohnregionen) waren es hingegen nur 33 Interventionen auf 1.000 Bewohner.

Noch deutlicher herausgestrichen wird dieser Unterschied bezüglich der Interventionshäufigkeiten zwischen der exponierten und nichtexponierten Bevölkerung durch die Berechnung des Relativen Risikos (RR), das für die exponierte Bevölkerung einen Wert von RR = 1,9 aufweist.

Damit war es möglich geworden, die Berechnung des Attributablen Risikos (AR/Überschußrisiko = zusätzliches Risiko in belasteten Gebieten) durchzuführen, um jenen Anteil zu definieren, der zusätzlich zur normalen Krankheitshäufigkeit aufgrund des Risikofaktors "Wohnumfeldqualität" auftritt. Für die Diagnosegruppe der kardiovaskulären Erkrankungen ließ sich damit die Quantität vermeidbaren Krankheitsgeschehens bei einer Anhebung der Wohnumfeldqualität in den "stark" belasteten Regionen auf das Niveau der Wohnumfeldqualität in den "wenig" belasteten Gebieten ermitteln.

Der Wert des Attributablen Risikos beläuft sich auf AR = 47%; d.h. 47% der registrierten Erkrankungen könnten vermieden werden.

Ein weitaus differenzierteres Bild ergibt sich aus der geschlechts- und altersspezifischen Betrachtung des "Betroffenheitsgrades" bei den kardiovaskulären Erkrankungen der exponierten, respektive nichtexponierten Bevölkerung. Den Analyseergebnissen zufolge finden sich in allen Altersgruppen bei der männlichen wie auch bei der weiblichen exponierten Bevölkerung eindeutig höhere Erkrankungsraten als bei der nicht exponierten Bevölkerung.

Die Werte des Attributablen Risikos (Überschußrisiko) bewegten sich in einer Bandbreite von AR = 38% für die männliche exponierte Bevölkerung bis zu AR = 34% für die weibliche exponierte Bevölkerung.

Mit Hilfe des Attributablen Risikos kann also ein quantifizierbarer Eindruck von dem Ausmaß vermittelt werden, das eine wirkungsvolle Prävention (Primärprävention, Ausschalten von umweltbedingten Krankheitsursachen z.B.

durch eine Verbesserung der Wohnumfeldqualität) auf die Reduktion des wohnumweltinduzierten Krankheitsaufkommens haben könnte.

Für die künftige Konzeption des "Lebensraumes Stadt" stellt die Kenntnis über die Größe des vermeidbaren Krankheitsgeschehens (Attributables Risiko) eine der wesentlichsten Komponenten für eine problemorientierte Stadtentwicklungs- und Gesundheitspolitik dar.

Auch für die Prävalenz pulmonaler Erkrankungen und dem Vorhandensein umweltinduzierter Mehrfachbelastungen (Komplexgröße "Wohnumfeldqualität") ergaben sich nach den ersten statistischen Auswertungsverfahren ebenfalls Unterschiede bezüglich der Erkrankungshäufigkeiten zwischen "stark" und "wenig" belasteten Wohngebieten.

Bei der alters- und geschlechtsspezifischen Betrachtung der Erkrankungshäufigkeiten trat hier wiederum sehr deutlich das Phänomen der "Adaptionsüberforderung" zutage, d.h., daß sehr junge Personen aus der exponierten Bevölkerung, sei es entwicklungsbedingt oder aufgrund der Tatsache von Vorschädigungen und alte exponiert lebende Personen mit einem bereits geschwächten Organismus besonders anfällig auf vorhandene Umweltnoxen reagieren.

Auch die Werte des Attributablen Risikos spiegeln die Anfälligkeit der exponierten Bevölkerung für pulmonale Erkrankungen in einer vielleicht etwas ungewöhnlichen, aber doch recht aussagekräftigen Form wider. So wäre eine Reduktion des pulmonalen Krankheitsaufkommens in den Belastungsgebieten um 47% (AR = 47%, für die männliche und weibliche exponierte Bevölkerung) dann denkbar, wenn die Wohnumfeldqualität in den "stark" belasteten Gebieten auf das Niveau jener in den "wenig" belasteten Gebieten angehoben werden würde.

Es kann also resümierend festgehalten werden, daß für die Diagnosegruppe der pulmonalen Erkrankungen ebenfalls wie für die kardiovaskulären Krankheitssensationen eindeutige Häufigkeitsunterschiede zwischen den Belastungs- und den Vergleichsgebieten nachgewiesen werden konnten.

Auf der Grundlage der vorliegenden Untersuchungsergebnisse wären weitere epidemiologische Forschungen, mit dem Ziel, auch den unterschiedlichen Prävalenzen von chronischen Erkrankungen in Belastungs- und Vergleichsgebieten nachzugehen, denkbar.

Die Betrachtung der Verteilungspanoramen neurologischer Erkrankungen unterstreicht ebenfalls den Trend, daß in den Belastungsgebieten signifikant mehr rettungsdienstliche Notfallinterventionen in Anspruch genommen werden müssen, als in den weniger belasteten Vergleichsgebieten.

Die alters- und geschlechtsspezifischen Ausprägungsgrade des Relativen Risikos, also jener epidemiologischen Kenngröße mit der die Stärke des Zusammenhangs zwischen der Existenz der Wohnumfeldbelastung und der Erkrankungsgefahr vermittelt werden kann, zeigten ebenfalls hohe Werte. Die prozentuellen Steigerungsraten lagen im Schnitt bei der männlichen exponierten Bevölkerung bei 64%, bei der weiblichen exponierten Bevölkerung sogar bei 76%.

Für die Ausrichtung der auf regionalspezifischen Besonderheiten abgestimmten Stadt- und Gesundheitsplanung erlangen vor allem die Werte des Attributablen Risikos (Überschußrisiko) besondere Bedeutung, weil sich damit eine Möglichkeit zur Abschätzung der gesundheitlichen Auswirkungen angestrengter Planungsvorhaben eröffnet. Für die Diagnosegruppe der neurologischen Erkrankungen wurde demnach wiederum eine alters- und geschlechtsspezifische Ausweisung des Attributablen Risikos vorgenommen. Dies zeigte sich als besonders wertvoll, weil sich in den verschiedenen Altersgruppen eine starke Heterogenität der einzelnen Ausprägungsgrade des Attributablen Risikos herausstellte.

Bei der Analyse der 959 rettungsdienstlichen Interventionen beim Notfalltypus "Unfall in versperrter Wohnung" zeigte sich, daß die Notfallhäufigkeiten nach Wohnungsstandort und nach Wohnungsstandard getrennt untersucht werden müssen, um zu aussagekräftigen Ergebnissen zu gelangen. Aufgrund der vorliegenden Auswertungsergebnisse läßt sich erkennen, daß die soziale Isolation von alten und gebrechlichen Personen in dicht bewohnten bzw. dicht bebauten Stadtgebieten am größten ist.

Ein weiteres Indiz für die soziale Isolation alter und kranker Personen im dichten Siedlungsraum fand sich durch die Analyse der "Auffindezeit", also jener Zeit, die vom Auftreten der ersten Symptome bis zum Auffinden der Patienten verstrichen ist. Hier hat sich herausgestellt, daß im dicht verbauten Gebiet auch die längsten "Auffindezeiten" vorkommen.

Diese Untersuchungsergebnisse haben meines Erachtens gerade für die Optimierung der Einsatzstrategien sozialer Dienste große Relevanz. Durch die Kenntnis der Verteilungseigenart des "Unfalls in versperrter Wohnung" ist es möglich, sogenannte "Bedarfsregionen" zu definieren. Als "Bedarfsregionen" gelten alle jene Stadtgebiete, in denen neben der Installation von Seniorennotrufanlagen sowie der Aktivierung von Besuchsdiensten (mobile Nachbarschafts- und Heimhilfen) in Zukunft neue Formen der "Wohnungsnachbarschaftshilfen" geschaffen werden müssen. Ansatzpunkte wären z.B. eine Förderung von Startwohnungen für Jungfamilien im innerstädtischen Bereich oder die Schaffung von flexiblem Wohnraum, d.h. Wohnungen werden so konzipiert, daß sie nach einem Modulsystem je nach dem aktuellen Bedarf vergrößert bzw. verkleinert werden können. Im Prinzip wäre dies denkbar, indem z.B. eine Zusammenlegung von zwei kleineren Wohnungen zu einer größeren Wohnung durch Verschieben von Trennwänden durchgeführt werden könnte. Damit würden zumindest auch wohnräumliche Bedingungen geschaffen, die etwa die Aufnahme eines alten alleinstehenden Angehörigen in die Familie erlauben. Auch das Modell: „Wohnen für Mithilfe“, d.h. Einbeziehung von z.B. Studenten in die Wohngemeinschaft mit Alleinstehenden wäre zu fördern!

Anhand dieser Beispiele läßt sich illustrieren, daß die Stadt-, Regional- und Gesundheitsplanung als untrennbar komplexes Entscheidungssystem zu verstehen ist.

Gerade bei der Versorgung und Betreuung von alten und kranken Menschen sind jene Kosten von der Gesellschaft zu tragen, deren Ursprung z.B. in der wenig vorausschauenden Planung von Wohnraum zu finden ist. Die Errichtung von Wohnanlagen ohne Personenaufzüge (diese Barriere gestaltet sich für gehbehinderte als unüberwindbares Hindernis) oder aber auch der Verlust von Nahversorgungseinrichtungen sind nur einige Beispiele, mit wie wenig Weitsichtigkeit "Unterbringungswohnbau" betrieben wurde und auch teilweise noch wird.

Die letzte Diagnosegruppe, die einer epidemiologischen Analyse unterzogen wurde, war der "Exitus letalis". Obwohl in den meisten aller registrierten Fälle nur eine "Todesursachenvermutung" vorlag, gestaltete sich das Verteilungspanorama des "Exitus letalis" unter besonderer Berücksichtigung der Wohnumfeldqualität als sehr aufschlußreich. Bei der Betrachtung der Verteilungsraten der einzelnen "Todesursachenvermutungen" bestätigte sich die Hypothese, daß in "stark" belasteten Wohngebieten eine signifikant höhere Todesrate als gegeben angenommen werden kann als in den "wenig" belasteten Vergleichsgebieten.

Konkret bedeutet dies, daß in den Belastungsgebieten die rettungsdienstlichen Interventionen bei der Diagnosegruppe "Exitus letalis" im gesamten Untersuchungszeitraum von 1986 bis 1991 eine Steigerung, wiederum im Vergleich zu den "wenig" belasteten Wohnregionen, von 210% ausweisen.

Für die exponierte männliche Bevölkerung konnte ein Relatives Risiko (RR) von RR = 2,7, für die weibliche Bevölkerung ein RR = 3,5 ermittelt werden.

Mit Hilfe des Relativen Risikos konnte ein Eindruck von der Stärke des Zusammenhanges zwischen der Umweltexposition und der Mortalitätsgefahr vermittelt werden, wobei hier nochmals erwähnt werden muß, daß die komplexen Zusammenhänge zwischen der Sterbehäufigkeit und der Existenz diverser Umweltfaktoren mit den präsentierten Ergebnissen allein nicht erklärt werden können, daß aber eindeutige statistisch gesicherte Angaben über die Koinzidenz von Sterbehäufigkeiten und der jeweiligen lokalen Umweltbelastungssituation vorgelegt werden konnten.

Gerade für die Diagnosegruppe "Exitus letalis" besteht die Gefahr, daß die Ergebnisse vom Blickwinkel der "Spezifitätshypothese" aus (jede Krankheit besitzt ihre spezifische Ursache) als wenig aussagekräftig abgetan werden, da keine "handhabbaren" Zusammenhänge nachgewiesen werden konnten. Dieses Argument wird übrigens sehr oft auch für das Ignorieren statistisch gesicherter Tatsachenbefunde herangezogen.

Für das gesamte Untersuchungsgebiet erfolgte auch eine Gegenüberstellung der Jahresverläufe von Erkrankungszahlen für die "stark" bzw. "wenig" belasteten Wohnregionen. Die Betrachtung der Entwicklung des Krankheitsgeschehens im Zeitablauf ist vor allem durch zwei Phänomene gekennzeichnet. Zum einen lassen sich für alle Diagnosegruppen auffallende Prävalenzdifferenzen zwischen den Belastungs- und den Vergleichsgebieten erkennen und zum anderen sind nur sehr geringfügige Schwankungen der jährlichen Erkrankungsraten konstatierbar.

Diese Ergebnisse zeigen sehr deutlich, daß kurzfristige Auswirkungen von umweltverbessernden Maßnahmen auf die Erkrankungsdynamik nicht nachweisbar sind. Gerade aber für die Durchsetzung eines planerischen Konzeptes werden sehr oft Erfolgskontrollen eingefordert, die aber nicht immer den gewünschten Nachweis erbringen können, weil es offensichtlich größerer Zeiträume bedarf, bis der sogenannte "Erholungseffekt" bei der exponierten Bevölkerung tatsächlich statistisch nachweisbar wird.

Zeitliche Verzögerungen des Verbesserungseffektes (z.B. Reduktion der Erkrankungsraten) bergen naturgemäß auch die Gefahr der Absetzung der zumeist finanziell sehr aufwendigen stadt- und gesundheitsplanerischen Vorhaben. Hier bedarf es zuweilen einer neuen politischen Kultur, in der die Schnellebigkeit von Ideen und Konzepten zugunsten längerfristig ausgerichteter Vorhaben, die durchaus legislaturperiodenüberschreitend sein können, abgelöst werden müssen.

Die Monatsanalyse der rettungsdienstlichen Interventionen bei akuten Erkrankungszuständen zeigt für alle Diagnosegruppen ziemlich einheitliche Verläufe. Für die kardiovaskulären Erkrankungen wie auch für die pulmonalen und neurologischen Krankheitssensationen und für den "Exitus letalis" liegen die Spitzen der Interventionsraten einmal im März bzw. im Juli. Dies verwundert wenig, zumal sie hier auch die saisonal bedingten Belastungen (witterungsdynamisches Frühjahr, verschieden starke anthropogene Belastungsfaktoren im sommerlichen urbanen Raum wie etwa hohe Abstrahltemperaturen, starkes Verkehrsaufkommen, wenig natürliche Ventilation, etc.) wiederspiegeln.

Auch die Analyse des monatlichen Ganges der Notfallinterventionen bei akuten Erkrankungen weist für die Belastungsgebiete eindeutig höhere Werte der Erkrankungsraten auf als für die Vergleichsregionen.

Die abschließende Betrachtung des Verteilungsprofils der Notfallinterventionen unter Berücksichtigung der Erkrankungsart und der Uhrzeit vermittelt einen Einblick in die "notfallintensiven" Tageszeiten. Allgemein kann festgehalten werden, daß das höchste Notfallaufkommen in der Zeit von 10.00 bis ca. 13.00 Uhr registriert wurde, dies trifft für alle Diagnosegruppen zu. Lediglich bei der Diagnosegruppe "Exitus letalis" hat sich herausgestellt, daß hier ab ca. 22.00 Uhr eine Zunahme der Notfallinterventionen zu verzeichnen ist, bei allen anderen Krankheitssensationen zeichnet sich ungefähr zur selben Zeit eine starke Abnahme der Anforderung notärztlicher bzw. rettungsdienstlicher Hilfeleistungen bei akuten Erkrankungen ab.

Die Arbeitshypothese der vorliegenden Untersuchung, wonach besonders die kardiovaskulären, die pulmonalen und die neurologischen Erkrankungen, sowie die Notfälle "Unfall in versperrter Wohnung" oder "Exitus letalis" in als "stark" belastet ausgewiesenen Wohnregionen signifikant stärker auftreten als in den "wenig" belasteten Vergleichsgebieten, konnte bestätigt werden.

Mit dieser raum- und zeitbezogenen Auswertung der Daten aus dem akuten Notfallgeschehen im urbanen Raum liegt jetzt eine sich über sechs Jahre erstreckende Untersuchung vor, deren Ergebnisse sich auf die Analyse von 20.425 Rettungs- und Notarzteinsätzen beziehen. Durch diese umfangreiche Dokumentation umweltbedingten Notfallgeschehens eröffnen sich neue Perspektiven für eine präventivmedizinische Ausrichtung der Raum-, Stadt- und Gesundheitsplanung.

Bei allen diesen Überlegungen wird der ökonomischen Bewertung von Gesundheitsschäden in umweltbelasteten Regionen große Bedeutung beigemessen. Zu diesem Zwecke wurde auch eine Kostenschätzung umweltbedingten Krankheitsgeschehens angestrengt, obwohl die vorliegenden Werte mit zahlreichen Unsicherheitsmomenten behaftet sind, zumal wichtige gesundheitsrelevante Einflußfaktoren nicht in die Berechnungen einfließen konnten. Da aber der ökonomischen Bewertung umweltinduzierter Gesundheitsschäden im Rahmen dieser Studie nur peripheres Interesse zukommt, ging es prinzipiell darum, die Trends der Krankheitsfolgekosten aufzuzeigen. Andere oder der Autor selbst werden daran weiterarbeiten.

Für den Untersuchungszeitraum von 1986 bis 1991 wurden für die "stark" belasteten Wohnregionen zusätzliche Krankheitsfolgekosten von rund 288 Millionen Schilling errechnet. In diese Kostenschätzung sind jedoch weder Arbeitsausfalls- noch Rehabilitationskosten aufgenommen, sodaß davon ausgegangen werden kann, daß die "wahren" Krankheitsfolgekosten als beträchtlich höher beziffert werden müssen.

Aber auch die sogenannten "verborgenen Krankheitsfolgekosten", darunter sind z.B. Gesundheitsausgaben infolge von Erkrankungen nichterwerbstätiger Personen (Familienmitglieder, Rentner, Arbeitslose, kurzzeitige Erkrankungen ohne offizielle Krankmeldung) zu verstehen, müssen den "wahren" Krankheitsfolgekosten hinzugerechnet werden.

Nicht unerwähnt soll in diesem Zusammenhang die Zahlungsbereitschaft von Personen bleiben, die insbesonders die psychosozialen Folgewirkungen von umweltinduzierten Erkrankungen wie etwa Schmerzen, Angstzustände, soziale Isolation, etc. in Eigeninitiative zu lindern versuchen, also die anfallenden finanziellen Aufwendungen für Therapien oder Erholungsaufenthalte selbst bezahlen.

Erwartungsgemäß gestalteten sich die kardiovaskulären Erkrankungen als sehr kostenintensiv. Bei den neurologischen Erkrankungen war auffallend, daß die Altersgruppe der 16-59jährigen Männer eine sehr hohe Anfälligkeit aufwies und demzufolge auch relativ hohe zusätzliche Krankheitsfolgekosten auszuweisen waren, da sich ja die Mehrheit dieser Altersgruppe angehörenden Personen in der beruflichen Ausbildung bzw. im Beruf befindet.

Die künftige Ausrichtung der Stadt- und Regionalplanung sowie auch der Gesundheitspolitik und der Wirtschaft wird ob der vorliegenden sozialepidemiologischen und ökonomischen Befunde nicht umhin können, den Auswirkungen von Umweltnoxen in ihren Gesamtüberlegungen wesentlich mehr Raum als bisher einzugestehen. Gesellschaftspolitische Maßnahmen müssen deshalb darauf abzielen, der Entstehung von umweltinduzierten Erkrankungen und unnötigen Krankheitsfolgekosten vorzubeugen.

Die so freigesetzten Ressourcen können in der Gesundheitsvorsorge durch primäre Prävention, also dem Ausschalten gesundheitsschädigender Einflüsse im Wohnumfeld und zur Verbesserung der diagnostischen wie auch therapeutischen Leistungen im Gesundheitswesen eingesetzt werden.

Ziel einer Umweltqualitätsplanung muß es sein, die Vorstellungen von Politik und Bevölkerung zur Umweltqualität auf einen größtmöglichen gemeinsamen Nenner zu vereinen. Die Gesamtheit der Meinungen aus Wirtschaft, Industrie und aus der Bevölkerung zum Thema Umweltqualität fungiert quasi als Orientierungshilfe zur Erstellung von Richtwerten, die durch medizinische Gutachten und die Ergebnisse großangelegter medizinsoziologischer und sozialepidemiologischer Untersuchungen abgesichert werden müssen.

12. PRAKTISCHE KONSEQUENZEN

12.1. Politische Entscheidungsgrundlagen für Verbesserungsmaßnahmen der städtischen Umwelt und Gesundheit

Während die Sensibilität für umweltpolitische Belange durchaus im Zunehmen begriffen ist, ist der gesellschaftliche Planungshorizont für eine präventive Umweltpolitik relativ begrenzt. So erschöpfen sich Politiker und Industriemanager lieber in unverbindlichen Absichtserklärungen und degeneriert damit bewußt oder auch unbewußt den Begriff "präventive Umweltpolitik" zu einer inflationär gebrauchten Floskel.

Es ist zwar schon Allgemeingut, daß vorausschauende Planung, sei sie im Verkehrswesen oder im Städtebau, eine Unmenge an Folgekosten für nachträgliche Korrekturen entstandener Schäden erspart, doch es fehlt nach wie vor an interdisziplinären Arbeitsgemeinschaften, deren Aufgabe die Aufbereitung von Dispositionsgrundlagen für die jeweiligen Entscheidungsträger sein muß.

Obwohl schon seit etwa Mitte der siebziger Jahre von einer zukunftsorientierten, ökologisch ausgerichteten Umweltplanung die Rede ist, treten derzeit noch immer beträchtliche Probleme bei der Nachsorge ökologischer Fehlplanungen auf. Präventive oder vorsorgende Umweltpolitik ist als Konzept umfassender Planungsbemühungen zu verstehen, das die bisherige Praxis der Konzentration auf die "Katastrophenbewältigung" ablösen sollte.

Die Wechselwirkungen zwischen Ökologie und Ökonomie bestimmen im wesentlichen die Grundbedürfnisse des Menschen nach Gesundheit, intaktem Lebensraum und gesichertem Lebensstandard. Im gleichen Maße werden dadurch aber auch Konfliktpotentiale geschaffen, die diese Bedürfnisse nicht nur beeinträchtigen sondern sogar gefährden. Gerade hier entzünden sich die sektoralen Interessenskonflikte verschiedenster gesellschaftlicher Gruppierungen.

Um dieses Konfliktpotential möglichst gering zu halten, muß die Ökologisierung der Politik so vorangetrieben werden, daß sich daraus eine auf den Menschen ausgerichtete Gesundheitspolitik entwickeln kann. Dies bedeutet auch Voraussetzungen zu schaffen, die der Politik die Möglichkeit einräumen, von dem sehr reduktionistischen Umweltbegriff der "technisch-defensiven Umweltberuhigung" (z.B. der Bau hoher Schornsteinanlagen um Emissionen zu verfrachten) sukzessive abzurücken. Voraussetzungen hiefür sind systematische epidemiologische und sozialepidemiologische Untersuchungen, die eine Befundung der Auswirkungen der Komplexgröße "Umweltqualität" auf die Prävalenz und Inzidenz von Krankheiten ermöglichen und damit auch als Entscheidungsgrundlage für die Verantwortlichen in Politik und Wirtschaft Eingang finden.

Dieser Ruf nach einer "Ökologisierung der Gesellschaft" ist nicht so neu. Schon um 1911 wurde von HELLPACH eine Art Umweltforschung unter Berücksichtigung geographischer und infrastruktureller Besonderheiten angestrengt, die er in seinem Buch "Geopsyche" darlegte. Die ökologische Betrachtung der menschlichen Gesellschaft, insbesonders der Verstädterung, war auch die Geburtsstunde der Sozialökologie, die vermutlich erstmals im Jahre 1921 bei PARK und BURGESS in Chicago auftauchte. Seit 1940 beschäftigt sich die Sozialökologie unter anderem mit der empirischen Erforschung der menschlichen Gemeinde (räumliche Verteilung der Bevölkerung in Slums, Arbeiterwohngebieten, Regionen mit Einfamilienhäusern, gewerbliche bzw. industrielle Bodennutzung, etc.).

Noch nie war der Bedarf an Umweltbelastungsbefunden so groß als beim Übergang von der Technik in die Großtechnik. Während beispielsweise die in der Nähe eines Großkraftwerkes wohnende Bevölkerung nicht nur mit der Lärm- und Luftbelastung sowie der Verunstaltung der Landschaft zu leben hat, sondern auch nur einen Bruchteil der erzeugten Energie verwerten kann, profitiert hingegen eine überregionale Gemeinschaft sehr wohl davon. Die Bedürfnisse der "regionalen Minderheit" verlieren in der überregionalen Kosten-Nutzen-Relation immer mehr an Bedeutung, außer es gelingt, die Belastungsmomente anhand von Gesundheitsschäden aufzuzeigen.

Der gesellschaftlich definierte Wert von Gesundheit besitzt bereits einen so hohen Wert, daß Gesundheitsschutz im allgemeinen politisch besser durchsetzbar ist. Durch die Bedeutung des Schutzes der Gesundheit, der ja letztendlich nur durch eine präventive Umweltpolitik zu sichern ist, lassen sich auch Forderungen zur Stabilisierung von Ökosystemen durchsetzen.

Welche Zielvorgaben stellen sich nun für eine langfristige Umweltqualitätsplanung, die sich ja im wesentlichen an der langfristigen Erhaltung einer "humanen" Umwelt und damit am Präventivprinzip orientiert?

Die zentralen Elemente einer wirksamen Umweltqualitätsplanung lassen sich wie folgt definieren:

- Die Sicherung und die Erhaltung der Funktions- und Leistungsfähigkeit des Naturhaushaltes;
- die sparsame Verwendung nicht erneuerbarer Ressourcen;
- eine ökologisch orientierte Landwirtschaft;
- überregionale Planung des Individualverkehrs und des öffentlichen Verkehrs, Ausbau des Schienennetzes, vermehrte Nutzung von Wasserstraßen (z.B. Rhein-Main-Donau-Kanal);
- klare Vorgaben an die Raumnutzung (Flächennutzungsplan);
- Festlegen von Gütestandards für Luft- und Wasserqualität, sowie für den Boden;
- Erstellen von sogenannten Wirkungskatastern, die unter Zuhilfenahme der Ergebnisse von sozialepidemiologischen Untersuchungen und von Bestandsaufnahmen räumlich differenzierte und ökologisch tragbare Nutzungen des ermittelten Ressourcenpotentials ermöglichen;
- ausweisen von Schutzflächen und Erholungsräumen;
- zusätzliche Überwachung stark umweltbelasteter Regionen mit Hilfe Geographischer-Informations-Systeme (GIS, Satelittenüberwachung);
- Monitoring der Morbiditäts- und Mortalitätsdynamiken unter Berücksichtigung lokalspezifischer und infrastruktureller Besonderheiten.

Eine planvolle Steuerung einer nach den Bedürfnissen der Bevölkerung ausgerichteten Umweltqualitätsplanung muß auch in der Lage sein, einerseits eine wirksame Einflußnahme auf die Standortentscheidungen von Unternehmungen, Haushalten oder Straßenbauvorhaben, etc. auszuüben und andererseits auch als zentrale Koordinationsstelle für die verschiedenen Fachressorts auf Bundes-, Landes- oder Gemeindeebene zu fungieren (vgl. FREISITZER/MAURER 1985).

Die gegenwärtigen politisch-administrativen Rahmenbedingungen für eine präventive Umweltpolitik begünstigen nicht unbedingt die Beseitigung struktureller Hemmnisse für eine wirkungsvolle Umweltqualitätsplanung.

Als kontraproduktiv für eine konsequente Umweltqualitätsplanung erweisen sich:

- die "Verrechtlichung der Ökologie", darunter ist das vorwiegend rechtlich-administrative Instrumentarium der Umweltpolitik zu verstehen;
- Zuständigkeitsprobleme der einzelnen Verwaltungseinheiten (Bundes- und Landesbehörden) in Sachen Umweltschutz;
- das Fehlen umfangreicher Studien zum Problembereich "direktes und indirektes Wirkungsspektrum anthropogener Schadstoffe auf das Langzeitverhalten komplexer Ökosysteme";
- die mangelnde Konfliktbereitschaft der Umweltpolitik gegenüber Partikularinteressen der Länder, Gemeinden und privater Unternehmen bzw. sonstiger Rauminteressenten;
- das Beibehalten der Sektorialplanung z.B. von Verkehrswegen oder Industrie- und Gewerbeanlagen ohne Berücksichtigung überregionaler Aspekte (Gefahr von Doppel- und Fehlplanungen);
- kaum registrierbare Anstrengungen zur Förderung praktikabler Transportalternativen (für das Transportwesen würde dies etwa bedeuten, daß große Transportkontingente auf Binnenschiffe verlagert werden, um damit das Schwerverkehrsaufkommen auf den Transitrouten spürbar zu verringern). Eine unmittelbare Folge wäre hier etwa die Reduktion der Lärm- und Luftbelastung, einhergehend mit einer Verbesserung der Umwelt- und somit der Lebensqualität für die betroffene Bevölkerung, sowie ein verbesserter Schutz anliegender Ökosysteme;
- die mangelnde Bereitschaft der "ökonomischen Minderheit" ökologische Interessen exponierter Bevölkerungsteile zu wahren;
- die Tendenz zur Konzeption "totaler Lösungen". Die Realisierung flächendeckender Umweltsanierungs- bzw. Umweltschutzprogramme ohne Bedachtnahme auf die regionalspezifischen Besonderheiten birgt die permanente Gefahr absoluter Fehlentscheidungen und untergräbt somit nachhaltig die Reputation notwendiger Umweltschutzprogramme.

Wie sich nun gezeigt hat, läßt sich unter den gegebenen wissenschaftlichen, rechtlichen, politischen, administrativen und wirtschaftlichen Voraussetzungen keine wirklich sinnvolle Umweltqualitätsplanung bewerkstelligen. Dazu kommt noch, daß die Politik sich lieber mit kurativen anstatt mit präventiven Maßnahmen auseinandersetzt. Diese Tendenz wird maßgeblich mit dem Hinweis auf die Begrenztheit unseres Wissens für eine zukunftsorientierte Umweltplanung vertreten. Auch wenn diese These von der prinzipiellen Unzulänglichkeit unseres Wissens teilweise zutreffen mag, müssen daraus andere Konsequenzen gezogen werden, als das bloße Konstatieren, daß derzeit weder genügend vorhersagbares Wissen noch die notwendigen politisch-administrativen Voraussetzungen gegeben sind, die eine zukunftsorientierte Planung erlauben.

12.2. Ziele eines mittelfristigen Programmes zur Verbesserung der Wohnumfeldqualität

In den USA erkannte man schon in den späten 70er Jahren, daß nur eine "Neue Stadtpolitik" in der Lage sein wird, die Gefahr der weiteren Zunahme urbaner Gesundheitsrisken einzudämmen. Die Carter-Administration hat zu diesem Zwecke dem Kongreß im Jahre 1978 ihre "Proposals for a Comprehensive National Urban Policy" vorgelegt, wobei der Schwerpunkt dieses Vorschlages in der "Neuen Gestaltung der Städte Amerikas" gelegen ist. Man wollte damit alle staatlichen und privaten Anstrengungen zur Revitalisierung der amerikanischen Städte bündeln und zugleich auch zentral koordinieren.

Zur Erreichung dieser Ziele wurde folgende Programmatik entworfen:

- eine Effizienzsteigerung bundespolitischer Programme (Koordination und vereinfachte neue Modelle der Ressourcenzuweisung;
- Verbesserungen der Beschäftigungspolitik im privaten Sektor besonders für benachteiligte Bevölkerungsgruppen;
- Steuererleichterung für alle Gemeinden mit großen Problemen;
- Anreize für private Investitionen in schwer belasteten Städten;
- Stärkung von Nachbarschaftshilfen und freiwilligen Vereinigungen durch die Finanzierung von sogenannten Quartierentwicklungsprogrammen;
- Verbesserung der Lebensbedingungen ökonomisch benachteiligter und diskriminierter Gruppen;
- Ausbau der sozialen und gesundheitlichen Dienstleistungen für Benachteiligte;
- Verbesserung der physischen, kulturellen und ästhetischen Umwelt.

Obwohl die Probleme vieler amerikanischer Städte weitaus dramatischer sind als in vielen europäischen, muß in Zukunft aller Wahrscheinlichkeit nach doch mit einer merklichen Verschärfung der schon vorhandenen Schwierigkeiten (Umweltbelastung, Verkehrsaufkommen, Wohndichten, Verbauungsdichten,

Kriminalität, Alkohol- bzw. Medikamentenabusus, etc.) auch bei uns gerechnet werden. Die Entwicklung "mittelfristiger Programme zur Revitalisierung" des urbanen Lebensraumes gewinnt daher auch in Europa immer mehr an Bedeutung.

Besonders der Wohnumfeldqualitätsverbesserung muß verstärktes Augenmerk als bisher eingeräumt werden, um der Bevölkerungsverdünnung, die sich besonders im innerstädtischen Raum stark bemerkbar macht (reine Büro- und Geschäftsviertel), Einhalt zu gebieten. Die Aufwertung des Straßenraumes durch Verkehrsberuhigung und ansprechende Gestaltung, die Verbesserung der Wohnsituation, das Schaffen von Grünflächen und die Nutzbarmachung von Wasserflächen sowie die Neuordnung der Wohnblockinnenbereiche sind nur einige durchaus mittelfristig zu bewerkstelligende städtebauliche Maßnahmen.

Die Kriterien einer hohen Wohnumfeldqualität lassen sich wie folgt zusammenfassen:

- eine ruhige und nicht belastete Umwelt;
- eine gute Ausstattung mit Einrichtungen des täglichen Bedarfs (wichtiger Aspekt der regionalen Verkehrsvermeidung), dazu wird die Stützung kleiner Gewerbetreibender unabdingbar werden (Stichwort: Greißlersterben);
- gute Grünausstattung;
- hoher Wohnkomfort mit der Möglichkeit der Freizeitgestaltung (Sport- und Freizeitanlagen in unmittelbarer Nähe der Wohnung), wodurch wiederum ein zusätzliches Verkehrsaufkommen vermieden wird;
- ruhige, gestaltete Straßenräume (Wohnstraßen);
- die Erhaltung bzw. die Wiederherstellung einer nach Alter, wirtschaftlicher Lage und anderen Aspekten günstig strukturierten Bevölkerung.

Diese Forderungen erscheinen auch angesichts der allerorts angespannten Knappheit finanzieller Ressourcen als durchaus realisierbar, zumal die dadurch entstehenden Kosten nur einen Bruchteil der umweltinduzierten zusätzlichen Krankheitsfolgekosten betragen.

12.3. Evaluierung der Wechselwirkungen und der Konfliktpotentiale von Umwelt und Gesundheit

Wechselwirkungen und Konfliktpotentiale:

Um die vorhandenen Wechselwirkungen und Konfliktpotentiale zwischen Umwelt- und Gesundheitsfaktoren ableiten und bewerten zu können, sollen alle erhobenen Datensätze und Analyseergebnisse auf eine einheitliche Datenbasis gebracht und wenn möglich in das GIS (Geographisches Informationssystem) integriert werden.

Die Bewertung der Faktoren erfolgt auf der Basis eines kybernetischen Modellansatzes. Mit Hilfe von „mehrmaligen“ Bewertungsdurchgängen werden die

Komplexität und Vernetzung der Raum-, Umwelt- und Gesundheitsfaktoren (Zusammenhänge und Wechselwirkungen) sowie Konfliktpotentiale dargestellt. Jede Wirkungsbeziehung wird auf die Art des Einflusses, auf gleichgerichtete Wirkungen (Rückkoppelungen) und auf die zeitliche Wirkung (dynamische Komponente) veranschaulicht.

Lösungsansätze und Maßnahmenplanung:

Über die zukünftige Entwicklung der einzelnen Größen (Raumnutzung und Raumfunktionen, Umweltsituation und Gesundheitszustand) werden Szenarien für unterschiedliche Zukunftsmöglichkeiten erstellt.

1. Erstellung einer einheitlichen Datenbasis zur Bewertung der Wechselwirkungen und Konfliktpotentiale in einem Systemmodell; Integration der Daten im GIS;
2. Bewertung der Raum-, Umwelt- und Gesundheitsfaktoren in einem systemtheoretischen Ansatz (kybernetisches Sensitivitätsmodell);
3. Ermittlung der Vernetzung und Dynamik der Modellparameter, Interpretation der Verhaltensweisen (Wechselwirkungen und Konfliktpotentiale) und Bestimmung der Eingriffs- und Lenkungsmöglichkeiten;
4. Gestaltung der Lenkungseingriffe (Lösungsansätze) und Ableitung geeigneter Umsetzungsmaßnahmen als fachliches und politisches Entscheidungsinstrument;
5. Standortbestimmung für die Einrichtung von Rettungs- und Notarzteinheiten, für den mobilen Sozialdienst, die Hauskrankenpflege, mobile Besuchsdienste, etc.;
6. Ausweisung von "Vorrangzonen", d.h. Erstellen eines Sofortmaßnahmenkataloges für die Verbesserung der Wohnumfeldqualität in Belastungsgebieten;
7. Festlegen der Regionen für Screeninguntersuchungen (z.B. Lungenfunktionstest mit dem Pneumobil - einer mobilen Untersuchungseinheit, etc.).

12.4. Erarbeiten einer Gebietstypologie für die regionale Wohnumfeldbelastung sowie die Erarbeitung von Vorschlägen zur Verbesserung der Wohnumfeldqualität

Die Umweltsituation eines Wohngebietes definiert sich im wesentlichen durch die Belastungsfaktoren Luftbelastung, Lärmbelastung und den Verbauungsgrad. Diese intervenierende Variablen, die im allgemeinen als Wirkungskomplex auftreten, können erhebliche Wohlbefindlichkeitsbeeinträchtigungen bis hin zur Gesundheitsgefahr verursachen und damit ein Gebiet aufgrund der "starken" Belastung als für Wohnzwecke ungeeignet erscheinen lassen.

Mit Hilfe der Kriterienmerkmalausprägung (auf der Grundlage umfangreicher epidemiologischer Befunde) können nun bestimmte Untersuchungsgebiete

(Stadtregionen) als für "Wohnzwecke geeignet" bzw. "nicht geeignet" ausgewiesen werden.

Gerade die derzeitige Wohnraumknappheit, in der Bundeshauptstadt Wien sollen z.B. bis zur Jahrtausendwende ca. 60.000 Wohneinheiten geschaffen werden, birgt die Gefahr eines "Unterbringungswohnbaus", d.h. die Bauvorhaben sind primär auf die Wohnraumbeschaffung hin ausgerichtet, ohne daß die Wohnumfeldqualität tatsächlich ernsthaft bei der Planung in Erwägung gezogen wird. Man scheint vom zukunftsweisenden Wohnbau Harry GLÜCKs abgewichen zu sein und das aber zum starken Nachteil potentieller Wohnungswerber (vgl. FREISITZER/GLÜCK 1979).

12.4.1 Erarbeitung von Bewertungskriterien für die gebietsbezogenen Belastungsstufen

Luftbelastung:

Als Maß für den Belastungsgrad kann neben den Absolutwerten auch der Grad der jeweiligen Grenzwerterreichung herangezogen werden. Zur Beurteilung der Immissionsbelastung in einer Bewertungseinheit eignet sich am besten der Schadstoff mit der höchsten Grenzwertüberschreitung.

Mögliches Bewertungsmodell für den Belastungfaktor Luftschadstoff:

a) Wenig belastete Zone:
Diese Region kann dann für die Wohnnutzung ausgewiesen werden, wenn die Konzentration der gemessenen Luftschadstoffe keine höheren Werte als 60% des jeweilig definierten Grenzwertes erreicht (vgl. MINISTERIUM FÜR ARBEIT, GESUNDHEIT UND SOZIALES 1977).

ZusätzlicheEntscheidungsgrundlage:
Morbiditäts- und Mortalitätspanoramamonitoring über einen Mindestzeitraum von fünf Jahren.

b) Stark belastete Zone:
Regionen, in denen mit Schadstoffkonzentrationen gerechnet werden muß, die oberhalb der Grenzwerte liegen.

Lärmbelastung:

Um ein störungsfreies Wohnen zu ermöglichen, sollen die Geräuschemissionen 55 db(A) am Tag und 45 db(A) in der Nacht keinesfalls überschreiten (vgl. IXFELD/ELLERMANN 1982).

In Wohngebieten erscheint es grundsätzlich zweckmäßig, die Gesamtlärmbelastung (Gewerbe, Industrie und Verkehr) zu eruieren und insbesonders das zeitliche Lärmaufkommen genau zu dokumentieren, da Lärm immer als gleich störend empfunden wird (vgl. MARTH 1990b).

Mögliches Beurteilungsmodell für den Belastungsfaktor Lärm:

a) Wenig belastete Zone (Tag):
Maximalwerte von 50 db(A) im Freien und 25 db(A) im geschlossenen Raum dürfen nicht überschritten werden.

b) Stark belastete Zone (Tag):

Regionen mit Werten über 50 db(A) im Freien und über 40 db(A) in geschlossenen Räumen.

Zusätzliche Entscheidungsgrundlagen:
Morbiditäts- und Mortalitätsmonitoring über mindestens fünf Jahren.

a) Wenig belastete Zone (Nacht):
Regionen mit einem Geräuschpegel von max. 35 db(A) im Freien und max. 15 db(A) in geschlossenen Wohnräumen.

b) Stark belastete Zonen (Nacht):
Regionen mit einem Geräuschpegel von über 45 db(A) im Freien bzw. von über 35 db(A) in geschlossenen Räumen.

12.4.2 Berücksichtigung der Freiflächenversorgung

Es wird noch kurz auf die Freiflächenversorgung von Wohngebieten eingegangen, weil damit auch der Umweltindikator "Verbauungsdichte" zumindest indirekt teilweise Berücksichtigung findet. Als Freifläche werden einerseits alle Grünflächen, andererseits aber auch alle jene Flächen definiert, die etwas ferner von jeder Verbauung sind und dem jeweiligen Benutzer die Möglichkeit zum Aufenthalt und zur Betätigung bieten.

Es handelt sich hiebei also um Flächen, die sich innerhalb oder auch außerhalb von Siedlungsgebieten befinden, unbebaut sind, aber durchaus befestigt und gestaltet sein können (vgl. BORCHARD 1978). Als Grünflächen hingegen werden begrünte, d.h. mit entsprechender Vegetation versehene Flächen bezeichnet, die sich für den Aufenthalt von Menschen eignen (Parkflächen und Gärten).

Gerade im urbanen Raum kommt den Grünflächen hinsichtlich des Stadtbildes (Auflockerung der Bebauung), des Stadtklimas (Entstaubung, Kaltluftzone), der Freizeit (Sport) und der Erholung (Spaziergang, Naturgenuß, Ruhezonen) immer größer werdende Bedeutung zu (vgl. HENNEBO 1979). Weiters kann dem Vorhandensein von Grünflächen mit einer durchaus einfachen Freizeitinfrastruktur in der unmittelbaren Nähe von Wohnanlagen bereits eine verkehrsberuhigende Wirkung zugesprochen werden. Die vorhergehende Auflistung der Orientierungswerte zur Grünflächenversorgung im urbanen Raum soll einen Überblick über die medizinisch-hygienischen und soziologischen Überlegungen gewähren.

Tabelle 35: Orientierungswerte zur Freiflächenversorgung

	Bedarfszahlen für öffentliches Grün	Max. zumutbare Entfernung
MÜLLER, W. Städtebau	$16m^2$/EW	
BORCHARD,Klaus Orientierungswerte für die städtebauliche Planung	8-$15m^2$/EW	20 Min./1 km
SIEBERT, Anneliese Entwicklung einer Grünflächenordnung und Grünflächenpolitik	$25m^2$/EW	
DEUTSCHE AKADEMIE FÜR STÄDTEBAU UND LANDESPLANUNG Die Freiflächen in Landesplanung und Städtebau	8-$15m^2$/EW	
GARBRECHT, Dietrich Entscheidungshilfen für die Freiraumplanung		5-15 Min./ 300-900m
DEUTSCHE OLYMPISCHE GESELLSCHAFT Der goldene Plan der Gemeinden	$25m^2$/EW	
AMMER, U. Erholungsplanung in Baden-Württemberg	$30m^2$/EW	
DIN 18034 Spielplätze für Wohnanlagen	8-$15m^2$/EW	

Es steht also außer Zweifel, daß den Freiflächen, aber vor allem auch den Grünflächen gerade in präventivmedizinischer Hinsicht (Bewegung, Erholung, Entspannung) enorme Bedeutung zukommt. Die Versorgungsqualität der Bevölkerung mit Frei- bzw. Grünflächen ist direkt von der zumutbaren Entfernung zu den Flächen abhängig. Aus diesem Anspruch läßt sich die Forderung ableiten, daß die "fußläufige Erreichbarkeit", darunter versteht man eine Entfernung zwischen 300 und 500 m, gegeben sein muß. Da die Erholungsfunktion einer bestimmten Grünfläche theoretisch für alle im "fußläufigen Einzugsbereich" dieser Fläche lebenden Bewohner in Frage kommt, ist es notwendig, bei der Dimensionierung dieser Erholungsflächen künftige Bauvorhaben zu berücksichtigen.

13. MASSNAHMEN AUS DER SICHT DER REGIONALPLANUNG ZUR VERBESSERUNG DER WOHNUMFELDQUALITÄT

13.1. Regionale Zoneneinteilung unter Berücksichtigung der Belastungsindikatoren

Die vorliegenden Untersuchungsergebnisse weisen statistisch gesicherte Zusammenhänge zwischen der Wohnumfeldbelastung und der Prävalenz verschiedener Krankheitssensationen auf.

Diese Befunde sollten künftig bei der Erstellung von Flächennutzungsplänen als Entscheidungsgrundlage dienen. Wohngebiete sind von Gewerbe und Durchzugsverkehr sowie von Industrie weitgehend freizuhalten. Industriezonen sollten grundsätzlich an der windabgewandten Seite einer Siedlung vorgesehen werden, um der Emissionsverfrachtung durch die natürliche Ventilation in besiedeltes Gebiet zu entgehen. Die Ausweisung von Industriezonen muß simultan mit der gesetzlichen Vorgabe zur Reduktion der Art und Menge der Emission erfolgen. Zu diesem Zwecke sind die Verfahren zur Berechnung von Emissionskatastern und von Diffusionsvorgängen unter Berücksichtigung der lokalen meteorologischen Verhältnisse anzuwenden. Empfehlenswert scheint auch die Trennung von Industrie- und Wohnregionen durch ausgedehnte Grüngürtel.

Obwohl gerade seitens der Soziologie immer wieder Einwände gegen die Trennung von Industrie- und Gewerbezonen sowie Wohnregionen artikuliert werden, weil damit die erwünschte Durchmischung von "Wohnen" und "Arbeit" verhindert wird, kann diesem Postulat nur dann entsprochen werden, wenn die "Gesundheit" und das "Wohlbefinden" der Bewohner in den Mischzonen als gesichert angesehen werden kann.

Distanzen zwischen Industrie- und Wohngebieten:

Der Abstand zwischen Industrie- und Wohnregionen wird im wesentlichen bestimmt durch:
- die Art und das Ausmaß der Emissionen,
- von meteorologischen Ausbreitungsfaktoren,
- von geographischen Besonderheiten (z.B. Kessellage),
- vom zu erwartenden Verkehrsaufkommen (Transportaufkommen),
- von den definierten Immissionsgrenzwerten im Wohngebiet.

Obwohl immer wieder Empfehlungen für die Abstände zwischen Emissionsquellen und Wohngebieten erarbeitet wurden (REICHOW erstellte diesbezüglich schon im Jahre 1948 einen Richtlinienkatalog), kann diesen Vorgaben keine allgemeine Gültigkeit beigemessen werden, da den meteorologischen und topographischen Gegebenheiten sowie der Altersstruktur der anwesenden Bevölkerung und dem lokalspezifischen Morbiditätspanorama als Planungsgrundlage wesentlich mehr Bedeutung zukommt (vgl. REICHOW 1948).

13.2. Die Windrichtung als Faktor für die Wohnumfeldqualität

Wie bereits erwähnt, sollten grundsätzlich alle größeren Emissionsquellen nach Maßgabe der Möglichkeiten im Windschatten von Siedlungsgebieten errichtet werden. Dieser planerischen Vorgabe kann aber nur dann Erfolg beschieden sein, wenn tatsächlich eine Windrichtung deutlich vorherrscht und nicht andere meteorologischen Faktoren stärkere Wirkungen besitzen als die Hauptwindrichtung. Gerade windarme, also auch austauscharme Wohnregionen bergen die Gefahr der Schadstoffakkumulation in der Luft, wodurch eine wesentliche Beeinträchtigung der Gesundheit und des Wohlbefindens der dort wohnenden Bevölkerung zu erwarten ist.

Ein weiteres Problem ergibt sich ursächlich aus dem Größenwachstum von Ballungsgebieten. So kann die Leeseite (windabgewandte Seite) der einen Siedlung zur Luvseite (Richtung aus der der Wind kommt) der Nachbarschaftssiedlung werden. Dieses Phänomen war in den letzten Jahrzehnten in Ballungsgebieten vermehrt zu beobachten.

Die Berücksichtigung der Windrichtung als Planungselement erlangt insbesonders für die in Ballungsgebieten zu errichtenden Siedlungen und in weiterer Folge für die Erhaltung bzw. für die Sicherung der Gesundheit eine ganz wesentliche Bedeutung.

13.3. Grünzonen und Wasserflächen als stadtplanerisches und präventivmedizinisches besonders wichtiges Element

Das Wirkungsspektrum von Grünzonen auf die Wohnumfeldqualität läßt sich wie folgt zusammenfassen:

- Sie begünstigen den Luftaustausch und tragen zur Verdünnung der Fremdstoffe in der Luft bei.
- Sie wirken als Kleinklimazonen.
- Sie besitzen Filter- und Reinigungswirkung auf die staubförmigen Luftverunreinigungen.
- Sie wirken lärmdämmend.
- Sie besitzen eine stadtbildprägende Wirkung (Auflockerung der Verbauung, etc.).
- Sie ermöglichen gesundheitsrelevantes Verhalten (Sport, Spaziergänge, Naturgenuß, etc.).

- Sie ermöglichen Kommunikation und soziale Interaktion in sogenannten "wertfreien" Zonen.
- Die zwanglose Kontaktaufnahme mit ethnischen Minderheiten im urbanen Raum wird begünstigt. (Als Beispiel soll hier die Parkanlage Augarten in Graz angeführt werden: Diese in einem Belastungsgebiet situierte Grünzone ermöglicht das zwanglose Miteinander verschiedenster ethnischer Gruppen in Form von Freizeitspielen und im Park stattfindenden Familienfeiern.)
- Sie dienen als Revitalisierungszone für alte und gebrechliche Personen mit eingeschränkter Mobilität.

Die hier kurz umrissene Bedeutungsvielfalt von Grünzonen wird noch ergänzt durch die Verbindung von Grünzonen und Wasserflächen. Im urbanen Raum sind natürliche Wasserläufe und ruhende Gewässer der immer fortschreitenden Urbanisierung bedenkenlos geopfert worden. Natürliche Wasserläufe wurden unterirdisch verlegt und ruhende Gewässer wurden zugunsten von befestigten Flächen rücksichtslos aus dem Stadtbild verbannt.

Die Wirkung von Wasserflächen auf das Stadtbild respektive auf die Wohn- und Lebensqualität einer Stadt und damit auch auf die Gesundheit und das Wohlbefinden der Bevölkerung lassen sich ebenfalls im Rahmen dieser Arbeit nicht vollständig aufzeigen, sollen aber doch zumindest annähernd erwähnt werden.

- Wasserflächen begünstigen die Luftzirkulation.
- Sie besitzen temperaturregelnde Eigenschaften (besonders bei hohen Abstrahltemperaturen im urbanen Bereich bewirken Wasserflächen eine leichte Temperatursenkung in ihrer unmittelbaren Nähe).
- Sie bieten der Flora und der Fauna geradezu ideale Lebensbedingungen und ermöglichen damit ein Naturleben in der Großstadt.
- Sie besitzen psychisch und physisch einen großen Erholungswert.
- Die im Stadtgebiet verästelten Wasserläufe münden faktisch immer in das fließende Hauptgewässer (Fluß) und würden somit ein Begehen oder ein Befahren (Radfahrwege) der Uferbereiche bis in das Stadtzentrum ermöglichen.
- Sie ermöglichen den Wassersport (Segeln, Surfen, Rudern, etc.).
- Sie besitzen eine hohe optische Attraktivität.
- Die Uferzonen eignen sich für das ungezwungene Beisammensein verschiedener Gruppierungen.
- Sie reduzieren den sogenannten "Freizeitverkehr", weil durch das Beleben der Wasserflächen und der unmittelbar an sie angrenzenden Grünflächen eine hochwertige Freizeitinfrastruktur entsteht (als Beispiel sei hier die Donauinsel in Wien angeführt, vgl. FREISITZER/MAURER 1985).
- Sie ermöglichen ein naturnahes Heranwachsen der Jugend und fördern somit das Verständnis für den Schutz "urbaner Ökologie".

– Schiffbare Wasserflächen erlauben neben dem innerstädtischen Personenverkehr (Beispiel Düsseldorf, Paris, London, Wien) auch den umweltschonenden Gütertransport mittels Binnenschiffen.

Anhand dieser Beispiele wird auch die enge Vernetzung stadtplanerischer Maßnahmen mit der Sicherung der Gesundheit und des Wohlbefindens der urbanen Bevölkerung ersichtlich, sodaß vor jeder planerischen Intervention anhand eines systemkybernetischen Modells eine Folgenabschätzung stattfinden sollte.

Zum soziologischen Interesse gehört nicht nur die Planung und ihre Wirkung auf die Betroffenen, sondern auch das Entscheidungsverfahren selbst. Dieses zumindest gleichwertige Interesse wurzelt in der Erfahrung, daß nicht gute Ideen an sich gute Entscheidungen bedingen, sondern sehr oft solche Ideen, die in den maßgeblichen Entscheidungsgremien auf Gehör stoßen. Insofern geht es sehr oft um die "Konsensfähigkeit von Ideen". Mißerfolge bei Planungsvorhaben sind weniger auf den Mangel einzelwissenschaftlicher Einsichten zurückzuführen, sondern begründen sich vielmehr in der Ignoranz der Verantwortlichen, wenn es darum geht, neue geeignete und erprobte Verfahrenstechniken zur Lösung komplexer Entscheidungen anzuwenden.

13.4. Überlegungen zur Neuorganisation des Personenverkehrs im Stadtgebiet

Der innerstädtische Kfz-Verkehr bedeutet für die in urbanen Räumen lebende Bevölkerung zweifellos eine der maßgeblichsten Beeinträchtigungen für das Wohlbefinden und für die Gesundheit. Eine nach primärpräventivmedizinischen Gesichtspunkten ausgerichtete Stadtplanung muß sich auch intensiv mit verkehrspolitischen Maßnahmen und deren Realisierung auseinandersetzen.

In der Folge werden einige Überlegungen angeführt, die im Rahmen einer Tagung der Forschungsgesellschaft Mobilität zum Thema "Alternative Transportketten" (IEA, Assessement of Electric Vehicle Impacts as a result of the Introduction of Alternative Transport Systems) im April 1994 an der Technischen Universität in Graz präsentiert wurden.

In den interdisziplinär zusammengesetzten Arbeitsgemeinschaften hat sich sehr deutlich die "Multidimensionalität" des Problembereichs "Stadtverkehr" gezeigt, sodaß beim Brainwriting und bei der nachfolgenden Diskussion immer wieder die Notwendigkeit interdisziplinär arbeitender Planungsgemeinschaften herausgestrichen wurde. Die interessantesten Beiträge aus der Sicht der Medizinsoziologie und der Sozialepidemiologie zur neustrukturierten innerstädtischen Verkehrsplanung werden nun kurz vorgestellt.

13.5. Personenverkehr im Stadtzentrum, Maßnahmen zur Verminderung des Verkehrsaufkommens

Raumplanerisch unterstützte Verkehrspolitik:

- Nutzungsdurchmischung (Diversifikation) in der Siedlungsstruktur, dadurch wird die sogenannte "Zwangsmobilität" (die Erreichbarkeit wichtiger infrastruktureller Einrichtungen ist nur mittels eines Verkehrsmittels möglich) auf ein Minimum reduziert. Vorrangiges Ziel muß der Sicherung der Wohn- und der Wohnumfeldqualität eingeräumt werden. Weiters kann mit einer gut durchdachten Nutzungsdurchmischung auch das Wohnen im Stadtzentrum wieder eine Attraktion erfahren und somit wäre auch die Revitalisierung von reinen Geschäfts- und Verwaltungsvierteln zu Wohngebieten denkbar. Ganz besonders scheint in diesem Zusammenhang die Forderung nach der Erhaltung bzw. der Schaffung eines dicht gestreuten Nahversorgungsnetzes.
- Fußgängerzonen sollten nicht weitläufig ausgelegt werden, weil damit die Gefahr besteht, daß sich weniger Geschäfte und Bewohner im Innenstadtbereich ansiedeln. Es erscheint wesentlich sinnvoller, mehrere kleinere Fußgängerzonen zu errichten; je nach Bedarf soll die zeitliche Beschränkung von Fußgängerzonen durchführbar sein.
- Auch die Einführung einer "City-Steuer", die schlußendlich dem Raumplanungsbudget zugeführt werden soll, wäre denkbar, wobei prinzipiell verkehrsminderne Einrichtungen (z.B. Nahversorger) von deren Entrichtung profitieren.

Der Reorganisation des öffentlichen Verkehrs (ÖV) im innerstädtischen Bereich muß in Zukunft ebenfalls verstärktes Interesse entgegengebracht werden.

Hier wären als mögliche Ansatzpunkte zu nennen:

- Einführen eines Qualitätsmanagements als Unternehmerstrategie für öffentliche Verkehrsbetriebe;
- Qualitätssteigerung im ÖV;
- Gewährleisten der Anschlußsicherung (ÖV-Logistik);
- Erweiterung des bestehenden Angebotes;
- Alternative ÖV-Mitteln in den Randzeiten (z.B. Anrufsammeltaxi);
- Aufrechterhaltung schlechter frequentierter Strecken in den Nachtstunden durch Einsetzen von Kleinbussen (z.B. VW-Ikarus-Stadtkleinbus) und durch zusammengelegte Routenführung;
- Aufschließung von neuen Wohngebieten an den ÖV durch eine Art ÖV-Verband (ähnlich den Abwasserverbänden);
- Ausbau von Telekommunikationsprojekten. Hiebei handelt es sich um eine völlig neue Form der Verkehrsvermeidung, indem z.B. in strukturschwachen Regionen kleine Verwaltungseinheiten entstehen (Zusammenlegen von Ar-

beits- und Wohnregionen, nach dem Vorbild der "Werkswohnungen"), die untereinander mittels Telekommunikation in permanenter Verbindung stehen.

- Erzeuger- und Verbraucherstrukturen entlang von Transportsträngen (Beispiel "Bauernmarkt am Bahnhof");
- Industrie- und Gewerbezonen mit Bahnanschluß müssen gefördert werden; damit läßt sich auch eine "Standortsicherung" realisieren.
- Ausbau des Radwegnetzes und die Möglichkeit der Beförderung von Fahrrädern außerhalb der "Stoßzeiten" im ÖV.

Alle diese angeführten Überlegungen und Denkanstöße bilden die Grundlage einer präventivmedizinischen und ökologisch orientierten Stadtplanung. Präventive Umweltpolitik ist somit eine Form von Politik, in der neben der umfassenden Befundung über die Formen der Auswirkungen von Umweltschädigungen auch der Mut zur Unterstützung unkonventioneller Maßnahmen zur Verbesserung des "Lebensraumes Stadt" als wesentlichste Elemente der Neugestaltung Eingang finden müssen.

Die rasante Entwicklung im technischen, ökologischen und gesellschaftlichen Bereich fordern gleichsam von Menschen und Institutionen sehr hohe Anpassungsleistungen und man kann davon ausgehen, daß auch in Zukunft die Anforderungen an die Lernfähigkeit menschlicher und sozialer Systeme steigen werden. Dies impliziert die Forderung, daß sich die modernen Industriegesellschaften zu Lerngesellschaften verändern werden müssen, um ihre Existenz langfristig sichern zu können.

Die notwendigen Lerninhalte bei der Bewältigung komplexer Steuerungsprobleme konzentrieren sich auf die prozessuale Kompetenz, also auf die Fähigkeit, Entscheidungsprozesse in komplexen Aufgabenbereichen so wirksam als möglich zu gestalten. Das wesentlichste Merkmal einer lernorientierten Gesellschaft ist ihre Fähigkeit, sich selbständig zu verändern und sich den immer wieder neuen Anforderungen anzupassen. Sie ist also eine dynamisch oder wie Sir Karl POPPER es ausdrückte, offene Gesellschaft.

Für eine solche Gesellschaft läßt sich kein abgeschlossener Zielzustand formulieren, sondern das Ziel einer problemorientierten Gesellschaft ist es, einen dynamischen, sich selbst regulierenden Entwicklungsprozeß in Gang zu setzen. Diese Form eines "gewollten gesellschaftlichen Aktualisierungsprozesses" bildet im weitesten Sinn die Grundlage für eine problemorientierte Umweltpolitik.

14. REALISIERUNGSCHANCEN EINER PRÄVENTIVEN UMWELTPOLITIK

Die in dieser Arbeit vorgelegten Befunde über den Zusammenhang von Umweltbelastungsfaktoren und der Prävalenz akuter Erkrankungen sind ihrem

Zweck nach als Dispositionsgrundlagen für die Vorhaben einer präventivmedizinisch orientierten Umwelt- und Gesundheitspolitik gedacht.

Neben dem vorhandenen Wissen über die Schädlichkeit bestimmter Umweltnoxen auf das Wohlbefinden bzw. auf die Gesundheit geht es nun darum, die gesellschaftlichen und wirtschaftlichen Grundpositionen zur Umweltproblematik bei der Konzeption präventiv orientierter Umweltsanierungsprogramme mitzuberücksichtigen. Im wesentlichen werden die Zielvorstellungen von Politik und Gesellschaft zur Verbesserung bzw. zur Sicherung der Umweltqualität von der ökonomischen, der aufgeklärt-anthropozentrischen und der biozentrischen Position geprägt. Die grundlegenden Inhalte dieser drei Positionen sollen nun kurz diskutiert werden.

Die Befürworter der ökonomischen Position verstehen sich als Vertreter des technisch-defensiven Umweltschutzes, wobei es sich hier primär nur um die rasche Abführung von Schadstoffen handelt. Bewerkstelligt werden diese Vorgaben durch die Installation passiver Schutzeinrichtungen, wie etwa der Errichtung von Kanalanlagen oder dem Bau von hohen Schornsteinen zur Verfrachtung von Emissionen. Diese Form der Umweltqualitätssicherung beschränkt sich also nur auf die räumliche Verlagerung von Belastungsmomenten und kann daher bestenfalls als Beitrag zur Durchsetzung sektoraler Interessen gewertet werden. Ein nicht unbeträchtlicher Teil der enormen Reparaturkosten die durch die "Verfrachtungspolitik von Umweltgiften" der 70er und sogar der frühen 80er Jahre entstanden sind, schlagen sich auch noch heute in den Budgets der Hoheitsverwaltungen nieder (Revitalisierungen von Bach- und Flußläufen, Sanierung von natürlichen Grundwasserreservoirs, die durch Mülldeponien stark in Mitleidenschaft gezogen wurden, Aufforstungsprogramme, etc.).

Die aufgeklärt-anthropozentrische Grundeinstellung hingegen rückt den Menschen als Lebewesen in den Mittelpunkt, das geistig und seelisch auf gewisse Umweltbedingungen angewiesen ist. Der Forderung nach einer humanen Umwelt wird von Vertretern dieser Position höchste Priorität zugebilligt; sie zählt demnach nicht zu den frei wählbaren Ansprüchen, sondern gehört zu den unabdingbaren Primärforderungen. Demzufolge sind auch wirtschaftlich bedingte Veränderungen der Natur überall dort kompromißlos zu unterbinden, wo die Gefahr einer Minderung der Umweltqualität besteht, sodaß mit einer Beeinträchtigung des Wohlbefindens der betroffenen Bevölkerung gerechnet werden muß. Die Erreichung des Zieles einer Umweltqualitätssicherung wird bei der aufgeklärt-anthropozentrischen Position durch einen technisch-offensiven Umweltschutz zu erreichen versucht; im wesentlichen handelt es sich hiebei um das Einsetzen modernster Schadstoffrückhaltetechnologien, Abkapselung von Verbrennungsmotoren zur Lärmdämmung, um Abfallrecycling, um den Bau von Klärwerken und Verkehrsberuhigungsmaßnahmen, usw. (vgl. SUMMER 1989).

Die Kernaussage der biozentrischen Position bezieht sich auf die "naturnahe Lebensweise", die all jene Eingriffe des Menschen in die Natur mißbilligt, die nicht grundsätzlich mit der Befriedigung der Grundbedürfnisse in Einklang zu bringen sind. Die Vertreter dieser Position befinden sich zumindest derzeit noch in der Minderheit, doch ist damit zu rechnen, daß mit der Unzufriedenheit der "offiziellen" Umweltpolitik (Entscheidungen beim Straßenbau, Kraftwerksbau, Wohnbau, etc.) auch diese ökologische Strömung eine Stärkung erfahren wird.

Von diesen erwähnten umweltpolitischen Grundpositionen (in Anlehnung an APEL 1982) wird derzeit noch der aufgeklärt-anthropozentrische Ansatz von der Mehrheit der Bevölkerung als konsensfähig erachtet (vgl. APEL 1982).

Für die Politik stellt sich nun die Frage, welche der verfügbaren Optionen für die künftige Ausgestaltung des "Lebensraumes Stadt" ausgewählt werden und welche Folgen man bereit ist, in Kauf zu nehmen. Planung ist also nur dann sinnvoll möglich, wenn sie sich auf Prognosen stützen kann, die ihrerseits wiederum auf Theorien beruhen. Die Stadtentwicklungsplanung bedarf einer Stadtentwicklungstheorie, die es erlaubt, Folgewirkungen einer bestimmten Planungsmaßnahme mit großer Wahrscheinlichkeit vorauszusagen.

Gerade für eine Theorie der städtischen Gesundheitsentwicklung wird sehr deutlich sichtbar, daß eine solche Theorie sich keinesfalls nur auf die Beobachtung historischer Entwicklungsmuster beschränken kann, sondern daß vor allem aktuellen Gegebenheiten vermehrtes Forscherinteresse entgegengebracht werden muß.

Da Stadtentwicklung nur bis zu einem bestimmten Teil auf der lokalen Ebene stattfindet und zu einem nicht unbeträchtlichen Teil von Land und Bund geprägt wird, bedarf es in Zukunft sogenannter "Aktionsgemeinschaften", d.h. es geht darum, daß sich Städte zu "ökologischen Arbeitsverbänden" zusammenschließen müssen, um damit auch die überregionalen Aspekte (z.B. überregionale Verkehrsplanung, Industriestandortbestimmung, etc.) in den jeweiligen lokalen Planungsvorhaben mitberücksichtigen zu können.

Die Vorgaben der Primärprävention werden also über den Weg einer umfassend angelegten Umweltplanung zu erfüllen sein, wobei aber der Umstand der falschen Problemsicht, daß nämlich die Umweltkrise eine Krise der Umwelt und nicht eine der Gesellschaft sei, gerade bei der Konzeption umweltplanerischer Maßnahmen nicht aus den Augen verloren werden darf. Von erheblicher Relevanz erscheinen daher die Überlegungen, welche Umstände die Wirksamkeit einer staatlich gelenkten Umweltplanung zu beeinträchtigen vermögen. Im Grunde können dafür drei Gruppenegoismen angeführt werden, die ein "Diffundieren" anderer Meinungen und Erkenntnisse in das eigene Problemverständnis unterbinden:

- Ökonomen, Unternehmer und Aktionäre verschließen sich im wesentlichen gegenüber den Emissionsfolgen auf die betroffene Bevölkerung und auf das Ökosystem.
- Ökologen, Mediziner und Umweltplaner lassen ihrerseits wiederum nur sehr zögernd ökonomischen Ursachen von Emissionen (z.B. internationaler Preisverfall, Exportbeschränkungen, Konkurrenzfähigkeit, etc.) als Argument zu.
- Umwelthygienisch planende Politiker setzten primär auf die Befriedigung sektoraler Interessen, meistens nur mittels technisch-funktionaler Korrekturen.

Seitens der Politik ist eine klare Zieldefinition über die künftigen Aktivitäten im Bereich der Umweltqualitätsplanung einzufordern und gleichzeitig gilt es den Dialog zwischen den einzelnen Interessensgruppen in Gang zu setzen, um die verschiedenen Problemsichten kennenzulernen. Die Sicherung jener politischen Agitationsräume muß gewahrt werden, in denen aufgrund von außen herangetragene Problemlösungswünsche statt dem kurzfristigen und räumlich beschränkten Reagieren auf Umweltprobleme mit einem überregionalen Agieren geantwortet werden kann.

Nur die Fähigkeit, der Umweltpolitik zur Programmentwicklung und Programmgestaltung in Umweltschutzbelangen, ist ein Garant für eine akkordierte Vorgangsweise verschiedenster Interessensgruppen (Wirtschaft, Industrie, Umweltschützer), denn erst das Erstellen klarer Richtlinien auf der Basis gesicherten Wissens (wie etwa an EU-Richtlinien zur Umweltverträglichkeitsprüfung für bestimmte öffentliche und private Projekte) läßt die Umweltpolitik zu einem integrierten Bestandteil des Umweltschutzes werden. Allerdings wird es sicherlich auch einiger unpopulärer Maßnahmen bedürfen, wie z.B. das Exekutieren von Bodenschutzprogrammen, um ein Übermaß des Freiflächenbedarfes hintanzuhalten oder strengerer Verordnungen für die Luft- und Wasserreinhaltung.

All diese Forderungen werden natürlich den Widerspruch potenter Interessengruppen wecken; doch solange die Umweltpolitik beim geringsten Widerstand bereit ist, von den vorgegebenen und notwendigen Zielen abzurücken, solange wird auch gesichertes Wissen über umweltschädigende Verhaltensweisen angezweifelt werden. Umweltqualitätsplanung und somit auch die Sicherung der Lebensqualität und der Gesundheit muß zu einem Anliegen der Gesellschaft und im besonderen der Politik werden, denn wissenschaftliche Analysen alleine sind noch keine Anleitung für politisches Handeln. Eine Politik, die sich bewußt ist, welche Umweltqualität gesamtgesellschaftlich realisiert werden kann, erspart sich einerseits ein schier endloses Hin- und Herschieben der Verantwortung zwischen Wissenschaft und Politik und andererseits die Aushöhlung der Glaubwürdigkeit beider.

15. ZUR NOTWENDIGKEIT EINER DURCHGREIFENDEN VERFAHRENSINNOVATION BEI DER LÖSUNG KOMPLEXER PROBLEME

Es liegt nicht am ohnehin beträchtlichen Erkenntnisfortschritt der Einzelwissenschaften und der Einzeldisziplinen, daß man bei der Lösung komplexer Probleme Schwierigkeiten hat.

Die Einzelwissenschaften, aber auch ihre Vertreter in den Verwaltungen müssen die hinderlichen Sprachbarrieren überwinden lernen.

Dies geht nicht in Form von sporadischen Zusammenkünften, sondern nur in klausurähnlichen und über mehrere Tage dauernden Zusammenkünften, wo heterogen zusammengesetzte Expertenteams genötigt sind, zu Entscheidungen bzw. zu Entscheidungsvorschlägen zu gelangen.

FREISITZER begründet dies auch theoretisch mit lerntheoretischen, interaktionsanalytischen und gruppendynamischen Hinweisen (vgl. FREISITZER/MAURER 1985).

Daraus geht hervor, daß das Lernen in fachlich heterogen zusammengesetzten Gruppen die Bedeutung einzelner Disziplinen relativiert und noch dazu eine gemeinsame Sprache gefunden werden muß.

Darüberhinaus zeigt der „Interaktionsanalytische Befund" die Wirkung von sozialemotional positiven bzw. sozialemotional negativen Interaktionen auf die Optimierung des Problemlösungsvorganges, im Sinne der bereits erwähnten lerntheoretischen Überlegungen. Der generelle gruppendynamische Effekt zeigt sich auch im bekannten Konvergenzstreben von Gruppen.

Dies bedeutet, daß sich extreme Meinungen und Einstellungen aufgrund der gegenseitigen Beeinflussung von Personen und Gruppen in Richtung einer mittleren Position einpendeln.

Diese Verfahrensinnovation haben Kurt FREISITZER von der Universität Graz und Jakob MAURER von der ETH Zürich im Jahre 1985 der Öffentlichkeit vorgestellt.

Obwohl diese bereits mehrfach erprobte Verfahrensinnovation in Österreich entwickelt wurde und international sehr große Beachtung bei der interessierten Fachwelt hervorgerufen hat, sind wir zumindest derzeit noch meilenweit von deren Anwendung entfernt, was angesichts der immer komplexer werdenden Entscheidungsprobleme unerfindlich ist.

LITERATURVERZEICHNIS

ABEL, G. (1902), Feuchte Wohnungen: Ursache, Einfluß auf die Gesundheit und Mittel zur Abhilfe. Bericht der Deutschen Ver. f. öffentliche Gesundheitspflege, 27. Versammlung zu München

ABHOLZ, A. (1982), Hrsg., Risikofaktorenmedizin - Konzept und Kontroverse, Berlin/New York

ACKERKNECHT, E. H. (1963), Geschichte und Geographie der wichtigsten Krankheiten, Stuttgart

ACKERKNECHT, H. E./VIRCHOW, R. (1957), Arzt, Politiker, Anthropologe, Stuttgart

ADORNO, Th. W./DAHRENDORF, R./PILOT H./ALBERT, H./HABERMAS, J./POPPER, K. R. (1969), Positivismusstreit in der deutschen Soziologie, Neuwied

AMT DER STMK. LANDESREGIERUNG - FACHABTEILUNG 1A (1989), Hrsg., Emissionskataster der Landeshauptstadt Graz, Graz

APEL, H. (1982), Umweltqualität aus ökonomischer Sicht, Frankfurt a.M.

BADURA, B. u.a. (1979), Grundlagen einer konsumorientierten Gesundheitspolitik, Forschungsbericht für das BMFT

BARKER, D. J./ROSE, G. (1974), Epidemiology in Medical Practice, London

BAUMERT, G. (1954), Deutsche Familien nach dem Kriege, Darmstadt

BAZZI, T. (1953), Psychotherapie in Italien. Völkerpsychologische Betrachtungen im Rahmen der psychotherapeutischen Praxis, in: Zeitschrift für Psychotherapie 3:241 ff.

BECKER, H. (1963), Outsiders. Studies in the sociology of deviance, New York

BECKER, N./FRENTZELT-BEYME, R./WAGNER, G. (1984), Krebsatlas der BRD, Berlin/Heidelberg/New York/Tokio

BENEVOLO, L. (1968), Die sozialen Ursprünge des modernen Städtebaus, Gütersloh

BERKSON, J. (1946), Limitations of fourfold table analysis the hospital data, in: Biometr. Bull 2:47ff.

BEUST, R. (1903), Ratschläge betreffend gesundes Wohnen, Straßburg

BOGERS, D. (1981), Primärprävention von Volkskrankheiten: biotechnischer Eingriff und soziale Prävention. Argumente für eine soziale Medizin, Band 9, Berlin

BOOR, C. de (1958), Widerstände gegen die psychosomatische Behandlung, in: Psyche 12:511ff.

BORCHARD, K. (1978), Städtebauliche Orientierungswerte, in: Deutsche Bauzeitschrift, S. 193ff.

BOSSEL, H. (1992), Modellbildung und Simulation. Konzepte, Verfahren und Modelle zum Verhalten dynamischer Systeme, Wiesbaden

BRAUN, R. N. (1957), Die gezielte Diagnostik in der Praxis. Grundlagen und Krankheitshäufigkeit, Stuttgart

BRENNER, H. (1973), Mental illness and the economy, London

BROCHER, T. (1957), Die soziologische Wirkung der funktionellen Störung, in: Im Kampf mit der Neurose, S. 120-136, Stuttgart

BROWN, G./BIRLEY, J. (1968), Crises and life changes and the onset of schizophrenia, in: Journal of Health and Social Behavior 9:203ff.

BURGESS, E. W. (1924), The Growth of the City: An Introduction to a Research Project, in: Proceedings of the American Sociological Society, Band 18

CARLESTAM, G. (1971), The Individual, the City and Stress, in: LEVI, L., Hrsg., Society, Stress and Disease, London: Oxford University Press

CIOMPI, L. (1984), Modellvorstellungen zum Zusammenwirken biologischer und psychosozialer Faktoren in der Schizophrenie, in: Fortschr. Neurol. Psychiat. 52:213ff.

CLEMOW, F. G. (1903), The Geography of Disease, Cambridge

COBB, B./CLARK, R. L./McGUIRE, C./HOWE, C. D. (1954), Patient responsible delay of treatment in cancer. A social psychological study, in: Cancer 7:920-930

COMMITTEE ON HEARING, BIOACOUSTICS AND BIOMECHANICS (1982), Prenatal effects of exposure to high-level noise, Washington

CROMM, J. (1913), Krankheit und soziale Lage, München

CSICSAKY, M./KRÄMER, U. (1960), Gesundheitsrisiko durch Luftschadstoffe, Offenbach a. M.

DAVY, M. (1911), Les maladies de maison, III. Internationaler Wohnungshygienekongreß, Dresden

DENEKE, J. F. V. (1957), Gesundheitspolitik. Ihr Wesen und ihre Aufgabe in unserer Zeit, Stuttgart

DEPPE, U. H. (1978), Medizinische Soziologie. Aspekt einer neuen Wissenschaft, Frankfurt a.M.

DEPPE, U. H. (1980), Hrsg., Vernachlässigte Gesundheit - Zum Verhältnis von Gesundheit, Staat, Gesellschaft in der BRD, Köln

DICK, F. (1974), Kritik der bürgerlichen Sozialwissenschaften, Heidelberg

DOHRENWEND, B./DOHRENWEND, B. (1974), Stressful live events: Their natur and effect, New York

DOHSE, K./JÜRGENS, U./RUSSIG, H. (1982), Hrsg., Ältere Arbeitnehmer zwischen Unternehmensinteressen und Sozialpolitik, Frankfurt a.M./New York

DURKHEIM, E. (1967), Der Selbstmord, Neuwied

EGGSTEIN, B. (1973), Bewertung von Felduntersuchungen mit intermedizinischen Maßstäben, in: Arbeitsmedizin, Sozialmedizin, Präventivmedizin 8:13ff.

EHRLICH, P. R./EHRLICH, A. H. (1972), Bevölkerungswachstum und Umweltkrise, Frankfurt a.M.
EIBL-EIBESFELDT, I./HAAS, H./FREISITZER, K./GEHMACHER, E./GLÜCK, H. (1985), Stadt- und Lebensqualität, Stuttgart/Wien
EIFF, A. W. von (1976), Seelische und körperliche Störungen durch Streß, Stuttgart
EIMERN, W. von/FAUSKESSLER, T./KÖNIG, K./LASSER, R./REDISKE, G./SCHERB, H./TRITSCHLER, J./WEIGELT, E./WELZL, G. (1982), Umwelt und Gesundheit. Statistisch-methodische Aspekte von epidemiologischen Studien über die Wirkung von Umweltfaktoren auf die menschliche Gesundheit, München
FAHRENBERG, J. u.a. (1979), Psychophysiologische Aktivierungsforschung. Ein Beitrag zu den Grundlagen der multivariaten Emotions- und Streßtheorie, München
FARIS, R. E. (1952), Social disorganization, New York
FARIS, R. E./DUNHAM, W. (1960), Disorders in Urban Areas, New York
FELIX, R. H./BOWERS, R. V. (1948), Mental hygiene and socioenvironmental factors, Milbank Memorial Fund Quart.
FERBER, Chr. von/FERBER, L. von/SLESINA, W. (1982), Medizinsoziologie und Prävention, in: BECK, U., Hrsg., Soziologie und Praxis, Soziale Welt, Sonderband 1:276-304, Göttingen
FERBER, H. P. (1968), Screening for Health, London
FLÜGGE, C. (1906), Die Infektionswege bei Tuberkulose. Tuberkulosis, Band 5, Nr. 10 und 11
FORTAK, H. (1970), Mathematische Modelle zur Immissionsermittlung in industriellen Ballungsgebieten, VDI-Bericht Nr. 149, Düsseldorf
FREEDMANN, L. Z./HOLLINGSHEAD, A. B. (1957), Neurosis and social class, in: Amerik. Psychiatr. 113:769ff.
FREIDSON, E. (1961), Patients Views of Medical Practice, New York
FREIDSON, E. (1970), The Profession of medicine, New York
FREISITZER, K. (1965), Soziologische Elemente der Raumordnung zum Anwendungsbereich der empirischen Sozialforschung in Raumordnung, Raumforschung und Raumplanung, Graz
FREISITZER, K. (1982), Soziologie als Erfahrungswissenschaft, Inaugurationsrede, Graz
FREISITZER, K. (1988), Das Wiener Modell. Verfahrensinnovation in der Politikerberatung, in: HOFFMANN, F./MAURER, J., Hrsg., Mut zur Stadt, S. 81-91, Wien
FREISITZER, K./GLÜCK, H. (1979), Sozialer Wohnbau, Wien/München/Zürich
FREISITZER, K./KOCH, R./UHL, O. (1987), Mitbestimmung im Wohnbau, Wien

FREISITZER, K./MAURER, J. (1985), Hrsg., Das Wiener Modell. Erfahrungen mit innovativer Stadtplanung. Empirische Befunde aus einem Großprojekt, Wien

FRESE, M./GREIF, S./SEMMER, N. (1978), Hrsg., Industrielle Psychopathologie, Bern/Stuttgart/Wien

FREUDENBERG, K. (1954), Die Manager-Sterblichkeit und die Methodik der Mortalitätsstatistik, in: Öffentlicher Gesundheitsdienst 16:153ff., Wien

FRICKE, W./HINZ, E. (1987), Hrsg., Räumliche Persistenz und Diffusion von Krankheiten, Heidelberg

FRIED, M. L. (1958), Soziale Schichtung und psychische Erkrankung, in: KÖNIG, R./TÖNNESMANN, M., Probleme der Medizinsoziologie, Kölner Zeitschrift für Soziologie, Sonderheft 3:185-218

FRIEDMANN, M./ROSEMANN, R. (1975), Der A-Typ und der B-Typ, Hamburg

FRIEDRICHS, J. (1975), Soziologische Analyse der Bevölkerungs-Suburbanisierung, in: Akademie für Raumforschung und Landesplanung 1975: Beiträge zum Problem der Suburbanisierung, Band 1:39-80, Hannover

FRIEDRICHS, J. (1978), Stadtentwicklung in kapitalistischen und sozialistischen Ländern, Reinbek

FRIEF, F. (1904), Die in den Jahren 1876-1900 in Breslau vorgekommenen Todesfälle an Krebs, Klinisches Jahrbuch

GALDSTONE, I. (1954), The meaning of social medicine, Cambridge: Harvard University Press

GALDSTONE, I. (1957), International psychiatrie, in: Amer. J. Psychiat. 114:103ff.

GEBERT, D. (1981), Belastung und Beanspruchung in Organisationen. Ergebnisse der Streßforschung, Stuttgart

GEHMACHER, E. (o. J.), Soziologie in Österreich, in: Was wird zählen? Paul Lazarsfeld-Gesellschaft. Ein Rechenschaftsbericht über die 2. Republik

GLEISS, I./SEIDL, H./ABHOLZ, H. (1973), Soziale Psychiatrie zur Ungleichheit in der psychiatrischen Versorgung, Frankfurt a.M.

GOFFMAN, E. (1975), Stigma, Frankfurt a.M.

GOLDSTEIN, L. G. (1964), Human variables in traffic accidents. A digest of research, in: Traffic Safety Res. Rev. 8:24-35

GOTTSETIN, A. (1907), Die soziale Hygiene, ihre Methoden, Aufgaben und Ziele, in: Zeitschrift für Soziale Medizin, Band II:100-111

GRAFF, C./BOCKMÜHL, F./TITZE, V. (1968), Lärmbelastung und arterielle Hypertoniekrankheiten beim Menschen, in: Lärmbelästigung, akustischer Reiz und neurovegetative Störungen, S. 76ff., Kriwizksaja

GROSARTH-MATICEK, R. (1979), Krankheit als Biographie. Medizinsoziologisches Modell der Krankheitsentstehung und Krankheitstherapie, Köln

GROSS, F. (1973), Aus welchen Gründen verordnet der Arzt ein Arzneimittel, in: Med.-Welt 31/32:19ff.
GROSSMANN, G. (1990), Suicid, unter besonderer Berücksichtigung infrastruktureller Charakteristika, in: Gemeindenahe Psychiatrie 3:5-11
GROSSMANN, G. (1992), Witterungsinduziertes Notfallgeschehen, in: Notfallmedizin heute. Fachzeitschrift für präklinische Notfallmedizin 2:16ff.
GROSSMANN, G. (1995), Notfallmanagement des urbanen Rettungsdienstes unter Zuhilfenahme sozial empirischer Befunde, in: Notfallmedizin heute, S. 240-249, Wien
GROSSMANN, R. (1987), Modellversuch Gesundheitsbildung. Gesundheitsförderung als sozialer Lernprozeß, 3. Zwischenbericht, Linz
GROTJAHN, A. (1923), Soziale Pathologie. Versuch einer Lehre von den sozialen Beziehungen der Krankheiten als Grundlage der sozialen Hygiene, Berlin
GRUHL, H. (1975), Ein Planet wird geplündert, Frankfurt a.M.
GSELL, O. (1977), Tumoren: Sozialmedizinische Bedeutung und Epidemiologie des Krebses, in: BLOHMKE, M./FERBER, Chr. v./KISKER, K. P./SCHAEFER, H., Handbuch der Sozialmedizin, Band II:44-56, Stuttgart
HACKER, W. (1973), Allgemeine Arbeits- und Ingenieurpsychologie, Berlin/DDR
HALLIDAY, J. D. (1948), Psychosocial Medicine, New York
HAMER, Sir W. H. (1928), Epidemiology old and new, London
HAYNES, S./FEINLEIB, M./KANNEL, W. (1978), The relationship of psychological factors to coronary heart disease in the Framingham Study, in: American Journal of Epidemiology 107:384-407
HEINZ, I. (1990), Methoden zur ökonomischen Bewertung von Umweltschäden, in: BRANDES, S./ROLOFF, O., Hrsg., Politische Ökonomie des Umweltschutzes. Bericht der Herbsttagung des Arbeitskreises Politische Ökonomie, Inzell 1988, Regensburg
HELLPACH, W. (1902), Nervosität und Kultur, in: Kulturprobleme der Gegenwart, Band 5, Berlin
HENNEBO, D. (1979), Geschichte des Stadtgrüns. Von der Antike bis zur Zeit des Absolutismus, Berlin
HIRSCH, A. (1860, 1862-64), Handbuch der historisch-geographischen Pathologie, Band I, Band II, Erlangen
HOCH, P. H. (1957), The etiology and epidemiology of schizophrenia, in: Amer. J. Publ. Health 47:1071ff.
HOLFELD, R. (1981), Das biomedizinische Modell, in: HERBIG, J., Hrsg., Biotechnik, Reinbek
HOLLAND, W. W./BENNETT, A. E. et al. (1979), Health effects of particulate pollution, in: Amer. Journal of Epid. 110:527ff.

HOLLAND, W. W./GILDERDALE, S. (1977), Epidemiology and Health, London
HOLLAND, W. W./REID, D. D. (1965), The urban factor in chronic bronchitis, Lancet
HOLLINGSHEAD, A./REDLICH, F. (1958), Social class and mental illness, New York
HOLMES, T./RAHE, R. (1967), The Social Readjustment Rating Scale, in: Journal of Psychosomatic Research 11:213ff.
HOLZKAMP, K. (1972), Kritische Psychologie, Hamburg
HOMANS, G. C. (1969), Was ist Sozialwissenschaft?, Köln/Opladen
HUNTER, S. M. et al. (1979), Social status and cardiovascular disease risk factor variables children, in: Bogalusa heart Study, pp. 441ff.
INSTITUT FÜR DEMOSKOPIE ALLENSBACH (1983), Hrsg., Allensbacher Werbeträger-Analyse, Allensbach
IXFELD, H./ELLERMANN, K. (1982), Immissionsmessungen in Verdichtungsräumen, in: Schriftenreihe der Landesanstalt für Immissionsschutz des Landes Nordrhein-Westfallen, Essen
JANOWITZ, M. (1958), Soziale Schichtung und Mortalität in Westdeutschland, in: Zeitschr. Soziol. Psychol. 10:1ff., Köln
JENKINS, C. D. (1971), Psychologic and social precursors of coronary disease, in: New Engl. med. 284:244-258
JOHNSON, K. L./DVORETZKY, L. H./HELLER, A. N. (1968), Carbon monoxide and air pollution from automobile emission in New York City, Acianac
JUSATZ, H. J. (1958), Die Bedeutung der landschaftsökologischen Analyse für die geographisch-medizinische Forschung, Berlin
KÄMMERER, H./MOLITOR, E. (1917), Blutdruckstudien an Feldsoldaten, in: Münchner med. Wochenzeitschrift, S. 849ff.
KARASEK, R. (1979), Job demands, job decision lattitude, and mental strain: Implications for job redesign, in: Adm. Science Quartly 24:694-705
KEUPP, H. (1972), Psychische Störungen als abweichendes Verhalten, München/Wien/Baltimore
KEUPP, H. (1974), Hrsg., Verhaltensstörungen und Sozialstruktur, München
KITAGAWA, E. M./HAUSER, P. M. (1973), Differential mortality in the United States: a study in socioeconomic epidemiology, Cambridge
KLEIN, D. (1990), Streßreaktionen bei Industriearbeitern, Frankfurt/New York
KOCH, R. (1903), Bekämpfung des Typhus, Veröffentl. a. d. Militärwesen, Berlin
KOCH, R. (1910), Epidemiologie der Tuberkulose, in: Zeitschrift für Hygiene und Infektionskrankheiten, Band 67
KÖHLER, B. (1982), Praktische Voraussetzungen einer arbeitsmedizinisch relevanten Toxiokologie, Berlin
KOHN, A. (1910), Unsere Wohnungsenquete im Jahre 1910, Berlin

KÖNIG, R. (1967), Hrsg., Handbuch der empirischen Sozialforschung, Band I, Stuttgart

KOOS, E. L. (1970), Krankheit in Regionville, in: MITSCHERLICH u.a., Der Kranke in der modernen Gesellschaft, Köln/Berlin

KORNHAUSER, A. (1965), Mental health of the industrial worker. A Detroit Study, New York

KRAUS, A. S. (1954), The use hospital data in studying the association between an characteristic and a disease, in: Publ. Health rep. 69:1211-1219

KREITMANN, N./SMITH, P./TAN, E. (1969), Attempted suicide in social networks, in: Brit. J. prev. soc. Med. 23:116f.

KUBINZKY, K. A. (1966), Die Entwicklung des Grazer Stadtbildes von der Mitte des 19. Jh. bis zur Entstehung von Groß-Graz, Historische Hausarbeit d. Phil. Fak. d. Univ. Graz, Graz

KUBINZKY, K. A. (1970), Sozial-ökologische Strukturen in Graz, in: Österr. Jahrbuch für Soziologie, Band 1:105-209, Wien

KÜGLER, H. (1975), Medizin-Meteorologie nach den Wetterphasen. Eine ärztliche Wetterkunde, München

LAIN ENTRALGO, P. (1969), Arzt und Patient, München

LANGMANN, R. (1975), Luftverschmutzung und Atemwegserkrankungen, Stuttgart

LAVE, L. B./SESKIN, E. P. (1977), Pollution and Human Health, London

LAZAR, R. (1991), Stadtklimaanalyse Graz und ihre Bedeutung für die Stadtplanung, in: Arb. Geogr. Inst. Graz, Band 30:141-171, Graz

LEIBBRAND, W. (1953), Heilkunde. Eine Problemgeschichte der Medizin, Freiburg/München

LEWIS, A. J. (1967), Empirical or rational? The nature and basis of psychiatrie, in: Lancet 2:1ff.

LILIENFELD, A. M. (1957), Epidemiological methods and influences in studies of noninfectious diseases, in: Publ. Hith. Rep., pp. 51f.

LINDMANN, E. (1953), Die Bedeutung emotionaler Zustände für das Verständnis mancher innerer Krankheiten und ihre Behandlung, in: Die Medizinische Nr. 15:515ff.

LIPPROSS, O. (1956), Ein Scheinproblem - zur Kritik an ärztlichen Diagnosen, in: Arzt in Westfalen 4:19-22

LORENZ-EBERHARDT, G./STRAMPFER, H. G./FISCHER, G./KOBINGER, W. (1994), Einfluß der Sphericstätigkeit auf das gehäufte Auftreten von vorzeitigen Blasensprüngen und vorzeitiger Wehentätigkeiten, in: GAMED, Zeitschrift der Wiener Internationalen Akademie für Ganzheitsmedizin 1:2-7

LUKASSONITZ, I. (1992), Erhöht Lärm das Risiko für Krankheit? Bericht über das Symposium "Lärm und Krankheit", in: Zentralblatt für Lärmbekämpfung 39

LYND, Robert S. (1939), Knowledge for What? Princeton/New Jersey

MACKENROTH, G. (1963), Bevölkerungslehre. Theorie, Soziologie und Statistik der Bevölkerung, Berlin/Göttingen/Heidelberg

MARBURGER, E. A. (1986), Zur ökonomischen Bewertung gesundheitlicher Schäden durch Luftverschmutzung, Berichte des Umweltbundesamtes, Berlin

MARSHALL, M./KESSEL, R. (1983), Kreislauferkrankungen und Berufsarbeit, in: Arbeitsmed-Sozialmed-Präventivmed 18:3-9

MARTH, E. (1990a), Abwehrschwäche durch Schadstoffbelastung aus der Luft, in: Der prakt. Arzt, Österr. Zeitschrift für Allgemeinmedizin 45:77ff.

MARTH, E. (1990b), Lärm: Ablauf verschiedener endokriner und biochemischer Reaktionen, in: Forum Städte - Hygiene, S. 34-39

MARTH, E./GALLASCH, E./FUEGER, G. F./MÖSE, J. R. (1988), Fluglärm: Veränderung biochemischer Parameter, in: Zbl. bakt. Hyg. 185

MARTH, E./GRUBER, M./MÖSE, J. R. (1989), Medizinische Aspekte des Lärms, II. Int. Arbeitskolloquium für angewandten Umweltschutz in Zentraleuropa, Znojmo-Prace

MARTIN, A. E./BRADLEY, W. (1980), Mortality, fog and atmospheric pollution, in: Ministry of Health Monthly Bull, pp. 56-69

McEVEDY, C. P./BEARD, A. W. (1970), Royal Free epidemic of 1955, in: Brit. med. J., pp. 7ff.

MEIXNER, H. (1979), Anmerkungen zum Stichwort Sozio-Ökologie, in: IMMLER, H., Hrsg., Materialen zur Sozialökologie, Kassel

MERTON, K. (1968), Social Theory and Social Structure, New York

MINISTERIUM FÜR ARBEIT, GESUNDHEIT UND SOZIALES (1977), Luftreinhalteplan Ruhrgebiet West 1978-1982, Düsseldorf

MISFELD, S. (1986), Mathematisch-statistische Untersuchungen zur Epidemiologie des Lungenkrebses, Umweltbundesamt Forschungsbericht Nr. UBA-FB 86-004, Berlin

MITSCHERLICH, A. (1955), Hindernisse in der sozialen Anwendung der Psychotherapie, in: PFISTER-AMMENDE, M., Geistige Hygiene in Forschung und Praxis, S. 213ff., Basel

MITSCHERLICH, A. (1966), Krankheit als Konflikt, Frankfurt a.M.

MITSCHERLICH, A./MIELKE, F. (1949), Medizin ohne Menschlichkeit, Heidelberg

MITSCHERLICH, A./BROCHER, T./BERING, O. von/HORN, K. (1967), Der Kranke in der modernen Gesellschaft, Köln

MORAW, P. (1948), The Interpretation of Statistical Maps, in: Statist. Soc. 10:243-248

MÖRTH, O. (1986), Hausbrandemissionskataster Graz, Graz: Amt der Steiermärkischen Landesregierung, Fachabteilung 1b

MOSSE, M. (1911), Zur Tuberkulosenstatistik, in: Berliner klinischen Wochenschrift Nr. 51

MOSSE, M./TUGENDREICH, G. (1912), Krankheit und soziale Lage, München
NEUBERGER, M./RUTKOWSKI, A./FRIZA, H. (1986), Mortalität und Luftverunreinigung, in: Beiträge zum Umweltschutz, S. 12-23, Wien
NEUMANN, S. (1847), Die öffentliche Gesundheitspflege und das Eigentum. Kritisches und Positives mit Bezug auf die preusische Medizinalverfassungsfrage, Berlin
NEUMANN, S. (1851), Zur medizinischen Statistik des preußischen Staates aus den Acten des statistischen Bureaus für das Jahr 1846, in: Arch. path. Anat. 3
NIEDLICH, S. von/KREKELER, H./SMIDT, U./MUYSERS, K. (1970), Akute Wirkung von NO_2 auf die Lungen und Kreislauffunktion des gesunden Menschen, in: Internat. Arch. Arbeitsmed. 27:234-248
NIPPERT, R. P. (1981), Medizinische Soziologie und Gesundheitssystemforschung - wie kann sich Medizinische Soziologie profilieren, in: Medizin-Mensch-Gesellschaft 4:265-269
NITSCH, J. (1981), Hrsg., Streß, Theorien, Untersuchungen, Maßnahmen, Bern/Stuttgart/Wien
ÖDEGAARD, Ö. (1956), The incidence of psychoses in various occupation, in: Int. J. Soc. Psychiatr. 2:85-92
OECD (1981), The Costs and benefits of Sulphur Oxide Control, Paris
OESER, O. A.(1950), The conditions of civilized living and the problems of mental health, Med. Journal Australia 2:881ff.
OSTRO, B. (1983), The Effects of Air Pollution on Work Loss and Morbidity, in: Journal of Environmental Economic and Management 4:371ff.
PARSONS, T. (1958), Struktur und Funktion der modernen Medizin, in: KÖNIG, R./TÖNNESMANN, M., Probleme der Medizinsoziologie, Kölner Zeitschrift für Soziologie, Sonderheft 3:10-57
PARSONS, T. (1964), Soziologische Theorie, Neuwied
PASAMANICK, B. (1957), A survey of mental disease in an urban population, in: Am. J. Publ. Health 47:923-928
PAUL, J. R. (1958), Clinical epidemiology, Chicago: University of Chicago Press
PFEIFER, P./KÖCK, M./PICHLER-SEMMELROCK, F. (1988), Kriterien für die Übertragbarkeit von Umweltstudien, in: Umweltstatistik. Beurteilung von Umweltstudien mit Hilfe der Statistik, Tagungsband, S. 1-14, Graz
PFLANZ, M. (1960), Soziokulturelle Faktoren und psychische Störungen. Fortschrittliche Neurologie
PFLANZ, M. (1962), Sozialer Wandel und Krankheit, Stuttgart
PFLANZ, M. (1975), Die soziale Dimension in der Medizin, in: LÜTH, P., Hrsg., Interdisziplina, Stuttgart
PICHT, G. (1967), Prognose, Utopie, Planung, Kett

RANSCHT-FROEMSDORFF, W. (1976), Diagnostik von Wetterfühligkeit und Wetterschmerz, in: Zeitschrift für Allgemeinmedizin 52:37-41
REICHOW, H. (1948), Organische Stadtbaukunst, Braunschweig
RODENSTEIN, M. (1988), Mehr Licht, mehr Luft. Gesundheitskonzepte im Städtebau seit 1750, Frankfurt a.M./New York
RODENSTEIN, M. (1991), Gesundheit - Stadtplanung und Modernisierung, in: Archiv für Kommunalwissenschaft 30:48-54
RODENWALDT, E./JUSATZ, H. J. (1952), Welt-Seuchen-Atlas, Hamburg
ROHDE, J. J. (1974), Soziologie des Krankenhauses, 2. Aufl., Stuttgart
ROSEN, G. (1947), What is social medicine? A genetic analysis of the concepts, in: Bull. History Med. 21:674ff.
ROSENMAYR, L. (1982), Wider die Harmonie-Illusion, in: BECK, U., Hrsg., Soziologie und Praxis, Soziale Welt, Sonderband 1:27-58, Göttingen
ROTHSCHUH, K. (1976), Konzepte der Medizin in Vergangenheit und Gegenwart, Stuttgart
RUBNER, D. (1898), Hygienisches in Stadt und Land, München/Leipzig
RUBNER, D. (1907), Lehrbuch der Hygiene, Leipzig/Wien
SAID, H. M. (1983), Elements in Health and Disease, Karachi/Pakistan
SCHAEFER, H. (1969), Zivilisationsschäden, in: Stud. Generale 22:513ff.
SCHAEFER, H. (1970), Die Folgen der Zivilisation, Frankfurt a.M.
SCHAEFER, H. (1971), Das Problem der Diagnose, in: Med. Welt 22:71, Berlin
SCHAEFER, H./BLOMKE, M. (1978), Sozialmedizin. Einführung in die Medizin-Soziologie und Sozialmedizin, Stuttgart
SCHÄFERS, B. (1977), Phasen der Stadtbildung und Verstädterung, in: Zeitschrift für Stadtgeschichte, Stadtsoziologie und Denkmalpflege 4:245ff.
SCHAFFER, L./MAYERS, J. K. (1954), Psychotherapy and social stratification. An empirical study of practice in a psychiatric outpatient clinic, in: Psychiatry Heft 17:83ff.
SCHELSKY, H. (1958), Die Soziologie des Krankenhauses im Rahmen einer Soziologie der Medizin, in: Der Krankenhausarzt 31:170ff.
SCHLEMMER, I. (1960), Der Mensch in der Großstadt, S. 23ff., Stuttgart
SCHLIPTKÖTER, H. W. (1990), Wechselwirkung zwischen Luftverunreinigung und menschlicher Gesundheit, in: Kongreßband VOEST - Umweltschutz-Symposium
SCHÖNPFLUG, W./SCHULZ, P. (1979), Lärmwirkungen bei Tätigkeiten mit komplexer Informationsverarbeitung, Forschungsbericht 79-10501201 im Auftrag des Umweltbundesamtes, Berlin
SCHRÖDER, E. (1949), Entwicklung und Bekämpfung der Tuberkulose in sozialhygienischer Schau, Öff. Ges. D., S. 225-268
SCHULTE, H. (1955), Neurosenprobleme in der industrialisierten Gesellschaft, Wien: Med. Wochenschrift, S. 723

SCHULZE, B./ULLMANN, R./MÖRSTET, R./BAUMBACH, W./HALLE, S./LIEBMANN, G./SCHNIECKE, C./GLÄSER, O. (1983), Verkehrslärm und kardiovaskuläres Risiko - Eine epidemiologische Studie, in: Dt. Gesundheitswesen 15:596ff.

SCHULZE, H. (1964), Der progressive domestizierte Mensch und seine Neurosen, München

SELIGMAN, M. (1975), Helplessness: On depression, development and death, San Francisco

SELYE, H. (1946), The stress of life, in: SELYE, M., The general adaption syndrom and the diseases of adaption, Journal of clinical endrocrinology 6, New York

SENATOR, H. (1904), Krankheiten und Ehe, Leipzig

SIEGERT, F. (1911), Säuglingsfürsorge und Wohnungsfrage, Dresden

SIGRIST, H. E. (1952), Krankheit und Zivilisation, Frankfurt a.M.

SOKOLOW, M./McILROY, M. B. (1958), Kardiologie, Heidelberg/Berlin

SOPP, H. (1960), Zur Arbeitsunfähigkeit in der gesetzlichen Krankenversicherung, in: Bundesarbeitsblatt 11

SPATZ, J. (1993), Dicke Luft und lauter Streß, Vortrag zum Thema: Krebsrisiko Autoverkehr, Wien

SPITZER, J. (1988), Emissionsbezogene Bewertung von Energieplanungsmaßnahmen, Graz: Forschungsgesellschaft Joanneum, Institut für Energiewirtschaft

SROLE, L. (1962), Mental Health in Metropolis: The Midtown Manhatten Study, New York

STACHOWIAK, H. (1957), Über kausale, konditionale und strukturelle Erklärungsmodelle, in: Philosophia naturalis 4

STÄCKER, K. H./BARTMANN, U. (1974), Psychologie des Rauchens, Heidelberg

STEINEBACH, G. (1987), Lärm- und Luftgrenzwerte. Entstehung, Aussagewerte, Bedeutung für Bebauungspläne, Düsseldorf

STOCK, G. (1982), Sozialpsychologie II, in: SCHÄFER, H./BIRR, Ch., Hrsg., Umwelt und Gesundheit - Aspekt einer sozialen Medizin, Frankfurt a.M.

SUMMER, S. (1989), Vorsorge contra Nachsorge, in: GLAESER, B., Hrsg., Humanökologie. Grundlagen präventiver Umweltpolitik

SZASZ, T. S. (1958), Scientific method and social role in medicine and psychiatry, in: Arch. int. Med., S. 228ff.

SZASZ, T. (1961), The myth of mental illness: Foundations of a theory of personal conduct, New York

TELEKEY, L. (1926), Die Tuberkulose, in: Handbuch der Sozialen Hygiene, Band III, Berlin

THOMAS, W. I./ZNANIECKI, I. (1927), The Polish Peasant in Europe and America, New York

THOMPSON, S. (1981), Epidemiology feasibility study. Effects of Noise on the Cardio-vascular-System, techn. Rep. EPA 550/9-81-103, Washington DC
TIMMS, D. W. G. (1971), The Urban Mosaic, Cambridge
TÖNNESMANN, M. (1960), Einige Aspekte zur Entwicklung der Medizin-Soziologie und Sozialpsychologie, in: Md. Sachverst. 56:83
UDIRS, I. (1981), Streß in arbeitsphysiologischer Sicht, in: NITSCH, J., Hrsg., Streß, Theorien, Untersuchungen, Maßnahmen, Bern/Stuttgart/Wien
UEXKÜLL, Th. von (1958), Was kann eine Spezialdisziplin 'Soziologische Medizin' für eine allgemeine Medizin leisten?, in: KÖNIG, R./TÖNNESMANN, M., Probleme der Medizin-Soziologie, S. 59ff., Köln
ULMER, W. T. (1982), Das Bronchialkarzinom in Stadt-Landfaktor. Epidemiologische Studie mit Abgrenzung anderer Einflußgrößen, in: MÜLLER, R. W./FERLING, R., Praxis und Klinik der Pneumologie, Stuttgart/New York
UNITED NATIONS STATISTICAL OFFICE (1964), Recommendations for the preparation of sample survey reports. Dept. of economic and social affairs. Statistical Papers, series C, No. 1, New York: UNO
VALENTIN, H. u.a. (1979), Arbeitsmedizin, Stuttgart
VIRCHOW, R. (1968), Die Not im Spessart. Mitteilungen über die in Oberschlesien herrschende Typhus-Epidemie, Darmstadt
VOGLER, P./KÜHN, E. (1957), Hrsg., Medizin und Städtebau. Ein Handbuch für gesundheitlichen Städtebau, München
VOLPERT, W. (1974), Handlungsstrukturanalyse, Köln
WAGNER, L./LIEDERMANN, A. (1978), Untersuchungen über Mortalität, Luftverschmutzung und Klima in Stuttgart, in: Öffentl. Gesundheitswesen, S. 545ff., Stuttgart
WEBER, I. (1984), Berufstätigkeit, Belastungserfahrung und koronares Risiko. Ein Beitrag zum Krankheitsverständnis aus medizinsoziologischer Sicht, München
WEIZSÄCKER, V. von (1930), Soziale Krankheit und soziale Gesundung, Wiesbaden
WELZL, G./REDISKE, G. (1987), Lärm, in: EMERN W. et al. (Hrsg.), Umwelt und Gesundheit. Statistisch-methodische Aspekte von epidemiologischen Studien über die Wirkung von Umweltfaktoren auf die menschliche Gesundheit, Berlin/Heidelberg
WENZEL, E. (1983), Die Auswirkungen von Lebensbedingungen und Lebensweisen auf die Gesundheit, in: Bundesgesundheitszentrale für gesundheitliche Aufklärung. Europäische Monographie zur Forschung in Gesundheitserziehung, Band 3, Köln
WERNICKE, E. (1910), Gartenstadt und Hygiene, Festschrift zur Einweihung der Posener Akademie
WERNICKE, E. (1913), Die Wohnung in ihrem Einfluß auf Krankheit und Sterblichkeit, in: CROMM, J., Hrsg., Krankheit und soziale Lage, München

WESP, D. (1981), Gesundheitsgefährdung durch Schadstoffbelastung am Arbeitsplatz, Discussion paper am Wissenschaftszentrum, Berlin
WICHMANN, H. E./MÜLLER, W./ALLHOFF, P. (1986), Untersuchung der gesundheitlichen Auswirkungen der Smogsituation im Jänner 1985 in Nordrhein-Westfalen, Bericht f. d. Ministerium f. Arbeit, Gesundheit und Soziales
WINKELSTEIN, W./KANTOR, S. (1969), The relationship of air pollution danger of the stomach, in: Arch. environment. Health 18:544ff.
WORLD HEALTH ORGANIZATION (1960), Epidemiology of Mental Discorders. 8th report of the Expert Committee on Mental health, W.H.O. Technical report Series, No. 1985, W.H.O. Geneva
YANA, H./INABA, Y./TAKAGI, H./YAMAMOTO, S. (1979), Multivariate Analysis of Cancer Mortalities for Selected Sites in 24 Countries, in: Envorinm. Health Persp. 32:83-101
ZEISS, H. (1952), Hrsg., Seuchen-Atlas Gotha, Hamburg
ZIMMERMANN, L. (1982), Hrsg., Humane Arbeit - Leitfaden für Arbeitnehmer, Reinbek

SONSTIGE ARBEITSUNTERLAGEN

SCHECHTNER K. (1994), Arbeitsgrundlagen für die Untersuchung der Umweltqualität von Großstädten, Göttingen/Brüssel/Leoben: Büro für Umweltberatung für Politik und Wirtschaft

Peter Lang · Europäischer Verlag der Wissenschaften

Stefan N. Willich / Birga Maier / Eberhard Werner / Uwe Fischer / Wolfgang Krethlow / Heinz-Peter Schmiedebach (Hrsg.)

Community Medicine

1. Internationaler Workshop in Greifswald

Frankfurt/M., Berlin, Bern, New York, Paris, Wien, 1995.
237 S., zahlr. Abb.
ISBN 3-631-48080-6 br. DM 69.--*

In der Diskussion um klinisch medizinische und gesundheitswissenschaftliche Fragen gewinnt das Thema Community Medicine zunehmend an Bedeutung. Da die Medizinische Fakultät der Universität Greifswald sich zum Ziel gesetzt hat, Community Medicine erstmalig an einer Medizinischen Fakultät in Deutschland zu implementieren, wurde im Januar 1994 ein Erster Internationaler Workshop Community Medicine in Greifswald durchgeführt. Die Beiträge des Buches sind das Resultat dieses Workshops und spiegeln sowohl die internationale Diskussion um notwendige Veränderungen innerhalb der Lehre, Forschung und der medizinischen Versorgung im Rahmen von Community Medicine wider, als auch die ersten Greifswalder Ansätze auf diesen Gebieten.

Aus dem Inhalt: Community Medicine · Allgemeine Aspekte · Besondere Berücksichtigung von neuen Lehr- und Lernformen · Die Rolle der Universität und kommunaler Versorgungseinrichtungen bei der „community-orientierten" Versorgung · Forschungsinhalte, -organisation und -struktur

Frankfurt/M · Berlin · Bern · New York · Paris · Wien
Auslieferung: Verlag Peter Lang AG
Jupiterstr. 15, CH-3000 Bern 15
Telefon (004131) 9402131
*inklusive Mehrwertsteuer
Preisänderungen vorbehalten